建筑施工技术

主　编：苏　健　陈昌平

副主编：吴立之　李　敏

主　审：崔春义

东南大学出版社

SOUTHEAST UNIVERSITY PRESS

·南京·

图书在版编目(CIP)数据

建筑施工技术/苏建,陈昌平主编. —南京:东南大学出版社,2020.11

蓝色创优规划教材/陈昌平主编

ISBN 978-7-5641-9212-9

Ⅰ. ①建… Ⅱ. ①苏… ②陈… Ⅲ. ①建筑施工—教材 Ⅳ. ①TU7

中国版本图书馆 CIP 数据核字(2020)第 223401 号

建 筑 施 工 技 术
Jianzhu Shigong Jishu

主　　编:	苏　健　陈昌平
出版发行:	东南大学出版社
出 版 人:	江建中
社　　址:	南京市四牌楼 2 号(邮编:210096)
网　　址:	http://www.seupress.com
责任编辑:	孙松茜(E-mail:ssq19972002@aliyun.con)
经　　销:	全国各地新华书店
印　　刷:	广东虎彩云印刷有限公司
开　　本:	787 mm×1092 mm　1/16
印　　张:	16.75
字　　数:	429 千字
版　　次:	2020 年 11 月第 1 版
印　　次:	2020 年 11 月第 1 次印刷
书　　号:	ISBN 978-7-5641-9212-9
定　　价:	68.00 元

本社图书若有印装质量问题,请直接与营销部联系。电话(传真):025-83791830

前　言

　　《建筑施工技术》列入大连海洋大学校企合作开发教材。本教材内容以量大面广的建筑施工专业知识，包括相应的工程施工技术以及后续的工程质量控制为主，同时适当介绍了各工种在施工过程中遇到的常用施工方法。本教材从施工的准备工作、施工顺序开始讲起，先后介绍了土方工程、地基处理与桩基础工程、脚手架及模板工程、砌筑工程、混凝土结构工程、预应力混凝土工程、结构安装工程、屋面工程、防水及保温工程、地面工程、装饰工程等工程的具体实施过程、实施方法、实施技术。另外，还介绍了一些施工管理方面的知识，如：安全施工管理措施、工程质量过程措施、现场料具管理措施、工期保证措施等。

　　本教材在编写上尽量做到简明扼要，并且以理论结合实际的方式呈现：采取文字与图表相结合的方式，以便于使用、查找，对有关施工中的技术问题，一般查表看图即可；在强调施工中的技术的同时，介绍工程质量控制和施工管理；在总结建筑施工经验的基础上，系统地介绍各工种工程的基本施工方法和施工要点。

　　本教材全书由绪论和十一章组成，由大连海洋大学苏健博士和陈昌平教授主编，大连海洋大学吴立之、李敏副主编，大连海事大学崔春义主审。全书由苏健统稿、定稿。

　　由于编者的施工实践经验有限，了解的方法和资料积累不全，本教材中难免有不足之处，请广大读者批评指正。

前　言

目 录
Contents

绪　　论

一、建筑施工技术课的研究对象、任务和学习方法

随着我国现代化建设的蓬勃发展,占有重要地位的建筑施工技术发展很快。从投资来看,国家用于建筑安装工程方面的资金,约占基本建设投资总额的 60%。所以,要全面而高效地完成基本建设任务,首先就要出色地完成建筑安装工程的施工任务。

每一建筑物或建筑群,无论面积大小、层数多少、结构繁简,都要有土方工程、砌筑工程、钢筋混凝土工程、结构安装工程、装饰工程,而每一工序的施工,又可以采用不同的施工方案、不同的施工技术和机械设备、不同的劳动组织和施工组织方法来完成。如何根据施工对象的特点和规模、地质水文、气候机械设备和材料供应等客观条件,从运用先进技术、提高经济效益出发,做到技术与经济统一,选择最合理的施工方案,研究其施工规律,是本课程的研究对象。建筑施工技术是工业与民用建筑专业的重要专业课程。其主要内容是建筑工程中主要工种工程施工的工艺原理和施工方法,同时还有保证工程质量及施工安全的技术措施。学好本课程,要掌握建筑工程中主要工种施工的工艺原理和施工方法,为在实际中灵活运用以解决日新月异的建筑给施工技术带来的新课题,这是学习本课程的任务。

建筑施工技术课是一门综合性很强的技术课。它与其他专业课如建筑测量、建筑材料、建筑机械、工程力学、施工组织与管理等有密切的联系。由于本学科涉及的理论面广、实践性强,而且技术发展迅速,故在学习中必须坚持采用理论联系实际的方法。除理解和掌握课堂上讲授的基本理论和基本方法外,还要对现场教学、习题和课程设计、生产实习给予足够的重视。同时必须随时了解国内外的技术最新发展情况。

二、我国建筑施工技术发展概况

在建筑施工技术方面,我们不但掌握了施工大型工业建筑和高层民用建筑的成套技术,而且在地基处理和基础工程方面推广了如钻冲孔灌注桩、旋喷桩、挖孔桩、振冲法、深层搅拌法、强夯法、地下连续墙和"逆作法"等新技术;在现浇钢筋混凝土工程中应用了大模板、滑升模板、爬模、台模、隧道模、组合钢模板、钢筋气压焊、钢筋冷压连接、泵送混凝土、喷射混凝土、高强混凝土以及混凝土设备和运输的机械化、自动化设备;在预制构件制作方面,不断完善了挤压成型、热拌热模、立窑和折线形隧道窑养护等技术;在预应力混凝土方面采用了无粘结工艺和整体预应力结构,使我国预应力混凝土的发展从构件生产阶段进入了预应力结构生产阶段;在大跨度结构、高耸结构方面采用整体吊装新技术。另外,在墙体改革、防水、装修、工艺理论、计算机应用等方面都掌握和发展了许多新的技术,有力地推动了我国建筑施工技术的发展。

三、建筑工程施工的特点

建筑业是一个古老的行业。自人类进入文明社会以来,建筑业不仅提供了人类"衣、食、住、行"四大基本需求中的"住",而且也是实现"衣、食、行"的先导产业。及至现代,建筑业更是成为社会进步的标志性产业。目前,我国建筑业在国民经济五大物质生产部门中,年产值仅低于工业、农业,而高于运输业和商业,位居第三;2012年我国建筑业年生产总值达135 303亿元,占国内生产总值的26%;从业人口达3 800万人,占全国总劳动力的5%;加上建筑业的先导性与带动性,建筑业已成为我国社会的支柱型产业。建筑业的产品是庞大的建筑物,因此,建筑产品与工业产品相比,具有迥然不同的特殊性。

(1) 人类社会对物质的需求是多种多样的,而一般的商品,如电视机、汽车等,总是可以组成若干类型后再统一规格大批量组织生产,唯独建筑产品具备特有的造型与风格。因建筑产品不是建筑商预先设计好再生产销售的,而是按业主对功能的要求设计的,故建筑产品的差异是一切产品之最,建筑物的单一性决定了建筑施工没有固定不变的模式。

(2) 工业产品一般都是在一个固定的生产地点生产或组装成产品后运输销售给使用者的,唯独建筑产品是固定不动的,称为建筑物。它建造在一个选定地点,通过建筑施工过程,将物资与活劳动凝固成设想的建筑产品供人们使用。产品的固定性决定了建筑施工的从属地位,建筑施工不能自己设计一个理想空间,选定一套工艺稳定地组织生产,而是服从产品设定地点的需要,不断地按工程要求流动设备与人员,使自己的生产最有效地适应工程特定的空间,包括环境、交通、气象、地质等。因地制宜是建筑施工的基本原则。

(3) 没有一种工业产品可与建筑产品比较体型。比如,一幢大楼几百米高,几十万平方米的建筑面积,生产这样一个产品要动用成百上千台设备与成千上万名员工,从开工到竣工,时间跨度长达几年。建筑产品的生产过程是通过不断变换的人流将物资有机地凝聚成逐步扩大的产品,而最终产品是一个需要符合一系列功能的统一体,所以,建筑产品的生产是一个"多维"的系统工程。人、机、物在产品所给定的空间与时间中被调度安排,选择是否得当将直接影响效率、效益与产品的质量。

建筑产品单一、固定与体型庞大的特性,决定了建筑工程施工的复杂性,没有统一的模式与章法。建筑施工技术必须兼顾天时、地利、人和,因时、因地、因人制宜,充分认识主客观条件,选用最合适的方法,经过科学组织来实现施工。所谓的建筑工程施工,就是施工技术与施工组织管理,其中,施工技术一般就是指完成一个主要工序或分项工程的单项技术,施工组织管理则是优化组合单项技术,科学地实现物料与劳动的结合,最终形成建筑产品。技术是生产力,管理也是生产力,两者同样重要。因为没有科学的组织管理,技术效果就不能得到发挥;而没有先进技术,管理也就没有了基础,两者是相辅相成的。

四、施工及验收规范与施工规程(规定)

为加强建筑工程的技术管理和统一施工验收标准,以达到提高施工技术水平,保证工程质量和降低工程成本的目的,建设部颁发了各工程的"施工及验收规范",这是国家的技术标准,我们从事建筑工程管理和施工方面的人员必须遵循、贯彻执行。

　　"施工及验收规范"是按工业与民用建筑工程中的各分部工程(如：土方和爆破工程、地基与基础工程、砌筑工程、钢筋混凝土工程等)分别制定,分册出版。

　　各分部工程的施工及验收规范的内容不尽相同,一般包括建筑材料、半成品、成品和建筑零件的质量标准和技术条件；施工准备工作；施工质量要求；质量的控制方法或检验方法；施工技术要点及其他技术规定等。

　　凡新建、改建、修复等工程,在设计、施工和竣工验收时均应遵守相应的施工及验收规范。隐蔽工程还应根据相应的施工及验收规范进行期中或竣工后的技术检查和验收。

　　"施工规程(规定)"是比"施工及验收规范"低一个等级的施工标准文件,它一般由各部、委或重要的科学研究单位编制,报规范管理单位批准或备案后发布施行。它主要是为了及时推广新结构、新材料、新工艺而制定的标准,有时将设计与施工合并为一册,如《液压滑升模板工程设计与施工规定》《高层建筑箱形基础设计与施工规程》等。

第一章 土方工程

了解土方工程的简介,熟悉土的工程分类,掌握土的工程性质;熟悉土方工程的场地平整,掌握土方量的计算及调配;熟悉施工准备,掌握施工降水排水的编制;了解常用土方施工机械,熟悉土方机械的选择;了解土料的选择与填筑要求,熟悉填土压实的影响因素,掌握填土压实的方法;熟悉基坑开挖的方法,掌握基坑验槽的方法;了解土方工程有关质量标准与安全技术。

能够辨别土的类别及性质;能够平整场地、进行土方工程量计算及土方调配;能够根据工程的具体情况选择合理的排水与降水方法;能够选择合理的机械土方开挖;能够合理地填筑、压实土方;能够组织基坑(槽)开挖施工;能够利用土方工程质量验收标准进行现场土方开挖,并进行质量和安全验收。

第一节 土方工程概述

一、土方工程的内容

土方工程是建筑工程施工的首项工程,主要包括土的开挖、运输和填筑等施工,有时还要进行排水、降水和土壁支护等准备工作。土方工程包括平整场地、挖基坑、挖基槽、挖土方和土方回填等。

(1) 平整场地。平整场地是指厚度在 300 mm 以内的挖填、找平工作。

(2) 挖基坑。挖基坑是指挖土底面积在 20 m² 以内且底长小于或等于底宽 3 倍者。

(3) 挖基槽。挖基槽是指挖土宽度在 3 m 以内、挖土长度等于或大于宽度 3 倍以上者。

(4) 挖土方。挖土方是指挖土宽度在 3 m 以上、挖土底面积在 20 m² 以外、平整场地厚度在 300 mm 以外者。

(5) 土方回填。土方回填包括基础回填、室内回填和管道沟槽回填。

土方工程的特点主要有:量大面广、劳动繁重和施工条件复杂等。建筑工地的场地平整,土方工程量可达数百万立方米以上,施工面积达数平方千米,大型基坑的开挖,有的深达 30 多米。土方施工条件复杂,又多为露天作业,受气候、水文、地质等影响较大,难以确定的因素较多。因此,在组织土方工程施工前,必须做好施工组织设计,选择好施工方法和机械设备,制定合理的土方调配方案,实行科学管理,以保证工程质量,并取得好的经济效果。

二、土的工程分类

在建筑工程施工中,根据土的坚硬程度将土分为松软土、普通土、坚土、砂砾坚土、软石、次坚石、坚石和特坚石八类。其中,前四类属一般土,后四类属岩石。土的工程分类方法及现场鉴别方法见表1-1。

表1-1 土的工程分类方法及现场鉴别方法

土的分类	土的名称	可松性系数		现场鉴别方法
		K_s	K'_s	
一类土 (松软土)	砂,亚砂土,冲积砂土层,种植土,泥炭(淤泥)	1.08~ 1.17	1.01~ 1.03	用锹、锄头挖掘
二类土 (普通土)	粉质黏土,潮湿的黄土,夹有碎石、卵石的砂,种植土,填筑土及亚砂土	1.14~ 1.28	1.02~ 1.05	用锹、锄头挖掘,少许用镐翻松
三类土 (坚土)	软及中等密实黏土,重粉质黏土,粗砾石,干黄土及含碎石、卵石的黄土、粉质黏土,压实的填筑土	1.24~ 1.30	1.04~ 1.07	要用镐,少许用锹、锄头挖掘,部分用撬棍
四类土 (砂砾坚土)	重黏土及含碎石、卵石的黏土,粗卵石,密实的黄土,天然级配砂石,软泥灰岩及蛋白石	1.26~ 1.32	1.06~ 1.09	整个用镐、撬棍,然后用锹挖掘,部分用楔子及大锤
五类土 (软石)	硬石炭纪黏土,中等密实的页岩、泥灰岩、白垩土,胶结不紧的砾岩,软的石灰岩	1.30~ 1.45	1.10~ 1.20	用镐或撬棍、大锤挖掘,部分使用爆破方法
六类土 (次坚石)	泥岩,砂岩,砾岩,坚实的页岩,泥灰岩,密实的石灰岩,风化花岗岩,片麻岩	1.30~ 1.45	1.10~ 1.20	用爆破方法开挖,部分用风镐
七类土 (坚石)	大理岩,辉绿岩,玢岩,粗、中粒花岗岩,坚实的白云岩,砂岩,砾岩,片麻岩,石灰岩,风化痕迹的安山岩,玄武岩	1.30~ 1.45	1.10~ 1.20	用爆破方法开挖
八类土 (特坚石)	安山岩,玄武岩,花岗片麻岩,坚实的细粒花岗岩,闪长岩,石英岩,辉长岩,辉绿岩,玢岩	1.45~ 1.50	1.20~ 1.30	用爆破方法开挖

注:K_s 为最初可松性系数,$K_s = \dfrac{V_2}{V_1}$;K'_s 为最终可松性系数,$K'_s = \dfrac{V_3}{V_1}$;V_1 为土在天然状态下的体积(m³);V_2 为土在松散态下的体积(m³);V_3 为土经压实后的体积(m³)。

三、土的工程性质

1. 土的含水量

土中水的质量与固体颗粒质量的比值称为土的含水量,用下式表示

$$w = \frac{m_w}{m_s} \times 100\% \tag{1-1}$$

式中:w 为土的含水量;m_w 为土中水的质量(kg);m_s 为土中固体颗粒的质量(kg)。

土的含水量表示土的干湿程度,含水量在5%以内的土,称为干土;含水量在5%~30%

的土,称为潮湿土;含水量大于 30% 的土,称为湿土。

在施工中,通常采用最佳含水量的土。最佳含水量是指能使填土夯实至最密实的含水量。现场判定的方法就是"手握成团,落地开花"。

含水量对挖土的难易、施工时边坡的稳定及回填土的夯实质量都有影响。

2. 土的天然密度

土在天然状态下单位体积的质量,称为土的天然密度。土的天然密度用 ρ 表示,计算公式为

$$\rho = \frac{m}{V} \tag{1-2}$$

式中:m 为土的总质量(kg);V 为土的总体积(m^3)。

3. 土的干密度

单位体积的土中固定颗粒的质量称为土的干密度。土的干密度用 ρ_d 表示,计算公式为

$$\rho_d = \frac{m_s}{V} \tag{1-3}$$

式中:m_s 为土中固体颗粒的质量(kg);V 为土的总体积(m^3)。

土的干密度越大,表示土越密实。工程上常把土的干密度作为评定土体密实程度的标准,以控制填土工程的压实质量。

4. 土的孔隙比和孔隙率

孔隙比和孔隙率反映了土的密实程度,孔隙比和孔隙率越小,土越密实。孔隙比 e 是土中孔隙体积 V_v 与固体颗粒体积 V_s 的比值,可表示为

$$e = \frac{V_v}{V_s} \tag{1-4}$$

式中:V_v 为土中孔隙体积(m^3);V_s 为土中固体颗粒体积(m^3)。

孔隙率 n 是土中孔隙体积 V_v 与总体积 V 的比值,用百分率表示,可表示为

$$V = \frac{V_v}{V} \times 100\% \tag{1-5}$$

式中:V 为土的总体积(m^3)。

对于同一类土,孔隙率 e 越大,孔隙体积就越大,从而使土的压缩性和透水性都增大,土的强度降低,故工程上也常用孔隙比来判断土的密实程度和工程性质。

5. 土的渗透性

土的渗透性是指土体被水透过的性质,通常用渗透系数 K 表示。渗透系数 K 表示单位时间内水穿透土层的能力,用 m/d 表示。根据渗透系数不同,土可分为透水性土(如砂土)和不透水性土(如黏土)。土的渗透性影响施工降水与排水的速度。土的渗透系数参考值见表 1-2。

$$v = KI \tag{1-6}$$

式中：v 为渗透速度（m/s）；K 为渗透系数（m/d）；I 为水力坡度，指两点的水位差 h 与渗流路径长度 L 之比，即 $I=h/L$。

表 1-2　土的渗透系数参考值

土的名称	渗透系数 $K/(\mathrm{m \cdot d^{-1}})$	土的名称	渗透系数 $K/(\mathrm{m \cdot d^{-1}})$
黏土	<0.005	含黏土的中砂	3～15
粉质黏土	0.005～0.1	粗砂	20～50
粉土	0.1～0.5	均质粗砂	60～75
黄土	0.25～0.5	圆砾石	50～100
粉砂	0.5～1	卵石	100～500
细砂	1～5	漂石（无砂质充填）	500～1 000
中砂	5～20	稍有裂缝的岩石	20～60
均质中砂	35～50	裂缝多的岩石	>60

6. 土的可松性

土具有可松性，即自然状态下的土经开挖后，其体积因松散而增大，以后虽经回填压实，仍不能恢复其原来的体积。土的可松性系数可表示为

$$K_s = \frac{V_2}{V_1}$$

$$K_s' = \frac{V_3}{V_1}$$

$$(1-7)$$

式中：K_s 为土的最初可松性系数；K_s' 为土的最终可松性系数；V_1 为土在天然状态下的体积（m³）；V_2 为土挖出后在松散状态下的体积（m³）；V_3 为土经回填压（夯）实后的体积（m³）。

土的可松性对确定场地设计标高、土方量的平衡调配，计算运土机具的数量、弃土坑的容积以及填方所需的挖方体积等均有很大影响。各类土的可松性系数见表 1-3。

表 1-3　土的可松性系数

土的类别	K_s	K_s'	土的类别	K_s	K_s'
一类土	1.08～1.17	1.01～1.04	五类土	1.30～1.45	1.10～1.20
二类土	1.14～1.28	1.02～1.05	六类土	1.30～1.45	1.10～1.20
三类土	1.24～1.30	1.04～1.07	七类土	1.30～1.45	1.10～1.20
四类土	1.26～1.37	1.06～1.09	八类土	1.45～1.50	1.20～1.30

【例 1-1】　某基坑体积为 800 m³，其基础体积为 200 m³，试计算取土挖方的体积。如果运土车容量为 5 m³ 一车，回填后剩余土需运多少车次？已知：$K_s = 1.30$，$K_s' = 1.15$。

【解】 挖土体积:$800 \times 1.30 = 1\,040 (\mathrm{m}^3)$

回填土天然体积:$200/1.15 \approx 174 (\mathrm{m}^3)$

回填土松散体积:$174 \times 1.30 = 226.2 (\mathrm{m}^3)$

弃土体积:$1\,040 - 226.2 = 813.8 (\mathrm{m}^3)$

运土车次:$n = 813.8/5 \approx 163 (车次)$

第二节　土方工程量计算及土方调配

一、场地平整计算

1. 场地平整

建筑场地通常按照平面图竖向设计要求,设置在一个高程或几个不同高程的平面上。所以土方工程施工时,必须对建设场地进行平整。场地平整就是将高低不平的天然地面改造成我们所要求的设计的平坦地面。当场地对高程无特殊要求时,一般可以根据平整前和平整后的土方量相等的原则来确定场地的设计高程,使挖土土方量和填土土方量基本一致,从而减少场地土方施工的工程量,使开挖出的土方得到合理的利用。

2. 确定场地设计标高时应考虑的因素

场地设计标高一般由设计单位确定,它是进行场地平整和土方量计算的依据。合理地确定场地设计标高,对减少土方量、节约土方运输费用以及加快建设速度都具有十分重要的经济意义。选择设计标高时,需考虑以下因素:

(1) 满足建筑规划、生产工艺和运输的要求。

(2) 尽量利用地形,以减小挖填土方量。

(3) 场地内的挖方、填方尽量平衡且土方量最小(面积大、地形又复杂时例外),以便降低土方工程的施工费用。

(4) 场内要有一定的泄水坡度($i \geqslant 0.2\%$),以满足排水的要求。

(5) 考虑最高洪水水位的要求。

(6) 满足市政道路与规划的要求。

3. 初步确定场地设计标高

小型场地平整如对场地标高无特殊要求,一般可以根据平整前后土方量相等的原则求得设计标高,但是这仅仅意味着把场地推平,使土方量和填方量保持平衡,并不能从根本上保证土方量调配最小。

计算场地设计标高时,首先在场地的地形图上根据要求的精度划分边长 a 为 $10 \sim 40\,\mathrm{m}$ 的方格网,如图 1-1(a)所示,然后标出各方格角点的自然标高。各角点的自然标高可根据地形图上相邻两等高线的标高,用插入法求得。当无地形图或场地地形起伏较大(用插入法误差较大时),可在地面用木桩打好方格网,然后用仪器直接测出自然标高。

按照挖填方平衡的原则,如图 1-1(b)所示,场地设计标高即为各个方格平均标高的平均值。可按下式计算:

$$H_0 \cdot M \cdot a^2 = \sum \left(a^2 \cdot \frac{H_{16} + H_{17} + H_{21} + H_{22}}{4} \right)$$

$$H_0 = \frac{\sum (H_{16} + H_{17} + H_{21} + H_{22})}{4M} \tag{1-8}$$

式中:H_0 为所计算场地的设计标高(m);a 为方格边长(m);M 为方格网个数;H_{16}、H_{17}、H_{21}、H_{22} 为任一方格的四个角点标高(m)。

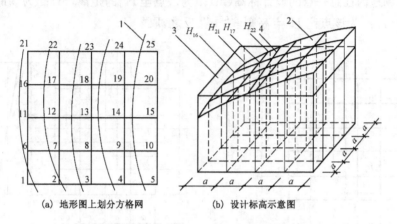

(a) 地形图上划分方格网　　　(b) 设计标高示意图

1—等高线;2—自然地面;3—设计标高平面;4—零线

图 1-1　场地设计标高计算简图

由于相邻方格具有公共的角点标高,在一个方格网中,某些角点是四个相邻方格的公共角点,其标高需加四次;某些角点是三个相邻方格的公共角点,其标高需加三次;某些角点标高仅需加两次;方格网四角的角点标高仅需加一次。因此,上式可改写成:

$$H_0 = \frac{\sum H_1 + 2\sum H_2 + 3\sum H_3 + 4\sum H_4}{4M} \tag{1-9}$$

式中:H_1 为一个方格仅有的角点标高(m);H_2 为两个方格仅有的角点标高(m);H_3 为三个方格仅有的角点标高(m);H_4 为四个方格仅有的角点标高(m)。

4. 场地设计标高的调整

(1) 由于土的可松性,按 H_0 进行施工,会使填土有剩余,为此需相应地提高设计标高,以达到土方量的实际平衡。

(2) 场地泄水坡度对角点设计标高的影响。

(3) 设计标高以上的各种填方工程(如场区上填筑路堤)需降低设计标高,或者设计标高以下的各种挖方工程(如挖河道、水池、基坑等)需提高设计标高。

(4) 根据经济比较的结果,将部分挖方就近弃于场外,或部分填方就近取于场外而引起挖、填土方量的变化,需增减设计标高。

5. 考虑泄水坡度对角点设计标高的影响

根据上述计算及调整后的场地设计标高进行场地平整时,整个场地将处于同一水平面,但实际上由于排水的要求,场地表面均应有一定的泄水坡度。因此,应根据场地泄水坡度的要求

(单向泄水或双向泄水),计算出场地内各方格角点实际施工时所采用的设计标高。

(1) 单向泄水时,场地各点设计标高的求法。场地用单向泄水时,以计算出的设计标高 H_0 作为场地中心线(与排水方向垂直的中心线)的标高,如图 1-2 所示,则场地内任意一点的设计标高为

$$H_n = H_0 \pm li \tag{1-10}$$

式中:H_n 为场地内任意一点的设计标高(m);l 为该点至 H_0 的距离(m);i 为场地泄水坡度,不小于 0.2%;± 为该点比 H_0 点高则取"+",反之,取"−"。

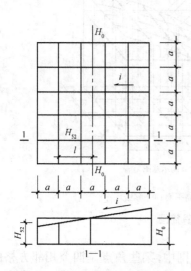

图 1-2　单向泄水坡度的场地

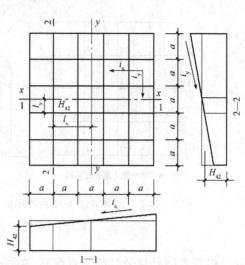

图 1-3　双向泄水坡度的场地

(2) 双向泄水时,场地各点设计标高的求法。场地用双向泄水时,以计算出的设计标高 H_0 作为场地中心点的标高,如图 1-3 所示,场地内任意一点的设计标高为

$$H_n = H_0 \pm l_x i_x \pm l_y i_y \tag{1-11}$$

式中:l_x、l_y 分别为该点于 x-x、y-y 方向距场地中心线的距离;i_x、i_y 分别为该点于 x-x、y-y 方向的泄水坡度。

6. 平整场地土方量计算

大面积场地平整的土方量,通常采用方格网法计算,即首先根据方格网各方格角点的自然地面标高和实际采用的设计标高,算出相应角点的填挖高度(施工高度),然后计算每一方格的土方量,并算出场地边坡的土方量,这样便可求得整个场地的填、挖土方总量。其步骤如下:

(1) 划分方格网并计算各方格角点的施工高度。根据已有地形图,将场地划分为若干个方格。方格边长一般为 20 m、30 m、40 m,将设计高程和自然地面高程分别标注在方格网角点上。各方格角点的施工高度按下式计算:

$$h_n = H_n - H \tag{1-12}$$

式中:h_n 为角点的施工高度,即各角点的挖填高度,"+"为挖,"−"为填;H_n 为角点的设计标

高(若无泄水坡度,即为场地的设计标高);H 为各角点的自然地面标高。

(2) 计算零点位置,标出零线。当同一方格 4 个角点的施工高度全为"+"或全为"-"时,说明该方格内的土方全部为挖方或全部为填方。如果一个方格中一部分角点的施工高度为"+",而另一部分为"-",说明此方格中的土方一部分为挖方,而另一部分为填方,这时必定存在不挖不填的点,这样的点叫作零点。把一个方格中的所有零点都连接起来,形成的直线或曲线叫作零线,即挖方与填方的分界线。

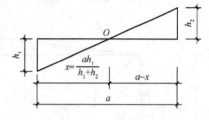

图 1-4 零点的计算法

零点的位置可根据方格角点的施工高度用几何法求出,如图 1-4 所示。

零点的位置按下式计算:

$$x_1 = \frac{h_1}{h_1 + h_2} \cdot a; \quad x_2 = \frac{h_2}{h_1 + h_2} \cdot a \quad (1\text{-}13)$$

式中:x_1、x_2 为角点至零点的距离(m);h_1、h_2 为相邻两角点的施工高度(m),均用绝对值表示;a 为方格的边长(m)。

(3) 计算方格土方工程量。按方格网底面图形和表 1-4 所列公式,计算每个方格内的挖方或填方量。表内公式是按各图形底面积乘以平均施工高度计算而得出的,即平均高度法。

表 1-4　常用方格网点计算公式

项目	图式	计算公式
一点填方或挖方(三角形)		$V = \dfrac{1}{2} bc \dfrac{\sum h}{3} = \dfrac{bch_3}{6}$ 当 $b = c = a$ 时,$V = \dfrac{a^2 h_3}{6}$
两点填方或挖方(梯形)		$V_+ = \dfrac{b+c}{2} a \dfrac{\sum h}{4} = \dfrac{a}{8}(b+c)(h_1+h_3)$ $V_- = \dfrac{d+e}{2} a \dfrac{\sum h}{4} = \dfrac{a}{8}(d+e)(h_2+h_4)$
三点填方或挖方(五角形)		$V = \left(a^2 - \dfrac{bc}{2}\right) \dfrac{\sum h}{5} = \left(a^2 - \dfrac{bc}{2}\right) \dfrac{h_1+h_2+h_3}{5}$
四点填方或挖方(正方形)		$V = \dfrac{a^2}{4} \sum h = \dfrac{a^2}{4}(h_1+h_2+h_3+h_4)$

注:a 为方格的边长(m);b、c 为零点到一角的边长(m);h_1、h_2、h_3、h_4 为方格四角点的施工高程(m),用绝对值表示;$\sum h$ 为填方或挖方施工高程的总和(m),用绝对值表示;V 为挖方或填方(m³)。

7. 边坡土方量计算

某一场地边坡的平面示意图,如图 1-5 所示。从图中可看出,边坡的土方量可以划分为两种近似几何形体来计算:一种为三角棱锥体;另一种为三角棱柱体。

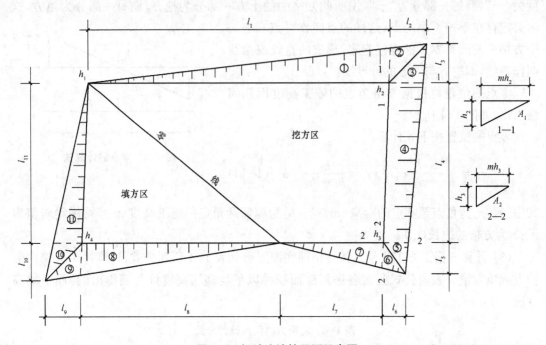

图 1-5　场地边坡的平面示意图

(1) 三角棱锥体边坡体积。三角棱锥体边坡体积(图 1-5 中的①)计算公式如下

$$V_1 = \frac{1}{3} A_1 l_1 \tag{1-14}$$

式中:l_1 为边坡①的长度(m);A_1 为边坡①的横断面面积(m^2),即

$$A_1 = \frac{h_2(mh_2)}{2} = \frac{mh_2^2}{2} \tag{1-15}$$

式中:h_2 为角点的挖土高度;m 为边坡的坡度系数。

(2) 三角棱柱体边坡体积。三角棱柱体边坡体积(图 1-5 中的④)计算公式如下

$$V_4 = \frac{A_1 + A_2}{2} l_4 \tag{1-16}$$

当两端横断面面积相差很大的情况下,V_4 为

$$V_4 = \frac{l_4}{6}(A_1 + 4A_0 + A_2) \tag{1-17}$$

式中:l_4 为边坡④的长度(m);A_1、A_2、A_0 为边坡④两端及中部的横断面面积(m^2),算法同上(图1-5 剖面是近似表示,实际上地表面不完全是水平的)。

8. 场地总土方量计算

计算场地总土方量时,先按表 1-4 求出各方格的挖、填方土方量和场地周围边坡的挖、填方土方量,再把挖、填方土方量分别加起来,就得到场地挖、填方的总土方量。

二、土方量计算

1. 土方边坡

土方工程施工中,必须使基坑或基槽的土壁保持稳定。为了防止塌方,保证施工安全,在基坑或基槽的开挖深度超过一定限度时,土壁应做成有一定斜度的边坡,或者加临时支撑以保证土壁的稳定。

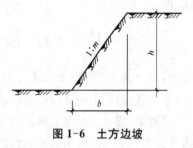

图 1-6 土方边坡

(1)土方边坡系数。土方边坡用边坡坡度和边坡系数表示。边坡坡度以土方挖土深度 h 与边坡底宽 b 之比来表示,如图 1-6 所示,即

$$\text{土方边坡坡度} = \frac{h}{b} = 1 : m \tag{1-18}$$

边坡系数 m 以土方边坡底宽 b 与挖土深度 h 之比来表示,即土方边坡系数为

$$m = \frac{b}{h} \tag{1-19}$$

式中:h 为土方边坡高度(m);b 为土方边坡底宽(m)。

(2)土方边坡大小应根据土质、开挖深度、开挖方法、施工工期、地下水位、坡顶荷载及气候条件等因素确定。边坡可做成直线形、折线形或阶梯形,如图 1-7 所示。

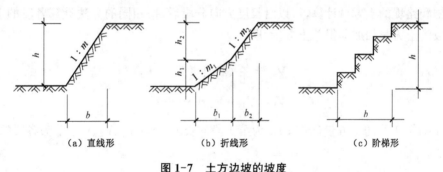

(a)直线形   (b)折线形   (c)阶梯形

图 1-7 土方边坡的坡度

若边坡高度较高,土方边坡可根据各层土体所受的压力,做成折线形或阶梯形,以减少挖、填土方量。土方边坡的大小主要与土质、开挖深度、开挖方法、边坡留置时间的长短、边坡附近的各种荷载状况及排水情况有关。

(3)不放坡的最小深度。规范规定,当地质条件良好、土质均匀且地下水位低于基坑或管沟底面高程时,挖方边坡可挖成直壁而不加支撑,但深度不宜超过下列规定:

密实、中密的砂土和碎石类土(填充物为砂土):1.0 m;

硬塑、可塑的轻粉质黏土及粉质黏土：1.25 m；

硬塑、可塑的黏土及碎石类土（填充物为黏性土）：1.5 m；

坚硬的黏土：2.0 m。

2. 基坑土方量计算

基坑土方量计算，如图 1-8 所示。基坑土方量可按立体几何中的拟柱体体积公式计算，即

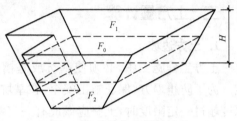

图 1-8　基坑土方量的计算

$$V = \frac{H}{6}(F_1 + 4F_0 + F_2) \qquad (1\text{-}20)$$

式中：H 为基坑深度（m）；F_1、F_2 分别为基坑上、下的底面面积（m^2）；F_0 为基坑中的截面面积（m^2）。

【例 1-2】　已知某基坑底长 80 m，底宽 60 m，场地地面高程为 176.50 m，基坑底面的高程为 168.50 m，四面放坡，坡度系数为 0.5。试计算挖方工程量。

【解】　基坑的高度：176.50－168.50＝8（m）

基坑的上口长度：80＋8×0.5×2＝88（m）

基坑的上口宽度：60＋8×0.5×2＝68（m）

$$F_1 = 68 \times 88 = 5\ 984 (m^2)$$

$$F_2 = 60 \times 80 = 4\ 800 (m^2)$$

$$F_0 = 64 \times 84 = 5\ 376 (m^2)$$

则 $V = H/6 \times (F_1 + 4F_0 + F_2) = 8/6 \times (5\ 984 + 4 \times 5\ 376 + 4\ 800) \approx 43\ 050.67 (m^3)$

3. 基槽土方量计算

基槽和路堤的土方量计算，可以沿长度方向分段后，按相同的方法计算各段的土方量，再将各段的土方量相加即得总土方量，即

$$V_1 = \frac{L_1}{6}(F_1 + 4F_0 + F_2) \qquad (1\text{-}21)$$

$$V = V_1 + V_2 + \cdots + V_n$$

式中：V_1 为第 1 段的土方量（m^3）；L_1 为第 1 段的长度（m）；V_1、V_2、$\cdots$、V_n 为各段的总土方量（m^3）。

三、土方调配

1. 土方调配的原则

土方工程量计算完毕后，即可着手对土方进行平衡与调配。土方的平衡与调配是土方规划设计的一项重要内容，是对挖土的利用、堆弃和填土这三者之间的关系进行综合平衡处理，以达到既能使土方运输费用最低又能方便施工的目的。土方调配的原则主要有以下几项：

（1）挖填方平衡和运输量最小，这样可以降低土方工程的成本。然而，仅限于场地范围

的平衡,一般很难满足运输量最小的要求,因此,还需根据场地和其周围地形条件综合考虑,必要时可在填方区周围就近借土,或在挖方区周围就近弃土,而不是只局限于场地以内的挖、填平衡,这样才能做到经济合理。

(2) 近期施工与后期利用相结合。当工程分期分批施工时,先期工程的土方余额应结合后期工程的需要而考虑其利用数量与堆放位置,以便就近调配。堆放位置的选择应为后期工程创造良好的工作面和施工条件,力求避免重复挖运。如先期工程有土方欠额时,可从后期工程地点挖取。

(3) 尽可能与大型地下建(构)筑物的施工相结合。当大型建(构)筑物位于填土区而其基坑开挖的土方量又较大时,为了避免土方的重复挖、填和运输,该填土区暂时不予填土,待地下建(构)筑物施工之后再进行填土,为此在填方保留区附近应有相应的挖方保留区或将附近挖方工程的余土按需要合理堆放,以便就近调配。

(4) 调配区大小的划分应满足主要土方施工机械工作面大小(如铲运机铲土长度)的要求,使土方机械和运输车辆的效率能得到充分发挥。

总之,进行土方调配时,必须根据现场的具体情况、有关技术资料、工期要求、土方机械与施工方法,结合上述原则予以综合考虑,从而做出经济合理的调配方案。

2. 土方调配的方案与步骤

1) 土方调配的方案

(1) 做初始方案。用"最小元素法"求出初始调配方案。所谓"最小元素法",即对运距最小(C_{ij} 对应)的 X_{ij},优先并最大限度地供应土方量,如此依次分配,使 C_{ij} 最小的那些方格内的 x_{ij} 值尽可能取大值,直至土方量分配完为止。需注意的是,这只是优先考虑"最近调配",所求得的总运输量是较小的,但这并不能保证总运输量最小,因此,还需判别它是否为最优方案。

(2) 判别最优方案。只有所有检验数 $λ_j \geqslant 0$,初始方案才为最优方案。"表上作业法"中求检验数 $λ_j$ 的方法有"闭回路法"与"位势法"。"位势法"较"闭回路法"更简便,因此,这里只介绍用"位势法"求检验数。

检验时,首先将初始方案中有调配数方格的平均运距列出来,然后根据这些数字的方格,按下式求出两组位势数 $u_i(i=1, 2, \cdots, m)$ 和 $v_j(j=1, 2, \cdots, n)$。

$$C_{ij} = u_i + v_j \tag{1-22}$$

式中:C_{ij} 为平均运距(m);u_i、v_j 为位势数。

位势数求出后,便可根据下式计算各空格的检验数。

$$v_{ij} = C_{ij} - u_i - v_j \tag{1-23}$$

如果求得的检验数均为正数,则说明该方案是最优方案,否则,该方案就不是最优方案。

(3) 方案调整。

① 先在所有负检验数中挑选一个(可选最小)。

② 找出这个数的闭合回路。做法如下:从这个数出发,沿水平或垂直方向前进,遇到适

当的有数字的方格做 90°转弯(也可不转),然后继续前进,直至回到出发点。

③ 从回路中某一格出发,沿闭合回路(方向任意)一直前进,在各奇数项转角点的数字中,挑选出一个最小的,将它调到原方格中。

④ 将被挑出方格中的数字视为 0,同时将闭合回路中其他奇数项转角点的数字都减去同样数字,使挖填方区土方量仍然保持平衡。

2) 土方调配的步骤

(1) 划分调配区。在场地平面图上先划出挖、填区的分界线(零线),然后分别在挖方区和填方区适当地划出若干个调配区,如图 1-9 所示。

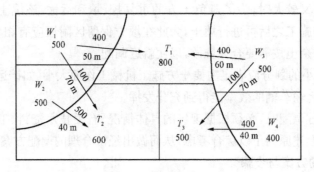

图 1-9　土方调配图

(2) 计算各调配区的土方量,并将它标注于图上。

(3) 求出每对调配区之间的平均运距。平均运距即挖方区土方重心至填方区土方重心的距离。取场地或方格网中的纵、横两边为坐标轴,以一个角作为坐标原点,分别求出各区土方的重心坐标(X_0,Y_0),即

$$X_0 = \frac{\sum V_i x_i}{\sum V_i}, \; Y_0 = \frac{\sum V_i y_i}{\sum V_i} \tag{1-24}$$

式中:X_0、Y_0 为调配区的重心坐标;V_i 为每个方格的土方量;x_i、y_i 为每个方格的重心坐标。

填、挖方区之间的平均运距 L 为

$$L = \sqrt{(X_{0W} - X_{0T})^2 + (Y_{0W} - Y_{0T})^2} \tag{1-25}$$

式中:L 为填、挖方区之间的平均运距,X_{0W} 为挖方区横坐标,X_{0T} 为填方区横坐标,Y_{0W} 为挖方区纵坐标,Y_{0T} 为填方区纵坐标。

当填、挖方调配区之间的距离较远,采用自行式铲运机或其他运土工具沿现场道路或规定路线运土时,其运距应按实际情况进行计算。

(4) 用"最小元素法"编制初始调配方案。

(5) 用"表上作业法"确定最优调配方案。

(6) 方案的调整。

第三节 土方工程施工准备与辅助工作

一、土方工程施工准备

1. 施工机具、设备

应根据工程规模、合同工期以及现场施工条件,采用符合施工方法要求的施工机具和设备。一般土方开挖工程采用液压挖掘机、自卸汽车、推土机、铲运机等。

2. 施工现场要求

(1)土方工程应在定位放线后施工。在施工区域内,有碍施工的建筑物和构筑物、道路、沟渠、管线、坟墓、树木等,应在施工前妥善处理。

(2)尽可能利用自然地形和永久性排水设施,采用排水沟、截水沟或挡水坝措施。

(3)施工前应检查定位放线、排水和降水系统,合理安排土方运输车辆的行走路线和弃土场地,铺好施工场地内的临时道路。

(4)施工机械进入现场所经过的道路、桥梁和卸车设施等,应预先做好必要的加宽、加固等准备工作。

(5)修好临时道路、电力、通信及供水设施,以及生活和生产用临时房屋。

3. 技术准备

(1)组织土方工程施工前,建设单位应向施工单位提供当地实测地形图(其比例一般为1∶50～1∶1 000),原有地下管线或构筑物竣工图,以及工程地质、气象等技术资料,编制施工组织设计或施工方案。

(2)设置平面控制桩和水准点,以作为施工测量和工程验收的依据。

(3)向施工人员进行技术、质量和安全施工的交底工作。

二、施工降水排水的编制

为了保持基坑干燥,防止由于水的浸泡发生边坡塌方和地基承载力下降,必须做好基坑的排水、降水工作,常采用的措施是集水井降水法和井点降水法。

1. 集水井降水

集水井降水是指开挖基坑或沟槽的过程中,遇到地下水或地表水时,在基础范围以外地下水流的上游,沿坑底的周围开挖排水沟,设置集水井,使水经排水沟流入井内,然后用水泵抽出坑外,如图1-10所示。

(1)集水井降水的施工要求。排水沟和集水井设置在基础范围以外,

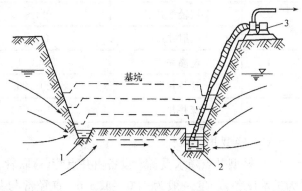

1—排水沟;2—集水坑;3—水渠

图1-10 集水井降水

一般排水沟的横断面不小于 0.5 m×0.5 m,纵向坡度宜为 1‰～2‰;集水井每隔 20～40 m 设置一个,其直径或宽度一般为 0.6～0.8 m,其深度随着挖土的加深而加深,但始终要低于挖土面 0.5 m。

当基坑挖到设计标高时,应保证地下水位低于基坑底 0.5 m,集水井底应低于基坑底 1～2 m,并铺设 0.3 m 厚的碎石滤水层,以免抽水时将泥沙抽走,并防止集水井底的土被扰动。

(2) 流砂的产生与防治。

① 流砂的产生。当基坑(槽)挖土至地下水位以下时,土质为细砂或粉砂,若采用集水坑降水,坑底的土就会受到动水压力的作用。当动水压力大于或等于土的浸水重度时,土颗粒就会失去自重而处于悬浮状态,土的抗剪强度等于零,细砂或粉砂就会随着渗流的水一起流动起来,这就是流砂现象。

② 流砂的治理办法。流砂治理的主要途径是消除、减少或平衡动水压力。具体措施:如条件许可,尽量安排在枯水期施工,使地下水位最高不高于坑底 0.5 m。水中挖土时,不抽水或减少抽水,保持坑内水压与地下水压基本平衡;具体方法:采用井点降水法、打板桩法、地下连续墙法防止流砂产生。

2. 井点降水

(1) 井点降水的概念。基坑开挖前,在基坑四周预先埋设一定数量的滤水管(井),在基坑开挖前和开挖过程中,利用抽水设备不断抽出地下水,使地下水位降到坑底以下,直至土方和基础工程施工结束。这样可使所挖的土始终保持干燥状态,改善干燥条件,同时,还使动水压力方向向下,从根本上防止流砂发生,并增加土中有效应力,提高土的强度或密实度。

(2) 井点降水的分类。井点有轻型井点、喷射井点、电渗井点、管井井点、深井井点、无砂混凝土管井点以及小沉井井点等。降水方法,可根据土层渗透系数、降低水位的深度、工程特点、设备及经济技术比较等选用。具体条件参照表 1-5 选用。

表 1-5　各类井点的适用范围

项次	井点类别	土层渗透系数/(m·d^{-1})	降低水位深度/m
1	单层轻型井点	0.1～50	2～6
2	多层轻型井点	0.1～50	6～12(由井点层数而定)
3	喷射井点	0.1～2	8～20
4	电渗井点	<0.1	根据选用的井点确定
5	管井井点	20～200	3～5
6	深井井点	10～250	>10

(3) 轻型井点降水。

① 轻型井点降水设备。设备由井点管、弯联管、集水总管、滤管和抽水设备组成。滤管为进水设备,长度一般为 1.0～1.5 m,直径常与井点管相同。管壁上钻有直径为 10～18 mm 的呈梅花形状的滤孔,管壁外包两层滤网,内层为细滤网,采用网眼为 30～50 孔/cm² 的黄铜丝布、生丝布、尼龙丝布;外层为粗滤网,采用网眼为 3～10 孔/cm² 的铁丝布或尼

龙丝布或棕树皮。为避免滤孔淤塞,在管壁与滤网之间用铁丝绕成螺旋状隔开,滤网外面再围一层 8 号粗铁丝保护层。滤管下端放一个锥形的铸铁头。井点管为直径 38～55 mm 的钢管(或镀锌钢管),长 5～7 m,井点管上端用弯联管与总管相连。弯联管宜用透明塑料管或橡胶软管。

集水总管一般用直径为 75～100 mm 的钢管分节连接,每节长 4 m,每间隔 0.8～1.6 m 设一个连接井点管的接头。抽水设备有两种类型,一种是真空泵轻型井点设备,它由真空泵、离心泵和汽水分离器组成,这种设备国内已有定型产品供应,设备形成的真空度高(67～80 kPa),带井点管数多(60～70 根),降水深度较大(5.5～6.0 m);但该设备较复杂,易出故障,维修管理困难,耗电量大,适用于重要的较大规模的工程降水。另一种是射流泵轻型井点设备,它由离心泵、射流泵(射流器)、水箱等组成。射流泵抽水的工作原理是由高压水泵供给工作水,经射流泵后产生真空,引射地下水流。该设备构造简单,制造容易,降水深度较大(可达 9 m),成本低,操作维修方便,耗电少;但其所带的井点管一般只有 25～40 根,总管长度为 30～50 m。若采用两台离心泵和两个射流器联合工作,能带动井点管 70 根,总管长 100 m。这种形式目前应用较广,是一种有发展前景的抽水设备。

② 轻型井点的布置。轻型井点的布置应根据基坑的形状与大小、地质和水文情况、工程性质、降水深度等来确定。

a. 平面布置。当基坑(槽)宽小于 6 m 且降水深度不超过 6 m 时,可采用单排井点,布置在地下水上游一侧,两端延伸长度以不小于槽宽为宜,如图 1-11(a)所示。当宽度大于 6 m 或土质不良、渗透系数较大时,宜采用双排井点,布置在基坑(槽)的两侧。当基坑面积较大时宜采用环形井点,非环形井点考虑运输设备入道,一般在地下水下游方向布置成不封闭状态。井点管距离基坑壁一般可取 0.7～1.0 m,以防局部发生漏气。井点管间距为 0.8 m、1.2 m 或 1.6 m,由计算或经验确定。井点管在总管四角部分应适当加密。

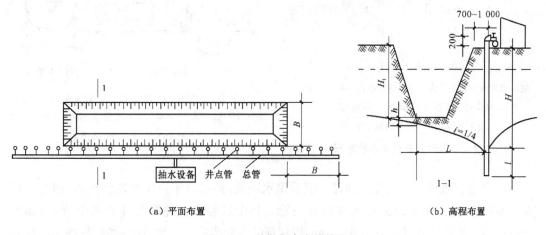

(a) 平面布置　　　　　　　　　　　　(b) 高程布置

图 1-11　单排井点布置简图

b. 高程布置。轻型井点的降水深度,从理论上讲可达 10.3 m,但由于管路系统的水头损失,其实际的降水深度一般不宜超过 6 m。井点管的埋置深度 H 可按下式计算,如图 1-11(b)所示。

$$H \geqslant H_1 + h + iL \tag{1-26}$$

式中：H_1 为井点管埋设面至基坑底面的距离(m)；h 为降低后的地下水位至基坑中心底面的距离(m)，一般为 0.5~1.0 m，人工开挖取下限，机械开挖取上限；i 为降水曲线坡度，环状或双排井点取 1/15~1/10，单排井点取 1/4；L 为井点管中心至基坑中心的短边距离(m)。

当 H 值小于降水深度 6 m 时，可采用一级井点；当 H 值稍大于 6 m 且地下水位离地面较深时，可采用降低总管埋设面的方法，仍可采用一级井点；当一级井点达不到降水深度要求时，则可采用二级井点或喷射井点，如图 1-12 所示。

c. 施工工艺流程。轻型井点的施工工艺流程为：放线定位→铺设总管→冲孔→安装井点管、填砂砾滤料、上部填黏土密封→用弯联管将井点管与总管接通→安装抽水设备→开动设备试抽水→测量观测井中地下水位变化的情况。

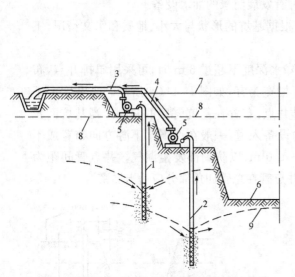

1—第一级轻型井点；2—第二级轻型井点；3—集水总管；
4—连接管；5—水泵；6—基坑；7—原地面线；
8—原地下水位线；9—降低后地下水位线

图 1-12　二级轻型井点降水示意图

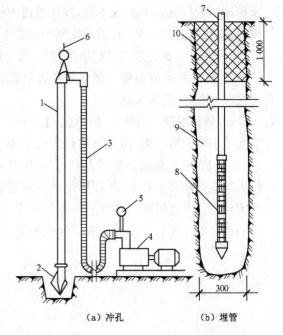

(a) 冲孔　　　　　　(b) 埋管

1—冲管；2—冲嘴；3—胶皮管；4—高压水泵；5—压力表；
6—起重机吊钩；7—井点管；8—滤管；9—填砂；10—黏土封口

图 1-13　井点管的埋设

d. 井点管埋设。井点管的埋设一般采用水冲法，即借助于高压水冲刷土体，用冲管扰动土体助冲，将土层冲成圆孔后埋设井点管。整个过程可分冲孔与埋管两个阶段，如图 1-13 所示。冲孔的直径一般为 300 mm，以保证井管四周有一定厚度的砂滤层；冲孔深度宜比滤管底深 0.5 m 左右，以防冲管拔出时部分土颗粒沉于底部而触及滤管底部。

井孔冲成后，立即拔出冲管，插入井点管，并在井点管与孔壁之间迅速填灌砂滤层，以防孔壁塌土。砂滤层的填灌质量是保证轻型井点顺利抽水的关键。一般宜选用干净粗砂，填灌要均匀，并填至滤管顶上 1~1.5 m，以保证水流畅通。井点填砂后，需用黏土封口，以防漏气。

井点管埋设完毕后,需进行试抽,以检查有无漏气、淤塞现象,出水是否正常,如有异常情况,应检修好后方可使用。

(4) 喷射井点降水。当基坑开挖较深或降水深度大于 8 m 时,必须使用多级轻型井点才可达到预期效果。但需要增大基坑土方开挖量,延长工期并增加设备数量,因此不够经济。此时宜采用喷射井点降水,它在渗透系数为 3~50 m/d 的砂土中应用最为有效,在渗透系数为 0.1~2 m/d 的粉质砂土、粉砂、淤泥质土中效果也比较显著,其降水深度可达8~20 m。

① 喷射井点设备。喷射井点根据其工作时所使用液体或气体的不同,分为喷水井点和喷气井点两种,其设备主要由喷射井管、高压水泵(或空气压缩机)和管路系统组成,如图 1-14(a)所示。喷射井管 1 由内管 8 和外管 9 组成,在内管下端装有升水装置喷射扬水器与滤管 2 相连,如图 1-14(b)所示。在高压水泵 5 的作用下,具有一定压力水头(0.7~0.8 MPa)的高压水经进水总管 3 进入井管的内外管之间的环形空间,并经扬水器的侧孔流向喷嘴 10。由于喷嘴截面突然缩小,流速急剧增加,压力水由喷嘴以很高流速喷入混合室 11,喷嘴口周围的空气被吸入该室后,被急速水流带走,致使该室压力下降而造成一定真空度。此时,地下水被吸入喷嘴上面的混合室,与高压水汇合,流经扩散管 12 时,由于截面扩大,流速降低而转化为高压,沿内管上升经排水总管排于集水池 6 内,此池内的水,一部分用水泵 7 排走,另一部分供高压水泵压入井管使用。如此循环不断,将地下水逐步抽出,以此降低地下水位。高压水泵宜采用流量为 50~80 m³/h 的多级高压水泵,每套能带动 20~30 根井管。

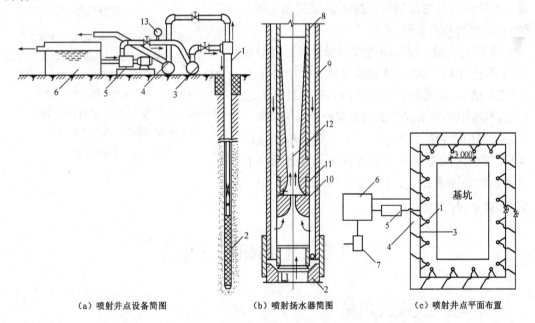

(a) 喷射井点设备简图　　(b) 喷射扬水器简图　　(c) 喷射井点平面布置

1—喷射井管;2—滤管;3—进水总管;4—排水总管;5—高压水泵;6—集水池;
7—水泵;8—内管;9—外管;10—喷嘴;11—混合室;12—扩散管;13—压力表

图 1-14　喷射井点设备及平面布置简图

② 喷射井点的布置与使用。喷射井点的管路布置、井管埋设方法及要求与轻型井点相同。喷射井管间距一般为 2～3 m，冲孔直径为 400～600 mm，深度应比滤管深 1 m 以上，如图 1-14(c)所示。使用时，为防止喷射器损坏，需先对喷射井管逐根冲洗，开泵时压强要小一些(小于 0.3 MPa)，以后再逐渐开足，如发现井管周围有翻砂、冒水现象，应立即关闭井管检修。工作水应保持清洁，试抽两天后应更换清水，此后视水质污浊程度定期更换清水，以减轻工作水对喷射嘴及水泵叶轮等的磨损。

(5) 管井井点降水。管井井点又称大口径井点，适用于渗透系数大(20～200 m/d)、地下水丰富的土层和砂层。当用集水井法易造成土粒大量流失，引起边坡塌方及用轻型井点难以满足要求时使用该方法。管井井点具有排水量大、降水深、排水效果好、可代替多组轻型井点等特点。

① 管井井点系统主要设备。设备由滤水井管、吸水管和抽水机械等组成，如图 1-15 所示。滤水井管的过滤部分，可采用钢筋焊接骨架外包孔眼为 1～2 mm、长 2～3 m 的滤网，井管部分宜用直径为 200 mm 以上的钢管或竹木、混凝土等其他管材。吸水管宜用直径为 50～100 mm 的胶皮管或钢管，插入滤水管井内，其底端应插到管井抽吸时的最低水位以下，必要时装设逆止阀，上端装设一节带法兰盘的短钢管。抽水机械常用 100～200 mm 的离心式水泵。

② 管井布置。沿基坑外圈四周呈环形或沿基坑(或沟槽)两侧或单侧呈直线布置。井中心距基坑(或沟槽)边缘的距离根据所用钻机的钻孔方法而定，当所用的冲击式钻机用泥浆护壁时为 0.5～1.5 m，当用套管法时不小于 3 m。管井的埋设深度和间距根据所需降水面积和深度以及含水层的渗透系数等因素而定，埋深 5～10 m，间距 10～50 m，降水深度为 3～5 m。

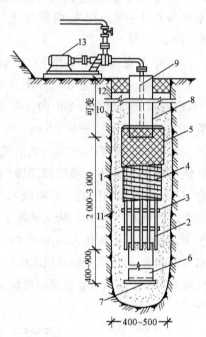

1—滤水井管；2—φ14 钢筋焊接骨架；3—6×30 铁环@250；4—10 号铁丝垫筋@25 焊于管架上；5—孔眼为 1～2 mm 铁丝网点焊于垫筋上；6—沉砂管；7—木塞；8—φ150～φ250 钢管；9—吸水管；10—钻孔；11—填充砂砾；12—黏土；13—水泵

图 1-15　管井井点

第四节　土方机械化施工

一、常用土方施工机械

土方工程施工机械的种类繁多，常用的有推土机、铲运机、装载机、平土机、松土机、单斗挖土机、多斗挖土机和各种碾压、夯实机械等。这里着重介绍推土机、铲运机、单斗挖土机。

1. 推土机

推土机是土方工程施工的主要机械之一,按行走的方式,可分为履带式推土机和轮胎式推土机,如图 1-16 所示。履带式推土机附着力强,爬坡性能好,适应性强;轮胎式推土机行驶速度快,灵活性好。

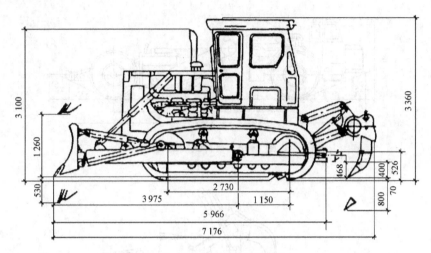

图 1-16 推土机的外形

推土机多用适用于场地清理和平整,开挖深度在 1.5 m 以内的基坑,填平沟坑,也可配合铲运机和挖土机工作。推土机可推挖一至三类土,经济运距在 100 m 以内,效率最高为 40～60 m。为提高生产效率,常采用下坡推土法、槽形推土法和并列推土法等施工方法,如图 1-17 所示。当运距较远而土质又比较坚硬时,对于切土深度不大的,可采用多次铲土、分批集中、再一次推送的施工方法。

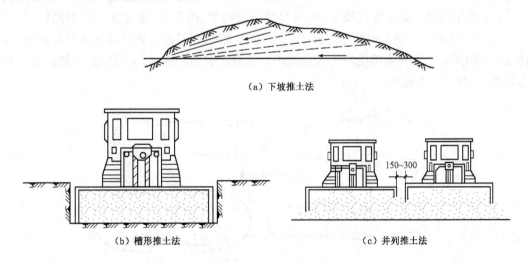

(a)下坡推土法

(b)槽形推土法

(c)并列推土法

图 1-17 推土施工方法

2. 铲运机

铲运机是一种能够独立完成铲土、运土、卸土、填筑、整平的土方机械。铲运机按行走机构可分为自行式铲运机和拖式铲运机两种,如图 1-18、图 1-19 所示。自行式铲运机适用于运距为 800~3 500 m 的大型土方工程施工,以运距为 800~1 500 m 时,生产效率最高。拖式铲运机适用于运距为 80~800 m 的土方工程施工,以运距为 200~350 m 时,生产效率最高。

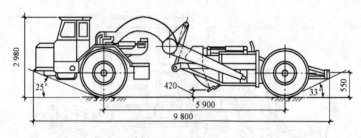

图 1-18　自行式铲运机

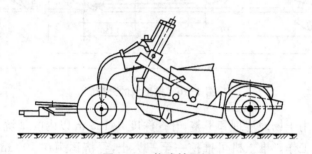

图 1-19　拖式铲运机

铲运机的开行路线对提高生产效率影响很大,应根据挖填区的分布情况,并结合具体条件,选择合理的开行路线。根据实践,铲运机的开行路线有以下几种:

(1) 环形路线。施工地段较短,地形起伏不大的挖、填工程,适宜采用环形路线,如图 1-20(a)(b)所示。当挖土和填方交替,而挖填之间距离又较短时,则可采用大环形路线,如图 1-20(b)所示。大环形路线的优点是循环完成多次铲土和卸土,从而减少了铲运机的转弯次数,提高了工作效率。

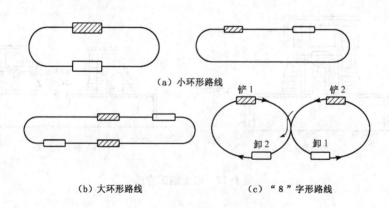

(a) 小环形路线

(b) 大环形路线　　　　　　　(c) "8"字形路线

图 1-20　铲运机开行路线

(2)"8"字形路线。在地形起伏较大、施工地段狭长的情况下,宜采用"8"字形路线,如图 1-20(c)所示。它适用于填筑路基、场地平整工程。铲运机在坡地行走或工作时,上下纵坡坡角不宜超过 25°,横坡不宜超过 6°,不能在陡坡上急转弯,工作时应避免转弯铲土,以免铲刀受力不均引起翻车事故。当铲运机铲土接近设计标高时,为了正确控制标高,宜沿平整场地区域每隔 10 m 左右配合水准仪抄平,先铲出一条标准槽,以此为准使整个区域平整到设计要求。

3. 单斗挖土机

单斗挖土机是基坑(槽)土方开挖常用的一种机械。依其工作装置的不同可分为正铲、反铲、拉铲和抓铲四种,如图 1-21 所示。

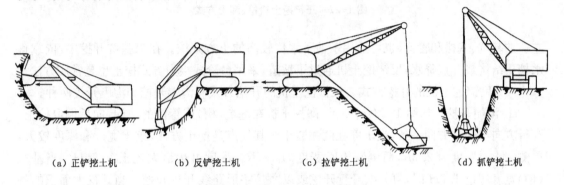

| (a) 正铲挖土机 | (b) 反铲挖土机 | (c) 拉铲挖土机 | (d) 抓铲挖土机 |

图 1-21 单斗挖土机工作简图

1) 正铲挖土机

(1) 正铲挖土机的挖土特点是:前进向上,强制切土。它适用于开挖停机面以上的一至三类土,且需与运土汽车配合完成整个挖运任务。开挖大型基坑时需设坡道,挖土机在坑内作业。挖土机适宜在土质较好、无地下水的地区工作,当地下水位较高时,应采取降低地下水位的措施,把基坑水疏干。

(2) 正铲挖土机挖、卸土方式。根据挖掘机与运输工具相对位置的不同,正铲挖土机挖土和卸土的方式分为以下两种:

① 正向挖土、侧向卸土,即挖土机向前进方向挖土,运输工具在挖土机一侧开行、装土,如图 1-22(a)所示,两者可不在同一工作面(运输工具可停在挖土机平面上或高于停机平面)。这种开挖方式,卸土时挖土机旋转角度小于 90°,不仅可提高挖土效率,还可避免汽车倒开和转弯多的缺点,因而在施工中常采用此方法。

② 正向挖土、后方卸土,即挖土机向前进方向挖土,运输工具停在挖土机的后面装土,如图 1-22(b)所示,两者在同一工作面(即挖土机的工作空间)。这种开挖方式挖土高度较大,但由于卸土时必须旋转较大角度,且运输车辆要倒车开入,影响挖土机挖土效率,故只宜用于基坑(槽)宽度较小而开挖深度较大的情况。

2) 反铲挖土机

(1) 反铲挖土机的挖土特点是:后退向下,强制切土。其挖掘力比正铲小,能开挖停机面以下的一至三类土(机械传动反铲只宜挖一至二类土)。它适用于一次开挖深度在 4 m

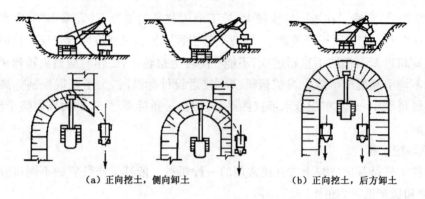

（a）正向挖土，侧向卸土　　　　　　（b）正向挖土，后方卸土

图 1-22　正铲挖土机挖、卸土方式

左右的基坑、基槽和管沟，也可适用于地下水位较高的土方开挖。在深基坑开挖中，依靠止水挡土结构或井点降水，反铲挖土机通过下坡道，采用台阶式接力方式挖土也是常用方法。

（2）反铲挖土机的开挖方式。反铲挖土机的开挖方式有沟端开挖和沟侧开挖两种。

① 沟端开挖。如图 1-23(a)所示，即挖土机在基坑(槽)或管沟的一端，向后倒退挖土，开行方向与开挖方向一致，汽车停在两侧装土。其优点是挖土方便，挖土宽度和深度较大，单侧装土时宽度为 2.3R，两侧装土时宽度为 1.7R。深度可达最大挖土深度 H。当基坑(槽)宽度超过 1.7H 时，可分次开行开挖或以"之"字形路线开行开挖。当开挖大面积的基坑时，可分段开挖或多机同挖。当开挖深槽时，可采用分段分层开挖。

② 沟侧开挖。如图 1-23(b)所示，即挖土机在基坑(槽)一侧挖土、开行。因为挖土机移动方向与挖土方向垂直，所以其稳定性较差，挖土宽度和深度也较小，且不能很好地控制边坡。但当土方需就近堆放在坑(沟)旁时，此方法可弃土于距坑(沟)较远的地方。

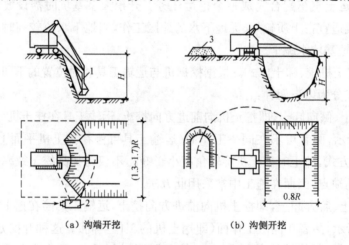

（a）沟端开挖　　　　　　　　（b）沟侧开挖

1—反铲挖土机；2—自卸汽车；3—充土堆

图 1-23　反铲挖土机开挖方式

3）拉铲挖土机

（1）拉铲挖土机特点。拉铲挖土机用于开挖停机面以下的一至二类土。它工作装置简

单,可直接由起重机改装。其特点是铲斗悬挂在钢丝绳下而不需刚性斗柄,土斗借自重使斗齿切入土中,开挖深度和宽度均较大,常用于开挖大型基坑、沟槽和水下开挖等。与反铲挖土机相比,拉铲挖土机的挖土深度、挖土半径和卸土半径均较大,但开挖的精确性较差,且大多将土弃于土堆,如需卸在运输工具上,则操作技术要求较高,且效率降低。

（2）拉铲挖土机开行路线。拉铲挖土机的开行路线与反铲挖土机开行路线相同。

① 沟端开挖法。如图 1-24 所示,拉铲停在沟端,倒退着沿沟纵向开挖。开挖宽度可以是机械挖土半径的两倍,能两面出土,汽车停放在一侧或两侧,装车角度小,坡度较易控制,并能开挖较陡的坡。它适用于就地取土、填筑路基及修筑堤坝等。

② 沟侧开挖法。如图 1-25 所示,拉铲停在沟侧沿沟横向开挖,沿沟边与沟平行移动,如沟槽较宽,可在沟槽的两侧开挖。本法开挖宽度和深度均较小,一次开挖宽度约等于挖土半径,且开挖边坡不易控制。它适用于开挖土方就地堆放的基坑、槽以及填筑路堤等工程。

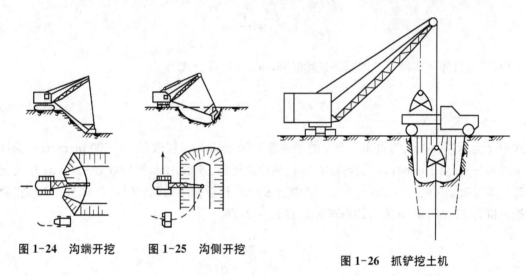

图 1-24　沟端开挖　　图 1-25　沟侧开挖

图 1-26　抓铲挖土机

4）抓铲挖土机

抓铲挖土机是在挖土机臂端用钢索装一抓斗,也可由履带式起重机改装。它可用以挖掘停机面以下的一至二类土,宜用于挖掘独立柱基的基坑,沉井及开挖面积较小、深度较大的沟槽或基坑,特别适宜于水下挖土,如图 1-26 所示。

二、土方机械的选择

土方开挖机械的选择主要是确定类型、型号、台数。挖土机械的类型是根据土方开挖类型、工程量、地质条件及挖土机的适用范围确定的;其型号是根据开挖场地条件、周围环境及工期等确定的;最后确定挖土机台数和配套汽车数量。

挖土机的数量应根据所选挖土机的台班生产率、工程量大小和工期要求进行计算。

（1）挖土机台班产量 P_d 按下式计算

$$P_d = \frac{8 \times 3\,600}{t} \cdot q \cdot \frac{K_c}{K_s} \cdot K_b \qquad (1-27)$$

式中:t 为挖土机每次作业循环延续时间(s),由机械性能决定,如 W_1-100 正铲挖土机为 25~40 s,W_1-100 拉铲挖土机为 45~60 s;q 为挖土机铲斗容量(m^3);K_c 为铲斗的充盈系数,可取 0.8~1.1;K_s 为土的最初可松性系数;K_b 为时间利用系数,一般取 0.6~0.8。

(2) 挖土机的数量 N 可按下式计算

$$N = \frac{Q}{Q_d} \cdot \frac{1}{TCK} \qquad (1\text{-}28)$$

式中:Q 为土方量(m^3);Q_d 为挖土机生产率(m^3/台班);T 为工期(工作日);C 为每天工作班数;K 为工作时间利用系数,取 0.8~0.9。

(3) 配套汽车数量计算。自卸汽车装载容量 Q_1,一般宜为挖土机铲斗容量的 3~5 倍;自卸汽车的数量 N_1(台),应保证挖土机连续工作,可按下式计算

$$N_1 = \frac{T}{t_1} \qquad (1\text{-}29)$$

式中:T 为自卸汽车每一工作循环延续时间(min),计算公式为

$$T = t_1 + \frac{2l}{v_c} + t_2 + t_3 \qquad (1\text{-}30)$$

式中:l 为运距(m);v_c 为重车与空车的平均速度(m/min),一般取 333~ 500 m/min;t_2 为卸车时间(一般为 1 min);t_3 为操纵时间(包括停放待装、等车、让车等),取 2~3 min;t_1 为自卸汽车每次装车时间(min),$t_1 = nt$,t 为挖土机每斗作业循环的延续时间(s)(W_1-100 正铲挖土机为 25~40 s),n 为自卸汽车每车装土斗数,即

$$n = \frac{Q_1}{q \cdot \dfrac{K_c}{K_s} \cdot \rho}$$

式中:q 为挖土机铲斗容量(m^3);K_c 为铲斗充盈系数,取 0.8~1.1;K_s 为土的最初可松性系数;ρ 为土的重力密度(一般取 17 kN/m^3)。

第五节　土方的填筑与压实

一、土料的填筑要求

1. 人工填土

(1) 回填土时从场地最低部分开始,由一端向另一端自下而上分层铺填。每层的虚铺厚度,用人工木夯夯实时不大于 20 cm,用打夯机械夯实时不大于 25 cm。

(2) 深浅坑(槽)相连时,应先填深坑(槽),相平后与浅坑全面分层填夯。如果采取分段填筑,交接处应填成阶梯形。墙基及管道回填应在两侧用细土同时均匀回填、夯实,防止墙基及管道中心线位移。

（3）人工夯填土用 60~80 kg 的木夯或铁、石夯，由 4~8 人拉绳，2 人扶夯，举高不小于 0.5 m，一夯压半夯，按次序进行。

（4）较大面积人工回填用打夯机夯实。两机平行时，其间距不得小于 3 m；在同一夯打路线上，前后间距不得小于 10 m。

2. 机械填土

1）推土机填土

（1）填土应由下而上分层铺填，每层虚铺厚度不宜大于 30 cm，大坡度堆填土不得居高临下，不分层次，一次堆填。

（2）推土机运土回填可采取分堆集中、一次运送方法，分段距离为 10~15 m，以减少运土漏失量。

（3）土方推至填方部位时，应提起铲刀一次，成堆卸土，并向前行驶 0.5~1.0 m，利用推土机后退时将土刮平。

（4）用推土机来回行驶进行碾压，履带应重叠一半。

（5）填土宜采用纵向铺填顺序，从挖土区段至填土区段以 40~60 cm 距离为宜。

2）铲运机填土

（1）铲运机铺土，铺填土区段长度不宜小于 20 m，宽度不宜小于 8 m。

（2）铺土应分层进行，每次铺土厚度不大于 30~50 cm（视所用压实机械的要求而定）。每层铺土后，利用空车返回时将地表面刮平。

（3）填土顺序一般尽量采取横向或纵向分层卸土，以利行驶时初步压实。

3）自卸汽车填土

（1）自卸汽车为成堆卸土，需配以推土机推土、摊平。

（2）每层的铺土厚度不大于 30~50 cm（随选用的压实机械而定）。

（3）填土可利用汽车行驶做部分压实工作，行车路线需均匀分布于填土层上。

（4）汽车不能在虚土上行驶，卸土推平和压实工作需采取分段交叉进行。

二、填土压实

1. 填土压实方法

填土压实方法有碾压法、夯实法和振动压实法三种，如图 1-27 所示。此外，还可利用运土工具压实。

（1）碾压法。碾压法是指利用沿着表面滚动的鼓筒或轮子的压力压实土壤。常见的如平碾、羊足碾和气胎碾等一切拖动和自动的碾压机具，其工作原理都相同。这些机具主要用于大面积填土。平碾又称为压路机，适用于压实砂类土和黏性土；羊足碾和平碾不同，它的碾轮表面上装有许多羊蹄形的碾压凸脚，一般用拖拉机牵引作业。羊足碾有单桶和双桶之分，桶内根据要求可分为空桶、装水、装砂，以提高单位面积的压力，增加压实效果。羊足碾只能用来压实黏性土。气胎碾对土壤碾压较为均匀。

按碾轮重量，平碾可分为轻型（30~50 kN）、中型（60~90 kN）和重型（100~140 kN）三种，适于压实砂类土和黏性土。轻型平碾压实土层的厚度不大，但土层上部变得较密实，当

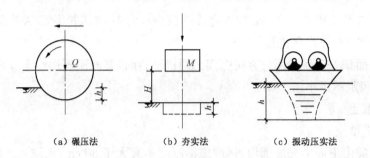

（a）碾压法　　　　　（b）夯实法　　　　　（c）振动压实法

图 1-27　填土压实方法

用轻型平碾初碾后,再用重型平碾碾压松土,就会取得更好的效果。如直接用重型平碾碾压松土,则由于强烈的起伏现象,其碾压效果较差。

用碾压法压实填土时,铺土应均匀一致,碾压遍数要一样,碾压方向应从填土区的两边逐渐压向中心,每次碾压应有 15～20 cm 的重叠;碾压机械开行速度不宜过快,一般平碾不应超过 2 km/h,羊足碾控制在 3 km/h 之内,否则会影响压实效果。

（2）夯实法。夯实法是指利用夯锤自由下落的冲击力来夯实土壤,主要用于小面积的回填土或作业面受到限制的环境下的土壤压实。

夯实法分人工夯实和机械夯实两种。人工夯实所用的工具有木夯、石夯等;常用的夯实机械有夯锤、内燃夯土机、蛙式打夯机和利用挖土机或起重机装上夯板后的夯土机等。其中,蛙式打夯机的特点是轻巧灵活,构造简单,在小型土方工程中应用最广。

夯实法可夯实较厚的土层。重型夯土机(1 t 以上的重锤),其夯实厚度可达 1～1.5 m,但木夯、石夯、蛙式打夯机等夯实工具,其夯实厚度则较小,一般在 200 mm 以内。

（3）振动压实法。振动压实法是用振动压实机械来压实土壤,用这种方法压实非黏性土的效果较好。

振动平碾、振动凸块碾是将碾压和振动法结合起来的新型压实机械。振动平碾适用于填料为爆破碎石碴、碎石类土、杂填土或轻粉质黏土的大型填方,振动凸块碾则适用于粉质黏土或黏土的大型填方。当压实爆破石碴或碎石类土时,可选用质量为 8～15 t 的振动平碾,铺土厚度为 0.6～1.5 m,先静压,后振动碾压,碾压遍数由现场试验确定,一般为6～8 遍。

2. 填土压实的影响因素

（1）压实功的影响。填土压实后的密度与压实机械在其上所施加的功有一定的关系。土的密度与所消耗的功的关系,如图 1-28 所示。当土的含水量一定,在开始压实时,土的密度急剧增加,待到接近土的最大密度时,压实功虽然增加许多,但土的密度却变化甚小。在实际施工中,对于砂土需要碾压 2～3 遍,对于粉质砂土需要碾压 3～4 遍,对于粉质黏土或黏土则需要碾压 5～6 遍。

（2）土的含水量的影响。在同一压实功条件下,填土的含水量对压实质量有直接影响。较为干燥的土颗粒之间的摩阻力较大,因而不易压实。当含水量超过一定限度时,土颗粒之间的孔隙由水填充而呈饱和状态,也不能压实。当土的含水量适当时,水起润滑作用,土颗粒之间的摩阻力减小,压实效果好。每种土都有其最佳的含水量,土在这种含水量条件下,使用同样的压实功进行压实,所得到的密度最大,如图 1-29 所示。各种土的最佳含水量和最大干密度可参考表 1-6。

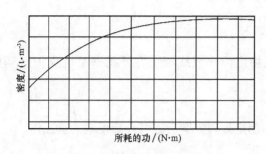

图 1-28 土的密度与压实功的关系

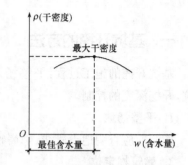

图 1-29 土的干密度与含水量关系

表 1-6 土的最佳含水量和最大干密度参考表

项次	土的种类	变动范围		项次	土的种类	变动范围	
		最佳含水量/% （质量比）	最大干密度/ （g·cm^{-3}）			最佳含水量/% （质量比）	最大干密度/ （g·cm^{-3}）
1	砂土	8～12	1.80～1.88	3	粉质黏土	12～15	1.85～1.95
2	黏土	19～23	1.58～1.70	4	粉土	16～22	1.61～1.80

注:1. 表中土的最大干密度应以现场实际达到的数字为准;2. 一般性的回填可不作此项测定。

为了保证填土在压实过程中处于最佳含水量状态,当土过湿时,应予翻松晾干,也可掺入同类干土或吸水性土料;当土过干时,则应预先洒水润湿。

(3) 铺土厚度的影响。土在压实功的作用下,其应力随深度的增加而逐渐减小。在压实过程中,土的密实度在表层较大,随深度的增加而逐渐减小;超过一定深度后,虽经反复碾压,土的密实度仍与未压实前一样。填方每层的铺土厚度和压实遍数见表 1-7。

表 1-7 填方每层的铺土厚度和压实遍数

压实机具	每层辅土厚度/mm	每层压实遍数
平碾	250～300	6～8
振动压实机	250～350	3 或 4
柴油打夯机	200～250	3 或 4
人工打夯	<200	3 或 4

注:人工打夯时,土块粒径不应大于 50 mm。

上述三方面因素之间是互相影响的。为了保证压实质量,提高压实机械的生产率,重要工程应根据土质和所选用的压实机械在施工现场进行压实试验,以确定达到规定密实度所需的压实遍数、铺土厚度及最优含水量。

第六节　基坑(槽)施工

一、基坑开挖的方法

基坑开挖的施工过程:平整场地→建筑物定位→放线→土方开挖→基坑支护→基槽(坑)开挖深度的控制。

1. 平整场地

作业前应查明地下管线、障碍物等情况,制定处理方案后方可开始场地平整工作。

2. 建筑物定位

建筑物定位就是将建筑设计总平面图中建筑物外轮廓的轴线交点测设到地面上,并用木桩标定出来,桩顶钉小铁钉指示点位(这类桩称为轴线桩);然后根据轴线桩进行细部测设。

为进一步控制各轴线位置,应将主要轴线延长引测到安全地点并做好标志(称为控制桩)。为了便于开槽后在施工各阶段能控制轴线位置,可把轴线位置引测到龙门板上用轴线钉标定。龙门板顶部标高一般为±0.000,以便控制基槽和基础施工时的标高。定位一般用经纬仪、水准仪和钢尺等测量仪器。

3. 放线

房屋定位后,根据基础的宽度、土质情况、基础埋置深度及施工方法,通过计算确定基槽(坑)上口开挖宽度,拉通线后用石灰在地面上画出基槽(坑)开挖的上口边线,即放线。工作面的留置要求:混凝土和钢筋混凝土基础为 300 mm。放好开挖线,经复测及验收合格后开挖。

4. 土方开挖

(1) 基坑工程必须遵循先设计后施工的原则,应按设计和施工方案要求分层、分段、均衡开挖。

(2) 土方开挖前,应查明基坑周边及其影响范围内建(构)筑物与水、电、燃气等地下管线的情况,并采取措施保护其使用安全。

(3) 在基坑开挖深度的范围内有地下水时,应采取有效的地下水控制措施。

(4) 基坑工程应编制应急预案。

(5) 土方开挖的顺序、方法必须与设计工况一致,并遵循"开槽支撑,先撑后挖,分层开挖,严禁超挖"的原则。土方开挖宜从上到下分层、分段、均衡进行;当基底标高不同时,应遵守先深后浅的施工顺序。

5. 基坑支护

基坑支护是指为保护地下主体结构施工和基坑周边环境的安全,对基坑采用的临时性支挡、加固、保护与地下水控制的措施。支护结构是指支挡或加固基坑侧壁的承受荷载的结构。

1) 基坑支护应满足的功能要求:基坑支护应保证基坑周边建(构)筑物、地下管线、道路的安全和正常使用;保证主体地下结构的施工空间。

2) 支挡式结构的施工方法。支挡式结构是以挡土构件和锚杆或支撑为主要构件,或以挡土构件为主要构件的支护结构。支挡式结构的形式有锚拉式结构、支撑式结构、悬臂式结构、双排桩、逆作法。这里主要介绍排桩施工。

(1) 排桩。排桩是指由沿基坑侧壁排列设置的支护桩及冠梁所组成的支挡式结构部件或悬臂式支挡结构。其中,冠梁是设置在挡土构件顶部的钢筋混凝土连梁。

(2) 排桩的桩型。排桩的桩型与成桩工艺应根据桩所穿过土层的性质、地下水条件及基坑周边环境要求等选择,有混凝土灌注桩、型钢桩、钢管桩、钢板桩、型钢水泥土搅拌桩等。

(3) 混凝土灌注桩排桩。

① 采用混凝土灌注桩时,支护桩的桩身混凝土强度等级、钢筋配置和混凝土保护层厚度应符合下列规定:桩身混凝土强度等级不宜低于 C25;支护桩的纵向受力钢筋宜选用 HRB400、HRB355 级钢筋;箍筋可采用螺旋式箍筋,箍筋直径不应小于纵向受力钢筋最大直径的 1/4,且不应小于 6 mm;箍筋间距宜取 100~200 mm,且不应大于 400 mm 及桩的直径;沿桩身配置的加强箍筋应满足钢筋笼起吊安装要求,宜选用 HPB300、HRB335 级钢筋,其间距宜取 1 000~2 000 mm;纵向受力钢筋的保护层厚度不应小于 35 mm,采用水下灌注混凝土施工工艺时,不应小于 50 mm。

② 支护桩顶部应设置混凝土冠梁。冠梁的宽度不宜小于桩径,高度不宜小于桩径的 0.6 倍。

③ 排桩的桩间土应采取防护措施。桩间土防护措施宜采用内置钢筋网或钢丝网的喷射混凝土面层。喷射混凝土面层的厚度不宜小于 50 mm,混凝土强度等级不宜低于 C20,混凝土面层内所配置钢筋网的纵、横向间距不宜大于 200 mm。

④ 排桩墙宜采用间隔成桩的施工顺序。对于混凝土灌注桩,应在混凝土终凝后再进行相邻桩的成孔施工。混凝土灌注桩排桩墙的基本工艺流程:混凝土灌注桩施工→桩机移位→桩养护→破桩→冠梁施工。

⑤ 冠梁施工时,应将桩顶部的浮浆、低强度混凝土及破碎部分清除。冠梁混凝土浇筑采用土模时,土面应修理整平。

⑥ 采用混凝土灌注桩时,其质量检测应符合下列规定:应采用低应变动测法检测桩身的完整性,检测桩数不宜少于总桩数的 20%,且不得少于 5 根;当根据低应变动测法判定桩身完整性为 Ⅲ 类或 Ⅳ 类时,应采用钻芯法进行验证,并应扩大低应变动测法检测的数量。

3) 土钉墙支护结构的施工方法。

(1) 土钉的概念。土钉是指设置在基坑侧壁土体内的承受拉力与剪力的杆件。例如,成孔后植入钢筋杆体并通过孔内注浆在杆体周围形成固结体的钢筋土钉,将设有出浆孔的钢管直接击入基坑侧壁土中并在钢管内注浆的钢管土钉。

(2) 土钉墙。土钉墙是指由随基坑开挖而分层设置的、纵横向密布的土钉群、喷射混凝土面层及原位土体所组成的支护结构。

（3）复合土钉墙。复合土钉墙是指由土钉墙与预应力锚杆、微型桩、旋喷桩、搅拌桩中的一种或多种所组成的复合型支护结构。

（4）土钉墙的材料要求。土钉钢筋宜采用 HRB400、HRB335 级钢筋，钢筋直径应根据土钉抗拔承载力的设计要求确定，且宜取 16～32 mm。土钉水平间距和竖向间距宜为1～2 m；当基坑较深、土的抗剪强度较低时，土钉间距应取小值。土钉倾角宜为 5°～20°；应沿土钉全长设置对中定位支架，其间距宜取 1.5～2.5 m；土钉钢筋保护层的厚度不宜小于20 mm。当土钉墙高度不大于 12 m 时，喷射混凝土面层的构造要求应符合下列规定：喷射混凝土面层的厚度宜取 80～100 mm；喷射混凝土设计强度等级不宜低于 C20；喷射混凝土面层应配置钢筋网和通长的加强钢筋，钢筋网宜采用 HPB300 级钢筋，钢筋直径宜取6～10 mm，钢筋网间距宜取 150～250 mm。

（5）土钉墙的施工过程。基坑开挖与修坡→定位放线→钻孔→安设土钉→注浆→铺钢筋网→喷射面层混凝土→土钉现场测试→施工检测。

（6）土钉墙的施工方法。

① 基坑开挖和修坡。基坑要按设计要求严格分层分段开挖，在完成上一层作业面土钉且喷射混凝土面层达到设计要求时，才可进行下一层土层的开挖。坡面经机械开挖后要采用小型机械或人工进行切削修坡，以使坡度与坡面的平整度达到设计要求。

② 钢筋土钉成孔时应符合下列要求：

a. 土钉成孔范围内存在地下管线等设施时，应在查明其位置并避开后，再进行成孔作业。

b. 应根据土层的性状选择成孔方法，选择的成孔方法应能保证孔壁的稳定性，并减小对孔壁的扰动。

c. 当成孔遇不明障碍物时，应停止成孔作业，在查明障碍物的情况并采取针对性措施后方可继续成孔。

d. 对易塌孔的松散土层宜采用机械成孔工艺；成孔困难时，可采用注入水泥浆等方法进行护壁。

③ 钢筋土钉杆体的制作、安装应符合下列要求：

a. 钢筋使用前，应调直并清除污锈。

b. 当钢筋需要连接时，宜采用搭接焊、帮条焊；焊接应采用双面焊，双面焊的搭接长度或帮条长度应不小于主筋直径的 5 倍，焊缝高度不应小于主筋直径的 0.3 倍。

c. 对中支架的断面尺寸应符合土钉杆体保护层厚度要求，对中支架可选用直径为6～8 mm 的钢筋焊制。

d. 土钉成孔后应及时插入土钉杆体，遇塌孔、缩径时，应在处理后再插入土钉杆体。

④ 钢筋土钉注浆时应符合下列要求：

a. 注浆材料可选用水泥浆或水泥砂浆。水泥浆的水胶比宜取 0.5～0.55；水泥砂浆的水胶比宜取 0.40～0.45，灰砂比宜取 0.5～1.0。拌和用砂宜选用中粗砂，按质量计的含泥量不得大于 3%。

b. 水泥浆或水泥砂浆应拌和均匀，一次拌和的水泥浆或水泥砂浆应在初凝前使用。

c. 注浆前应将孔内残留的虚土清除干净。

d. 注浆时,宜采用将注浆管与土钉杆体绑扎,同时插入孔内并由孔底注浆的方式。注浆管端部至孔底的距离不宜大于 200 mm。注浆及拔管时,注浆管口应始终埋入注浆液面内,应在新鲜浆液从孔口溢出后停止注浆;注浆后,当浆液液面下降时,应进行补浆。

⑤ 喷射混凝土面层施工应符合下列规定:

a. 喷射作业应分段依次进行,同一分段内喷射顺序应自下而上均匀喷射,一次喷射厚度宜为 30~80 mm。

b. 喷射混凝土时,喷头与土钉墙墙面应保持垂直,其距离宜为 0.6~1.0 m。

c. 喷射混凝土终凝 2 h 后应及时喷水养护。

d. 钢筋与坡面的间隙应大于 20 mm。

e. 钢筋网可采用绑扎固定;钢筋连接宜采用搭接焊,焊缝长度不应小于钢筋直径的 10 倍。

f. 采用双层钢筋网时,第二层钢筋网应在第一层钢筋网被喷射混凝土覆盖后铺设。

(7) 土钉墙的质量检测应符合下列规定:

① 应对土钉的抗拔承载力进行检测,抗拔试验可采用逐级加荷法;土钉的检测数量不宜少于土钉总数的 1%,且同一土层中的土钉检测数量不应少于 3 根;试验最大荷载不应小于土钉轴向拉力标准值的 1.1 倍;检测土钉应按随机抽样的原则选取,并应在土钉固结体强度达到设计强度的 70% 后进行试验。

② 土钉墙面层喷射混凝土应进行现场试块强度试验,每 500 m² 喷射混凝土面积试验数量不应少于一组,每组试块不应少于 3 个。

③ 应对土钉墙的喷射混凝土面层厚度进行检测,每 500 m² 喷射混凝土面积检测数量不应少于一组,每组的检测点不应少于 3 个;全部检测点的面层厚度平均值不应小于厚度设计值,最小厚度不应小于厚度设计值的 80%。

6. 基槽(坑)开挖深度的控制

为了控制基槽开挖深度,在即将挖到槽底设计标高时,用水准仪在槽壁上测设一些水平的小木桩,如图 1-30 所示,使木桩的上表面到槽底设计标高为一固定值(如 0.500 m),用以控制挖槽深度。为了施工时使用方便,一般在槽壁各拐角处和槽壁每隔 3~4 m 处均测设一水平桩;必要时,可沿水平桩的上表面拉上白线绳,作为清理槽底和打基础垫层时掌

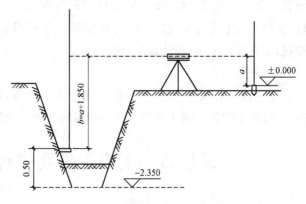

图 1-30 基槽(坑)深度控制

握标高的依据。水平桩高程测设的允许误差为 ±10 mm。图 1-30 中计算水平桩的上表面标高为 2.350 m−0.500 m=1.850 m,水准仪的读数 b=a+1.850 m。

二、基坑验槽的方法

验槽主要以施工经验观察为主,而对于基底以下的土层不可见部位,要辅以钎探、夯探配合共同完成。

1. 观察验槽

主要观察基槽基底和侧壁的土质情况、土层构成及其走向情况以及是否有异常现象等,以判断是否达到设计要求的土层。观察内容主要为槽底土质以及土的颜色、土的软硬、土的虚实情况等。

2. 钎探

对基槽底以下 2～3 倍基础宽度的深度范围内,土的变化和分布情况,以及是否有软弱土层,需要用钎探明。钎探方法为:将一定长度的钢钎打入槽底以下的土层内,根据每打入一定深度的锤击次数,间接地判断地基土质的情况。打钎分人工和机械两种方法。

(1) 钢钎的规格和数量。人工打钎时,钢钎用直径为 22～25 mm 的钢筋制成,钎尖为 60°,外形呈尖锥状,钎长为 1.8～2.5 m。打钎用的锤质量为 1.63～2.04 kg,举锤高度一般为 50～70 cm。将钢钎垂直打入土中,并记录每打入土层 30 cm 的锤击数。用打钎机打钎时,其锤质量约为 10 kg,锤的落距为 50 cm,钢钎直径为 25 mm,长 1.8 m,如图 1-31 所示。

(2) 钎探记录和结果分析。先绘制基槽平面图,再在图上根据要求确定钎探点的平面位置,并依次编号制成钎探平面图。钎探时按钎探平面图所标定钎探点的顺序进行,最后整理成钎探记录表。全部钎探完毕后,逐层地分析研究钎探记录,逐点进行比

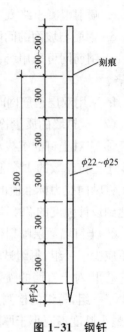

图 1-31　钢钎

较,将锤击数显著过多或过少的钎孔在钎探平面图上做上记号,然后再在该部位进行重点检查,如有异常情况,要认真进行处理。

3. 夯探

夯探较之钎探方法更为简便,不用复杂的设备,而是用铁夯或蛙式打夯机对基槽进行夯击,凭夯击时的声响来判断下卧后的强弱或有无土洞或暗墓。

第七节　土方工程质量标准与安全技术

一、土方开挖、回填质量标准

(1) 平整场地的表面坡度应符合设计要求,如设计无要求,排水沟方向的坡度不应小于 0.2%。平整后的场地表面应逐点检查,检查点为每 100～400 m² 取 1 点,但不应少于 10 点;长度、宽度和边坡均为每 20 m 取 1 点,每边不应少于 1 点。

（2）施工过程中应检查平面位置、水平标高、边坡坡度、压实度、排水、降低地下水位系统，并随时观测周围的环境变化。

（3）柱基、基坑、基槽和管沟基底的土质，必须符合设计要求，并严禁扰动。

（4）填方的基底处理，必须符合设计要求或施工规范的规定。

（5）填方柱基、基坑、基槽、管沟回填的土料，必须符合设计要求和施工规范的规定。

（6）填土施工过程中应检查排水措施、每层填筑厚度、含水量控制和压实程度。

（7）填方和柱基、基坑、基槽、管沟的回填等有密实度要求的填方，在夯实或压实之后，必须按规定分层夯压密实。取样测定压实后土的干密度，90%以上符合设计要求，其余10%的最低值与设计值的差不应大于 0.08 g/m³，且不应集中。

（8）土方开挖工程的质量检验标准符合《建筑地基基础工程施工质量验收规范》（GB 50202—2018）的规定，见表 1-8。

表 1-8　土方开挖工程质量检验标准

项	序	项目	允许偏差或允许值/mm				
			柱基、基坑、基槽	挖方场地平整		管沟	地（路）面基层
				人工	机械		
主控项目	1	标高	0 −50	±30	±50	0 −50	0 −50
	2	长度、宽度（由设计中心线向两边量）	200 −50	+300 −100	+500 −150	+100 0	设计要求
	3	坡率	设计要求				
一般项目	1	表面平整度	±20	±20	±50	±20	±20
	2	基底土性	设计要求				

注：地（路）面基层的偏差只适用于直接在挖、填方上做地（路）面的基层。

（9）填方施工结束后，应检查标高、边坡坡度、压实程度等，检验标准应符合表 1-9 的规定。

表 1-9　土方回填工程质量检验标准

项	序	检查项目	允许偏差或允许值/mm				
			柱基、基坑、基槽	填方场地平整		管沟	地（路）面基层
				人工	机械		
主控项目	1	标高	0 −50	±30	±50	0 −50	0 −50
	2	分层压实系数	设计要求				
一般项目	1	回填土料	设计要求				
	2	分层厚度及含水量	设计要求				
	3	表面平整度	±20	±20	±30	±20	±20

二、土方工程安全技术

1. 基本规定

根据《建筑施工土石方工程安全技术规范》(JGJ 180—2009)的规定：

（1）土石方工程施工应由具有相应资质及安全作业许可证的企业承担。

（2）土石方工程应编制专项施工安全方案，并应严格按照方案实施。

（3）施工前应针对安全风险进行安全教育及安全技术交底。特种作业人员必须持证上岗，机械操作人员应经过专业技术培训。

（4）施工现场发现危及人身安全和公共安全的隐患时，必须立即停止作业，排除隐患后方可恢复施工。

（5）在土石方施工过程中，当发现古墓、古物等地下文物或其他不能辨认的液体、气体及异物时，应立即停止作业，做好现场保护，并上报有关部门，待处理后方可继续施工。

2. 场地平整的安全规定

1）土石方施工区域应在行车、行人可能经过的路线点处设置明显的警示标志。

2）在房屋旧基础或设备旧基础的开挖清理过程中，应符合下列规定：

（1）当旧基础埋置深度大于 2 m 时，不宜采用人工开挖和清除。

（2）对旧基础进行爆破作业时，应按相关标准的规定执行。

（3）土质均匀且地下水位低于旧基础底部，开挖深度不超过下列限值时，其挖方边坡可做成直立壁不加支撑；开挖深度超过下列限值时，应按《建筑施工土石方工程安全技术规范》(JGJ 180—2009)的规定放坡或采取支护措施：

① 稍密的杂填土、素填土、碎石类土、砂土超过 1 m。

② 密实的碎石类土（充填物为黏性土）超过 1.25 m。

③ 可塑状的黏性土超过 1.5 m。

④ 硬塑状的黏性土超过 2 m。

3）当现场堆积物高度超过 1.8 m 时，应在四周设置警示标志或防护栏；清理时严禁掏挖。

4）在河、沟、塘、沼泽地（滩涂）等场地施工时，应了解淤泥、沼泽的深度和成分，并应符合下列规定：

（1）施工中应做好排水工作；对有机质含量较高、有刺激性气体及淤泥厚度大于 1.0 m 的场地，不得采用人工清淤。

（2）根据淤泥、软土的性质和施工机械的重量，可采用抛石挤淤或木（竹）排（筏）铺垫等措施，确保施工机械移动作业安全。

（3）施工机械不得在淤泥、软土上停放、检修。

（4）第一次回填土的厚度不得小于 0.5 m。

3. 基坑工程施工的安全规定

（1）土方开挖过程中，应定期对基坑及周边环境进行巡视，随时检查基坑位移（土体裂缝）、基坑倾斜、土体及周边道路沉陷或隆起、地下水涌出、管线开裂、不明气体冒出和基坑防护栏杆的安全性等。

（2）在遇到冰雹、大雨、大雪、风力六级及以上强风等恶劣天气之后，应及时对基坑和安全设施进行检查。

三、回填土方施工实例

1. 工程概况

基坑（槽）填方出现橡皮土，从而造成建筑物不均匀下沉，出现开裂。

2. 橡皮土的施工方案

（1）橡皮土产生的原因。在含水量很大的黏土或粉质黏土、淤泥质土、腐殖土等原状土地基上进行回填，或采用上述土做土料进行回填时，由于原状土被扰动，颗粒之间的毛细孔被破坏，水分不易渗透和散发。当施工气温较高时，对其进行夯击或碾压，表面易形成一层硬壳，更阻止了水分的渗透和散发，使土形成软塑状态的橡皮土。这种土埋藏越深，水分散发越慢，长时间内不易消失。

（2）防止措施。

① 夯（压）实填土时，应适当控制填土的含水量。

② 避免在含水量过大的黏土、粉质黏土、淤泥质土和腐殖土等原状土上进行回填。

③ 填方区如有地表水，应设排水沟排水；如有地下水，地下水水位应降低至基底 0.5 m 以下。

④ 暂停一段时间回填，使橡皮土含水量逐渐降低。

⑤ 将干土、石灰粉和碎砖等吸水材料均匀掺入橡皮土中，吸收土中的水分，降低土的含水量。

⑥ 将橡皮土翻松、晾晒、风干至最优含水量范围，再夯（压）实。

⑦ 将橡皮土挖除，然后换土回填夯（压）实，回填 3:7 灰土和级配砂石夯（压）实。

本章小结

本章内容主要介绍了土方工程概述、土方工程量计算及土方调配、土方工程施工准备与辅助工作、土方机械化施工、土方的填筑与压实、基坑（槽）施工、土方工程质量标准与安全技术等。土方工程概述主要包括土方工程的内容、土的工程分类及性质。土方工程量计算及土方调配主要包括场地平整计算、土方量计算及土方调配。土方工程施工时，做好排除地面水，降低地下水位措施，为土方开挖和基础施工提供良好的施工条件，这对加快施工进度、保证土方工程施工质量和安全具有重要意义。本章还着重介绍了土方工程施工准备及施工降排水等辅助工作。土方机械化施工着重讲了几种常用的施工机械及如何选择施工机械。土方的填筑与压实重点介绍了填土压实的方法、要求及影响因素等内容。

复习思考题

一、填空题

1. 土方工程是建筑工程施工的首项工程,主要包括( )、( )和( )等施工,有时还要进行( )、( )和( )等准备工作。

2. 土中水的质量与固体颗粒质量的比值称为( )。

3. 土在天然状态下单位体积的质量,称为( )。

4. 将高低不平的天然地面改造成设计要求的平坦地面,称为( )。

5. 大面积场地平整的土方量,通常采用( )法计算。

6. 土方边坡用( )和边坡系数表示。

二、单选题

1. 在建筑工程施工中,根据土的( )将土分为松软土、普通土、坚土、砂砾坚土、软石、次坚石、坚石、特坚石八类。

A. 粒径大小　　　　B. 坚硬程度　　　　C. 承载力　　　　D. 孔隙率

2. 工程上常把土的( )作为评定土体密实程度的标准,以控制填土工程的压实质量。

A. 可松性　　　　B. 天然密度　　　　C. 含水量　　　　D. 干密度

3. 工程上常用( )来判断土的密实程度和工程性质。

A. 渗透性　　　　B. 可松性　　　　C. 孔隙比　　　　D. 含水量

4. 可进行大面积场地平整,开挖大型基坑、沟槽以及填筑路基、堤坝等的机械是( )。

A. 推土机　　　　B. 铲运机　　　　C. 平地机　　　　D. 摊铺机

5. 正铲挖土机的挖土特点是( )。

A. 前进向上,强制切土　　　　　　　　B. 后退向下,强制切土

C. 后退向下,自重切土　　　　　　　　D. 前进向上,自重切土

三、简答题

1. 确定场地设计标高时应考虑哪些因素?

2. 场地设计标高的调整包括哪些内容?

3. 土方调配有哪些原则?

4. 流砂是如何治理的?

5. 土方开挖机械的选择包括哪些内容?

6. 填土土料的选择包括哪些内容?

第二章　地基处理与桩基础工程

了解地基的局部处理,掌握换填垫层、压实、夯实、挤密地基的处理;熟悉桩基础施工的要点,了解桩基础工程的质量验收,掌握灌注桩、钢筋混凝土预制桩的施工。

能够根据地基形式选择正确的地基处理方法;能够对灌注桩和钢筋混凝土预制桩施工中常出现的一些质量问题进行处理。

第一节　地基处理及加固

一、地基的局部处理

1. 松土坑的处理

(1)当松土坑的范围在基槽范围内时,挖除坑中的松软土,至坑底及坑壁均见天然土为止,然后回填与天然土压缩性相近的材料,如图 2-1 所示。

回填材料:当天然土为砂土时,用砂或级配砂石分层夯实回填;当天然土为较密实的黏性土时,用 3∶7 灰土分层夯实回填;当天然土为中密可塑的黏性土或新近沉积黏性土时,可用 1∶9 或 2∶8 灰土分层夯实回填。每层回填厚度不大于 200 mm。

(2)当松土坑的范围超过基槽边沿时,将该范围内的基槽适当加宽,采用与天然土压缩性相近的材料回填。当用砂土或砂石回填时,基槽每边均应按 1∶1 坡度放宽;当用 1∶9 或 2∶8 灰土回填时,基槽每边均应按 1∶2 坡度放宽,如图 2-2 所示。

(3)较深的松土坑(当深度大于槽宽或大于 1.5 m 时),槽底处理后,还应适当考虑加强上部结构的强度和刚度。处理方法:在灰土基础上 1~2 皮砖处(或混凝土基础内)、防潮层下 1~2 皮砖处及首层顶板处各配置 3 根(或 4 根)直径为 8~12 mm 的钢筋,跨过该松土坑两端各 1 m;或改变基础形式,如采用梁板式跨越松土坑、桩基础穿透松土坑等方法。

2. 砖井或土井的处理

(1)井位于基槽的中部,井口填土较密实时,可将井的砖圈拆去 1 m 以上,用 2∶8 或 3∶7 灰土回填,分层夯实至槽底;若井的直径大于 1.5 m,可将土井挖至地下水面,每层铺 20 cm 粗集料,分层夯实至槽底,上做钢筋混凝土梁(板)跨越它们。

(2)井位于基础的转角处,除采用上述的回填办法外,还可视基础压在井口的面积大小,采用从两端墙基中伸出挑梁,或将基础沿墙长方向向外延长出去,跨越井的范围,然后再在基础墙内采用配筋或加钢筋混凝土梁(板)来加强的方法。

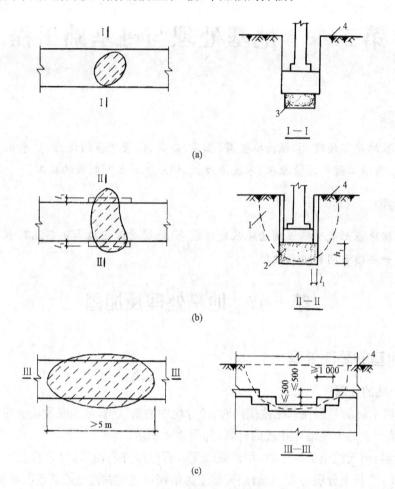

1—软弱土；2—2∶8灰土；3—松土全部挖出后填以好土；4—天然地面

图 2-1　松土坑的处理方法

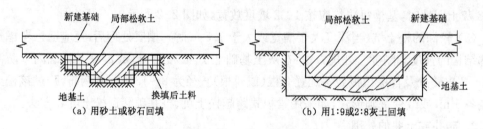

（a）用砂土或砂石回填　　　　　（b）用1∶9或2∶8灰土回填

图 2-2　松土坑超过基槽边沿的处理方法

3. 局部硬土的处理

基础下局部遇基岩、旧墙基、大孤石、老灰土或圬工构筑物,尽可能挖去,以防建筑物由于局部落于坚硬地基上,造成不均匀沉降而使建筑物开裂;或将坚硬地基部分凿去

300~500 mm深,再回填土砂混合物或砂作软性褥垫,使软硬部分起到调整地基变形的作用,避免产生裂缝,如图2-3所示。

二、换填垫层

换填垫层是指挖去表面浅层软弱土层或不均匀土层,回填坚硬、较粗粒径的材料,并夯压密实而形成的垫层。换填垫层根据换填材料的不同可分为灰土、石垫层等垫层。

1. 换填垫层的方法

当建(构)筑物的地基土比较软弱,不能满足上部荷载对地基强度和变形的要求时,常采用换填来处理,具体分为以下几种情况:

(1) 挖。挖去表面的软土层,将基础埋置在承载力较大的基岩

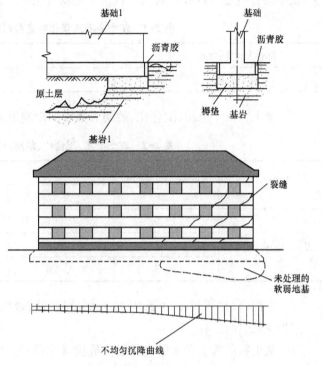

图 2-3 局部硬土的处理方法

或坚硬的土层上,此种方法主要用于软土层不厚、上部结构的荷载不大的情况。

(2) 填。当软土层很厚而又需要大面积进行加固处理时,则可在原有的软土层上直接回填一定厚度的好土或砂石、矿石等。

(3) 将挖与填相结合,即换土垫层法。施工时将基础下一定范围内的软土挖去,用人工填筑的垫层作为持力层,按其回填材料的不同可分为砂垫层、碎石垫层、素土垫层、灰土垫层等。

换填法适用于淤泥、淤泥质土、膨胀土、冻胀土、素填土、杂填土及暗沟、暗塘、古井、古墓或拆除旧基础后的坑穴等的地基处理。

2. 灰土地基

(1) 材料要求。灰土地基是将基础底面下要求范围内的软弱土层挖去,用一定比例的石灰与土,在最优含水量的情况下充分拌和,分层回填夯实或压实而成。灰土地基具有一定的强度、水稳定性和抗渗性,施工工艺简单,取材容易,费用较低,是一种应用广泛、经济、实用的地基加固方法。其适用于加固1~4 m厚的软弱土、湿陷性黄土、杂填土等,还可用作结构的辅助防渗层。

① 土料。应采用就地挖土的黏性土及塑性指数大于4的粉土,土内不得含有松软杂质和耕植土;土料应过筛,其颗粒直径不应大于15 mm。

② 石灰。应采用Ⅲ级以上新鲜的块灰,其中,氧化钙、氧化镁的含量越高越好,使用前1~2 d消解并过筛,其颗粒直径不应大于5 mm,且不应夹有未熟化的生石灰块粒及其他杂

质,也不得含有过多水分。灰土中石灰氧化物含量对强度的影响见表 2-1。

表 2-1　灰土中石灰氧化物含量对强度的影响　　　　　　　　单位:%

活性氧化钙含量	81.74	74.59	69.49
相对强度	100	74	60

③ 灰土。灰土土质、配合比、龄期对强度的影响见表 2-2。

表 2-2　灰土土质、配合比、龄期对强度的影响　　　　　　　　单位:MPa

龄期	灰土比	土种类		
		黏土	粉质黏土	粉土
7 d	4∶6	0.507	0.411	0.311
	3∶7	0.669	0.533	0.284
	2∶8	0.526	0.537	0.163

④ 水泥(代替石灰)。可选用 42.5 级普通硅酸盐水泥,安定性和强度应经复试合格。

(2)施工要点。

① 灰土料的施工含水量应控制在最优含水量±2%的范围内,最优含水量可以通过击实试验确定,也可按当地经验取用。

② 灰土分段施工时,不得在墙角、柱基及承重窗间墙下接缝,上、下两层的接缝距离不得小于 500 mm,接缝处应夯压密实,并做成直槎。当灰土地基高度不同时,应做成阶梯形,每阶宽不小于 500 mm。对作辅助防渗层的灰土,应将地下水位以下结构包围,并处理好接缝,同时注意接缝质量;每层虚土从留缝处往前延伸 500 mm,夯实时应夯过接缝 300 mm 以上;接缝时,用铁锹在留缝处垂直切齐,再铺下段夯实。

③ 灰土应于当日铺填夯压,入槽(坑)灰土不得隔日夯打。夯实后的灰土在 30 d 内不得受水浸泡,并及时进行基础施工与基坑回填,或在灰土表面做临时性覆盖,避免日晒雨淋。雨期施工时,应采取适当的防雨、排水措施,以保证灰土在基槽(坑)内无积水的状态下进行夯实。刚夯打完的灰土,如突然遇雨,应将松软灰土除去,并补填夯实;稍受湿的灰土可在晾干后补夯。

④ 冬期施工必须在基层不冻的状态下进行,土料应覆盖保温,冻土及夹有冻块的土料不得使用;已熟化的石灰应在次日用完,以充分利用石灰熟化时的热量。当日拌和灰土应当日铺填夯完,表面应用塑料布及草袋覆盖保温,以防灰土垫层早期受冻而降低强度。

⑤ 施工时,应注意妥善保护定位桩、轴线桩,防止碰撞发生位移,并应经常复测。

⑥ 对基础、基础墙或地下防水层、保护层以及从基础墙伸出的各种管线,均应妥善保护,防止回填灰土时遭到碰撞或损坏。

⑦ 夜间施工时应合理安排施工顺序,配备足够的照明设施,防止铺填超厚或配合比错误。

⑧ 灰土地基夯实后,应及时进行基础和地坪面层的施工;否则,应临时遮盖地基,防止

日晒雨淋。

⑨ 每一层铺筑完毕,应进行质量检验并认真填写分层检测记录。当某一填层不符合质量要求时,应立即采取补救措施,进行整改。

(3) 质量检查方法。灰土回填每层夯(压)实后,应根据相关规范进行质量检验。达到设计要求时,才能进行上一层灰土的铺摊。检验方法主要有环刀取样法和贯入测定法两种。

① 环刀取样法。在压实后的垫层中,用容积不小于 200 cm³ 的环刀压入每层 2/3 的深度处取样,测定干密度,其值以不小于灰土料在中密状态的干密度值为合格。

② 贯入测定法。先将垫层表面 3 cm 左右的填料刮去,然后用贯入仪、钢叉或钢筋以贯入度的大小来定性地检查垫层质量。应根据垫层的控制干密度,预先进行以下相关性试验,以确定贯入度值:

a. 钢筋贯入法。用直径 20 mm、长度 1 250 mm 的平头钢筋,自 700 mm 高处自由落下,插入深度以不大于根据该垫层的控制干密度测定的深度为合格。

b. 钢叉贯入法。用水撼法使用的钢叉,自 500 mm 高处自由落下,插入深度以不大于根据该垫层的控制干密度测定的深度为合格。

检测的布置原则:采用贯入仪或钢筋检验垫层的质量时,检验点的间距应小于 4 m。当取样检验垫层的质量时,大基坑每 50～100 m² 不应少于 1 个检验点,基槽每 10～20 m² 不应少于 1 个检验点;每个单独柱基不应少于 1 个检验点。

(4) 质量验收标准。灰土地基质量验收标准应符合表 2-3 的规定。

表 2-3　灰土地基质量检验标准

项 目	序	检查项目	允许偏差或允许值	
			单位	数值
主控项目	1	地基承载力	设计要求	
	2	配合比	设计要求	
	3	压实系数	设计要求	
一般项目	1	石灰粒径	mm	≤5
	2	土料有机质含量	%	≤5
	3	土颗粒粒径	mm	≤15
	4	含水量(与要求的最优含水量比较)	%	±2
	5	分层厚度偏差(与设计要求比较)	mm	±50

三、压实、夯实、挤密地基

1. 压实地基

压实地基是指将地基压实。压实主要是用压路机等机械对地基进行碾压,使地基压实排水固结,也可在地基范围的地面上预先堆置重物预压一段时间,以增加地基的密实度,提高地基的承载力,减少沉降量。常用的方法有砂井堆载预压法、袋装砂井堆载预压法、塑料排水带堆载预压法和真空预压法。

(1)砂井堆载预压法。砂井堆载预压法是在预压层的表面铺砂层,并用砂井穿过该土层,以利排水固结,如图 2-4 所示。砂井直径一般为 300～400 mm,间距为砂井直径的6～9倍。

(2)袋装砂井堆载预压法。袋装砂井堆载预压法的施工过程如图 2-5 所示。首先用振动贯入法、锤击打入法或静力压入法将成孔用的无缝钢管作为套管埋入土层,到达规定标高后放入沙袋,然后拔出套管,再于地表面铺设排水砂层即可。用振动打桩机成孔时,一个长 20 m 的孔只需 20～30 s,完成一个袋装砂井的全套工序只需 6～8 min,施工十分简便。

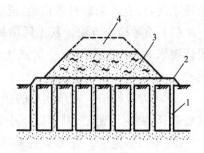

1—砂井;2—砂垫层;
3—永久性填土;4—临时超载填土

图 2-4　典型的砂井地基剖面

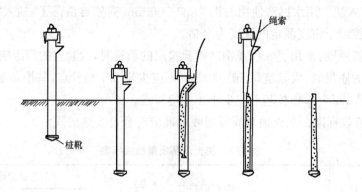

图 2-5　袋装砂井的施工过程

(3)塑料排水带堆载预压法。塑料排水带堆载预压法是将塑料排水带用插排机将其插入软土层中,组成垂直和水平排水体系,然后堆载预压。土中孔隙水沿塑料带的沟槽上升溢出地面,从而使地基沉降固结。

(4)真空预压法。真空预压法利用大气压力作为预压荷载,无须堆载加荷,即在地基表面砂垫层上覆盖一层不透气的塑料薄膜或橡胶布。四周密封,与大气隔绝,然后用真空设施进行抽气,使土中孔隙水产生负压力,将土中的水和空气逐渐吸出,从而使土体固结,如图 2-6 所示。为了加速排水固结,也可在加固部位设置砂井、袋装砂井或塑料排水带等竖向排水系统。

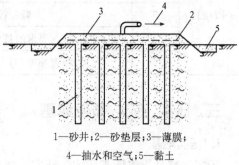

1—砂井;2—砂垫层;3—薄膜;
4—抽水和空气;5—黏土

图 2-6　真空预压地基

2. 夯实地基

夯实地基是指采用强夯法或强夯置换法处理的地基。强夯法适用于处理碎石土、砂土、低饱和度的粉土与黏性土、湿陷性黄土、素填土和杂填土等地基。强夯置换法适用于高饱和度的粉土与软塑、流塑的黏性土等地基上对变形控制要求不严的工程。

（1）强夯法。用起重机械将 10～60 t 的夯锤吊至预定高度，开启脱钩装置，待夯锤脱钩自由下落后，给地基以巨大的冲击力和振动，迫使土颗粒重组，排除孔隙中的水与气体，从而对土体进行强力夯实的一种加固方法。

（2）强夯法的技术参数。

① 锤重不宜小于 8 t，落距不宜小于 6 m。夯击遍数应根据地基土的性质确定，可采用点夯 2～4 遍，对于渗透性较差的细颗粒土，必要时夯击遍数可适当增加。最后再以低能量满夯 1～2 遍，满夯可采用轻锤或低落距锤多次夯击，锤印应搭接。两遍夯击之间应有一定的间隔时间，间隔时间取决于土中超静孔隙水压力的消散时间。对于渗透性较差的黏性土地基，间隔时间不应少于 3～4 周；对于渗透性好的地基可连续夯击。强夯处理范围应大于建筑物基础范围，每边超出基础外缘的宽度宜为基底下设计处理深度的 1/2～2/3，并不宜小于 3 m。

② 夯击点布置一般呈梅花形或正方形，如图 2-7 所示。

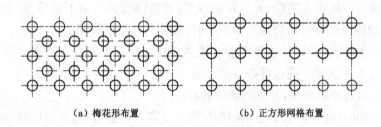

（a）梅花形布置　　　　　（b）正方形网格布置

图 2-7　夯点布置

③ 施工有关数据见表 2-4 和表 2-5。

表 2-4　强夯加固法有关施工数据

项目	参考数据	项目	参考数据
锤重/t	≥8	每夯击点击数/次	3～10
落距/m	≥6	夯击遍数	2～5
锤底静压力/kPa	25～40	两遍之间的间歇时间/周	1～4
夯击点间距/m	5～15	夯击点距已有建筑物的距离/m	≥15

注：适用于加固碎石土、砂土、低饱和度粉土、黏性土、湿陷性黄土、杂填土、工业废渣、垃圾地基等的处理。

表 2-5　强夯法的有效加固深度

单击夯击能/(kN·m)	碎石土、砂土等/m	粉土、黏性土、湿陷性黄土等/m
1 000	5～6	4～5
2 000	6～7	5～6

（续表）

单击夯击能/(kN·m)	碎石土、砂土等/m	粉土、黏性土、湿陷性黄土等/m
3 000	7～8	6～7
4 000	8～9	7～8
5 000	9～9.5	8～8.5
6 000	9.5～10	8.5～9

注：强夯法的有效加固深度应从起夯面算起。

（3）施工要点。根据初步确定的强夯参数，提出强夯试验方案，进行现场试夯。待试夯规定时间结束后，检测现场，合格后进行施工。施工步骤如下：

①清理并平整施工场地。

②标出第一遍夯点位置，并测量场地高程。

③起重机就位，夯锤置于夯点位置。

④测量夯前锤顶高程。

⑤将夯锤起吊到预定高度，开启脱钩装置，待夯锤脱钩自由下落后，放下吊钩，测量锤顶高程，若发现因坑底倾斜而造成夯锤歪斜时，应及时将坑底整平。

⑥重复以上步骤，按设计规定的夯击次数及控制标准完成一个夯点的夯击。换夯点，重复步骤③～⑥，完成第一遍全部夯点的夯击。

⑦用推土机将夯坑填平，并测量场地高程。

⑧在规定的间隔时间，按上述步骤逐次完成全部夯击遍数；最后用低能量满夯，将场地表层松土夯实，并测量夯实后的场地高程。

（4）质量检查。

①检查施工过程中的各项测试数据和施工记录，不符合设计要求时应补夯或采取其他有效措施。

②强夯处理后的地基竣工验收承载力检验，在施工结束后间隔一定时间方能进行。对于碎石土和砂土地基，其间隔时间可取 7～14 d；对于粉土和黏性土地基，可取 14～28 d。

③强夯处理后的地基竣工验收时，承载力检验应采用静载试验、原位测试和室内土工试验。

④强夯地基质量检验标准应符合表 2-6 的规定。

表 2-6 强夯地基质量检验标准

项	序	检查项目	允许偏差或允许值	
			单位	数值
主控项目	1	地基强度	设计要求	
	2	地基承载力	设计要求	
一般项目	1	夯锤落距	mm	±300
	2	锤重	kg	±100

（续表）

项	序	检查项目	允许偏差或允许值	
			单位	数值
一般项目	3	夯击遍数及顺序	设计要求	
	4	含水量（与最优含水量比较）	mm	±500
	5	分层厚度（与设计要求比较）	设计要求	
	6	前后两遍间歇时间	设计要求	

3. 挤密地基

（1）挤密地基的概念及适用范围。挤密地基是指利用沉管、冲击、夯扩、振冲、振动沉管等方法在土中挤压、振动成孔，使桩孔周围土体得到挤密、振密，并向桩孔内分层填料形成的地基。挤密地基适用于处理湿陷性黄土、砂土、粉土、素填土和杂填土等地基。

（2）土桩、灰土桩挤密地基的施工要求。

① 成孔应根据设计要求、成孔设备、现场土质和周围环境等情况，选用沉管（振动、锤击）、冲击或钻孔夯扩等方法。桩孔直径宜为 300～600 mm。

② 桩顶设计标高以上的预留覆盖土层厚度宜符合下列要求：沉管（锤击、振动）成孔，宜不小于 1.0 m；冲击成孔、钻孔夯扩法，宜不小于 1.5 m。

③ 成孔时，地基土宜接近最优（或塑限）含水量，当土的含水量低于 12% 时，宜对拟处理范围内的土层进行增湿。

④ 成孔和孔内回填夯实应符合下列要求：

a. 成孔和孔内回填夯实的施工顺序：当整片处理时，宜从里（或中间）向外间隔 1～2 孔进行，对大型工程，可采取分段施工；当局部处理时，宜从外向里间隔 1～2 孔进行。

b. 向孔内填料前，孔底应夯实，并应抽样检查桩孔的直径、深度和垂直度。

c. 桩孔的垂直度偏差不宜大于 1.5%。

d. 桩孔中心点的偏差不宜超过桩距设计值的 5%。

e. 经检验合格后，应按设计要求，向孔内分层填入筛好的素土、灰土或其他填料，并应分层夯实至设计标高。

f. 铺设灰土垫层前，应按设计要求将桩顶标高以上的预留松动土层挖除或夯（压）密实。

g. 施工过程中，应有专人监理成孔及回填夯实的质量，并应做好施工记录。如发现地基土质与勘察资料不符，应立即停止施工，待查明情况或采取有效措施处理后，方可继续施工。

h. 桩孔夯填质量应随机抽样检测，抽检的数量不应少于桩总数的 1%，且总计不得少于 9 根桩。

i. 土桩、灰土桩挤密地基的静载荷试验的检验数量不应少于桩总数的 1%，且每项单体工程不应少于 3 点。

第二节　桩基础工程

一、灌注桩施工

灌注桩是在施工现场的桩位上先成孔,然后在孔内灌注混凝土,或者加入钢筋后再灌注混凝土而形成的,广泛应用于高层建筑物的基础工程中。

1. 灌注桩施工准备

1) 灌注桩施工应具备下列资料。

(1) 建筑场地岩土工程勘察报告。

(2) 桩基工程施工图及图样会审纪要。

(3) 建筑场地和邻近区域内的地下管线、地下构筑物、危房、精密仪器车间等的调查资料。

(4) 主要施工机械及其配套设备的技术性能资料。

(5) 桩基工程的施工组织设计。

(6) 水泥、砂、石、钢筋等原材料及其制品的质检报告。

(7) 有关荷载、施工工艺的试验参考资料。

2) 钻孔机具及其他准备工作。

(1) 施工前应组织图纸会审,会审纪要连同施工图等应作为施工依据,并应列入工程档案。

(2) 桩基施工用的供水、供电、道路、排水、临时房屋等临时设施,必须在开工前准备就绪。

(3) 施工场地应进行平整处理,以保证施工机械正常作业。

(4) 桩基轴线的控制点和水准点应设在不受施工影响的地方,开工前,经复核后妥善保护,施工中应经常复测。

2. 灌注桩施工工艺

1) 泥浆护壁成孔灌注桩施工。工艺过程:测定桩位(桩基轴线定位和水准定位)→埋设护筒和制备泥浆→桩机就位→成孔→清孔→吊放钢筋笼→浇筑水下混凝土。

(1) 测定桩位。平整好施工场地后,设置桩基轴线定位点和水准点,根据桩位平面布置施工图,定出每根桩的位置,并做好标志。施工前,桩位要检查复核,以防被外界因素影响而造成偏移。

(2) 埋设护筒和制备泥浆。

① 泥浆护壁成孔时,宜采用孔口护筒。护筒埋设应准确、稳定,护筒中心与桩位中心的偏差不应大于 50 mm;护筒可用 4~8 mm 厚的钢板制作。护筒的埋设深度:在黏性土中不宜小于 1.0 m;在砂土中不宜小于 1.5 m。

② 施工期间护筒内的泥浆面应高出地下水位 1.0 m 以上,在受水位涨落影响时,泥浆面应高出最高水位 1.5 m 以上;在清孔过程中,应不断置换泥浆,直至浇筑水下混凝土;废

弃的浆、渣应进行处理,不得污染环境。

(3) 成孔。对孔深较大的端承桩和粗粒土层中的摩擦桩,宜采用反循环工艺成孔或清孔,也可根据土层情况采用正循环钻进、反循环清孔。如在钻进过程中发生斜孔、塌孔和护筒周围冒浆、失稳等现象时,应停钻,待采取相应措施后再进行钻进。钻孔达到设计深度、柱灌注混凝土之前,孔底沉渣厚度:对端承桩,不应大于 50 mm;对摩擦桩,不应大于 100 mm。

(4) 清孔。当钻孔达到设计要求深度并经检查合格后,应立即进行清孔,目的是清除孔底沉渣以减少桩基的沉降量,提高承载能力,确保桩基质量。清孔方法有真空吸泥渣法、射水抽渣法、换浆法和掏渣法。

对用原土造浆的钻孔,可使钻机空转不进尺,同时注入清水,等孔底残余的泥块已磨浆,排出泥浆的比重降至 1.1 左右(以手触泥浆无颗粒感觉时),即可认为清孔已合格。对注入制备泥浆的钻孔,可采用换浆法清孔,至换出泥浆比重在 1.15~1.25 之间为合格。

(5) 吊放钢筋笼。清孔后应立即安放钢筋笼、浇混凝土。钢筋笼一般都在工地制作,制作时要求主筋环向均匀布置,箍筋直径及间距、主筋保护层、加劲箍的间距等均应符合设计要求。分段制作的钢筋笼,其接头采用焊接且应符合施工及验收规范的规定。吊放钢筋笼时应保持垂直缓慢放入,防止碰撞孔壁。若造成塌孔或安放钢筋笼时间太长,应进行二次清孔后再浇筑混凝土。

(6) 灌注水下混凝土。钢筋笼吊装完毕后,应安置导管或气泵管进行二次清孔,并应进行孔位、孔径、垂直度、孔深、沉渣厚度等检验,合格后应立即灌注混凝土。水下灌注混凝土应符合下列规定:水下灌注混凝土必须具备良好的和易性,配合比应通过试验确定;坍落度宜为 180~220 mm;水泥用量不应少于 360 kg/m³(当掺入粉煤灰时水泥用量可不受此限制);水下灌注混凝土宜掺外加剂。

(7) 施工中常见的问题和处理方法。

① 护筒冒水。护筒外壁冒水如不及时处理,严重者会造成护筒倾斜和位移、桩孔偏斜,甚至无法施工。冒水原因为埋设护筒时周围填土不密实,或者由于起落钻头时碰动了护筒。处理办法:如初发现护筒冒水,可用黏土在护筒四周填实加固;如护筒发生严重下沉或位移,则应返工重埋。

② 孔壁坍塌。在钻孔过程中,若在排出的泥浆中不断有气泡产生,或是护筒内的水位突然下降,则是塌孔的迹象。发生塌孔的原因是土质松散、泥浆护壁不好、护筒水位不高等。处理办法:如在钻孔过程中出现缩颈、塌孔,应保持孔内水位,并加大泥浆的相对密度,以稳定孔壁;如缩颈、塌孔严重或泥浆突然漏失,应立即回填黏土,待孔壁稳定后,再进行钻孔。

③ 钻孔偏斜。造成钻孔偏斜的原因是钻杆不垂直、钻头导向部分太短、钻头导向性差、土质软硬不一,或遇上孤石等。处理办法:减慢钻速,并提起钻头,上下反复扫钻几次,以便削去硬层,转入正常钻孔状态。如在孔口不深处遇孤石,可用炸药炸除。

2) 干作业成孔灌注桩。干作业成孔灌注桩是先用钻机在桩位处进行钻孔,然后将钢筋骨架放入桩孔内,再浇筑混凝土而成的桩,其施工过程如图 2-8 所示。干作业成孔灌注桩适用于地下水位以上的填土层、黏性土层、粉土层、砂土层和粒径不大的砂砾层。

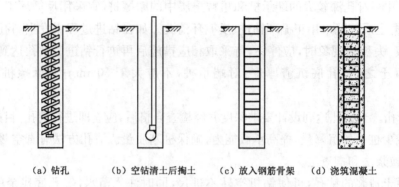

(a)钻孔　　　(b)空钻清土后掏土　　　(c)放入钢筋骨架　　　(d)浇筑混凝土

图 2-8　干作业成孔灌注桩施工工艺流程

　　步履式螺旋成孔机,如图 2-9 所示,其利用动力旋转钻杆,钻杆带动钻头上的螺旋叶片旋转切削土层,土渣沿螺旋叶片上升排出孔外。螺旋成孔机成孔直径一般为 300～600 mm,钻孔深度为 8～12 m。

　　钻杆按叶片螺距的不同,可分为密螺纹叶片和疏螺纹叶片。密螺纹叶片适用于可塑或硬塑黏土或含水量较小的砂土,钻进时速度缓慢而均匀;疏螺纹叶片适用于含水量大的软塑土层,因为钻杆在相同转速时,疏螺纹叶片较密螺纹叶片土渣向上推进快,所以,可取得较快的钻进速度。

　　螺旋成孔机成孔灌注桩施工工艺流程为:钻孔→检查成孔质量→孔底清理→盖好孔口盖板→移桩机至下一桩位→移走盖口板→复测桩孔深度及垂直度→安放钢筋笼→放混凝土串筒→浇筑混凝土→插桩顶钢筋。

　　钻进时要求钻杆垂直,钻孔过程中发现钻杆摇晃或进钻困难时,可能是遇到石块等硬物,应立即停车检查,及时处理,以免损坏钻具或桩孔发生偏斜。

　　施工中,如发现钻孔偏斜,应提起钻头上下反复扫钻数次,以便削去硬土。如纠正无效,应在孔中回填黏土至偏孔处以上 0.5 m,再重新钻进;如成孔时发生塌孔,宜钻至塌孔处以下 1～2 m 处,用低强度等级的混凝土填至塌孔处以上 1 m 左右,待混凝土初凝后再继续下钻至设计深度,也可用 3∶7 的灰土代替混

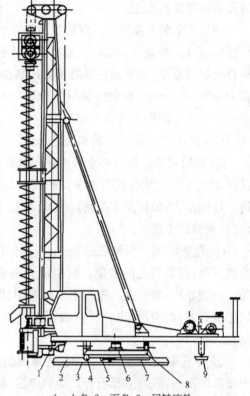

1—上盘;2—下盘;3—回转滚轮;
4—行走滚轮;5—钢丝滑轮;6—旋转中心轴;
7—行走油缸;8—中盘;9—支腿

图 2-9　步履式螺旋成孔机

凝土。

钻孔达到要求深度后,进行孔底土清理即钻到设计钻深后,必须在深处进行空转清土,然后停止转动,提钻杆,不得回转钻杆。

提钻后应检查成孔质量:用测绳(锤)或手提灯测量孔深垂直度及虚土厚度。虚土厚度等于测量深度与钻孔深度的差值,虚土厚度一般不应超过 100 mm。清孔时,若有少量浮土泥浆不易清除,可投入 25～60 mm 厚的卵石或碎石插捣,以挤密土体;也可用夯锤夯击孔底虚土或用压力在孔底灌入水泥浆,以减少桩的沉降和提高其承载力。

钻孔完成后,应尽快吊放钢筋笼并浇筑混凝土。混凝土应分层浇筑,每层高度不得大于 1.5 m,混凝土的坍落度在一般黏性土中为 50～70 mm,砂类土中为 70～90 mm。

3) 锤击沉管灌注桩施工。锤击沉管灌注桩施工是使用锤击式桩锤或振动式桩锤将带有混凝土预制桩尖或钢桩尖的桩管打入土中,造成桩孔;然后放入钢筋笼,浇筑混凝土;最后拔出钢管,形成所需的灌注桩。其施工设备如图2-10 所示。

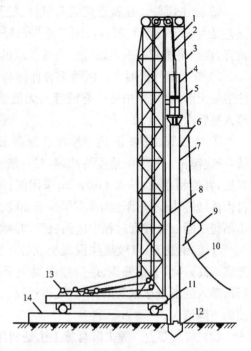

1—钢丝绳;2—滑轮组;3—吊斗钢丝绳;
4—桩锤;5—桩帽;6—混凝土漏斗;
7—套管;8—桩架;9—混凝土吊斗;10—回绳;
11—钢管;12—桩尖;13—卷扬机;14—枕木

图 2-10 锤击沉管灌注桩桩机

(1) 施工程序。定位→埋设混凝土预制桩尖→桩机就位→锤击沉管→首次灌注混凝土→边拔管、边锤击、边继续灌注混凝土(中间插入吊放钢筋笼)→成桩,如图2-11 所示。

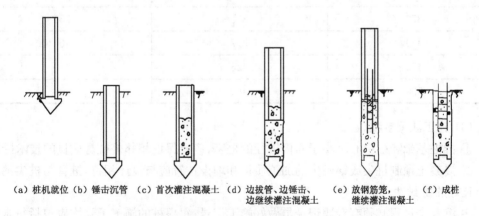

(a) 桩机就位 (b) 锤击沉管 (c) 首次灌注混凝土 (d) 边拔管、边锤击、 (e) 放钢筋笼, (f) 成桩
边继续灌注混凝土 继续灌注混凝土

图 2-11 锤击沉管灌注桩施工程序示意图

① 桩机就位。将桩管对准预先埋设在桩位上的预制桩的桩尖或将桩管对准桩位中心,使它们三点合一线,然后把桩尖活瓣合拢,放松卷扬机钢丝绳,利用桩机和桩管自重,把桩

尖打入土中。

②锤击沉管。在检查桩管与桩锤、桩架等是否在一条垂直线上之后，看桩管垂直度的偏差是否小于或等于5%，可用桩锤先低锤轻击桩管，观察偏差是否在容许范围内，再正式施打，直至将桩管打入至设计标高或要求的贯入度。

③首次灌注混凝土。沉管至设计标高后，应立即灌注混凝土，尽量减少间隔时间；在灌注混凝土前，必须用吊砣检查桩管内无泥浆或无渗水后，再用吊斗将混凝土通过灌注漏斗灌入桩管内。

④边拔管、边锤击、边继续灌注混凝土。当混凝土灌满桩管后，便可开始拔管，一边拔管，一边锤击。拔管的速度要均匀，对一般土层以1 m/min为宜，在软弱土层和软硬土层交界处，宜控制在0.3～0.8 m/min；采用倒打拔管的打击次数，单动汽锤不得少于50次/min，自由落锤轻击(小落距锤击)不得少于40次/min；从管底未拔至桩顶设计标高前，倒打和轻击不得中断。在拔管过程中应向桩管内继续灌入混凝土，以满足灌注量的要求。

⑤放钢筋笼，继续灌注混凝土成桩。当桩身配钢筋笼时，第一次灌注混凝土应先灌至笼底标高，再放置钢筋笼，最后灌混凝土至桩顶标高。第一次拔管高度应以能容纳第二次所需灌入的混凝土量为限，不宜拔得过高。在拔管过程中应用专用测锤或浮标检查混凝土面的下降情况。

(2)施工要点。锤击沉管施工法是利用桩锤将桩管和预制桩尖(桩靴)打入土中，边拔管、边振动、边灌注混凝土、边成桩，在拔管过程中，由于持续对桩管进行低锤密击，使钢管不断受到冲击振动，从而密实混凝土。锤击沉管灌注桩的施工应该根据土质情况和荷载要求，分别选用单打法、复打法和反插法。当采用单打法工艺时，预制桩尖直径、桩管外径和成桩直径的配套选用见表2-7。

表2-7　单打法工艺预制桩尖直径、桩管外径和成桩直径关系表　　　单位：mm

预制桩尖直径	桩管外径	成桩直径
340	273	300
370	325	350
420	377	400
480	426	450
520	480	500

(3)施工注意事项。

①群桩基础和桩中心距小于4倍桩径的桩基，应有保证相邻桩桩身质量的技术措施。

②混凝土预制桩尖或钢桩尖的加工质量和埋设位置应与设计相符，桩管与桩尖的接触应有良好的密封性。

③沉管全过程必须有专职记录员做好施工记录；每根桩的施工记录均应包括每米的锤击数和最后1 m的锤击数；必须准确测量最后3阵，每阵10锤的贯入度及落锤高度。

④混凝土的充盈系数不得小于1.0。对混凝土充盈系数小于1.0的桩，宜全长复打；对可能有断桩和缩颈桩的，应采用局部复打。成桩后的桩身混凝土顶面标高应不低于设计标高

500 mm。全长复打桩的入土深度宜接近原桩长，局部复打应超过断桩或缩颈区 1 m 以上。

⑤ 全长复打桩施工时应遵守下列规定：

a. 第一次灌注混凝土应达到自然地面。

b. 应随拔管随清除粘在管壁上和散落在地面上的泥土。

c. 前后两次沉管的轴线应重合。

d. 复打施工必须在第一次灌注的混凝土初凝前完成。

4）振动沉管灌注桩。振动沉管灌注桩是采用激振器或振动冲击锤将钢套管打入土中成孔而成的灌注桩，沉管原理与振动沉桩完全相同，其施工设备如图 2-12 所示。

（1）施工工艺流程。振动沉管灌注桩的施工工艺流程如图 2-13 所示。

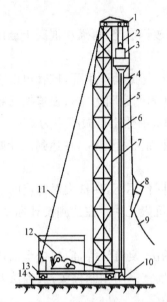

1—滑轮；2—滑轮组；3—激振器；4—混凝土漏斗；
5—桩管；6—加压钢丝绳；7—桩架；8—混凝土吊斗；
9—回绳；10—活瓣桩靴；11—缆风绳；12—卷扬机；
13—行驶用铜管；14—枕木

图 2-12　振动沉管灌注桩桩机

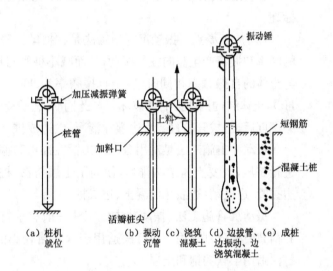

图 2-13　振动沉管灌注桩施工工艺流程

① 桩机就位。施工前，应根据土质情况选择适用的振动打桩机，桩尖采用活瓣式。施工时先安装好桩机，将桩管对准桩位中心，桩尖活瓣合拢，放松卷扬机钢丝绳，利用振动机及桩管自重，把桩尖压入土中，勿使其偏斜，这样即可启动振动箱沉管。

② 振动沉管。沉管过程中，应经常探测管内有无地下水或泥浆。如发现水或泥浆较多应拔出桩管，检查活瓣桩尖缝隙是否过疏而漏进泥水。如过疏应加以修理，并用砂回填桩孔后重新沉管；如仍发现有少量水，一般可在沉入前先灌入 0.1 m³ 左右的混凝土或砂浆，封堵活瓣桩尖缝隙，再继续沉入。

沉管时，为了适应不同土质条件，常用加压方法来调整土的自振频率。桩尖压力改变可利用卷扬机滑轮钢丝绳，把桩架的部分重量传到桩管上，并根据钢管的沉入速度随时调整离合器，防止桩架抬起而发生事故。

③ 浇筑混凝土。桩管沉到设计位置后停止振动,用上料斗将混凝土灌入桩管内,一般应灌满或略高于地面。

④ 边拔管、边振动、边浇筑混凝土。开始拔管时,先启动振动箱片刻再拔管,并用吊砣探测确定桩尖活瓣已张开,混凝土已从桩管中流出以后,方可继续抽拔桩管,边拔边振。拔管速度,活瓣桩尖不宜大于 2.5 m/min;预制钢筋混凝土桩尖不宜大于 4 m/min。拔管方法一般宜采用单打法,每拔起 0.5~1.0 m 时停拔,振动 5~10 s,再拔管,如此反复进行,直至全部拔出。在拔管过程中,桩管内应至少保持 2 m 以上高度或不低于地面的混凝土,可用吊砣探测,不足时要及时补灌,以防混凝土中断,形成缩颈。

振动灌注桩的中心距不宜小于桩管外径的 4 倍,相邻桩施工时,其间隔时间不得超过水泥的初凝时间。中间需停顿时,应将桩管在停歇前沉入土中。

⑤ 安放钢筋笼或插筋。第一次浇筑至笼底标高,先安放钢筋笼,再灌注混凝土至设计标高。

(2) 施工要点。振动沉管施工法是在振动锤竖直方向往复振动作用下,桩管也以一定的频率和振幅产生竖向往复振动,从而减小桩管与周围土体间的摩阻力。当强迫振动频率与土体的自振频率相同时(砂土自振频率为 900~1 200 Hz,黏性土自振频率为 600~700 Hz),土体结构因共振而被破坏。与此同时,桩管受加压作用而沉入土中。在达到设计要求的深度后,边拔管、边振动、边灌注混凝土、边成桩。

振动冲击施工法是利用振动冲击锤在冲击和振动的共同作用下,使桩尖对四周的土层进行挤压,改变土体结构排列,使周围土层挤密,桩管迅速沉入土中。在达到设计标高后,边拔管、边振动、边灌注混凝土、边成桩。

振动沉管施工法、振动冲击施工法一般有单打法、反插法、复打法等,应根据土质情况和荷载要求分别选用。单打法适用于含水量较小的土层,且宜采用预制桩尖;反插法及复打法适用于软弱饱和土层。

① 单打法,即一次拔管法,拔管时每提升 0.5~1 m,振动 5~10 s,再拔管,如此反复进行,直至全部拔出为止。一般情况下,振动沉管灌注桩均采用此法。

② 复打法。在同一桩孔内进行两次单打,即按单打法制成桩后再在混凝土桩内成孔并灌注混凝土。采用此法可扩大桩径,大大提高桩的承载力。

③ 反插法。将套管每提升 0.5 m 后,再下沉 0.3 m,反插深度不宜大于活瓣桩尖长度的 2/3,如此反复进行,直至拔离地面。此法通过在拔管过程中反复向下挤压,可有效地避免颈缩现象,且比复打法经济、快速。

(3) 施工注意事项。

① 单打法施工注意事项。

a. 必须严格控制最后 30 s 的电流、电压值,其值按设计要求或根据试桩和当地经验确定。

b. 桩管内灌满混凝土后,先振动 5~10 s,再开始拔管,应边振边拔,每拔 0.5~1.0 m,停拔振动 5~10 s,如此反复,直至桩管全部拔出。

c. 在一般土层内,拔管速度宜为 1.2~1.5 m/min;用活瓣桩尖时宜慢;用预制桩尖时可适当加快;在软弱土层中,宜控制在 0.6~0.8 m/min。

② 反插法施工注意事项。

a. 桩管灌满混凝土之后，先振动再拔管，每次拔管高度为 0.5～1.0 m，反插深度为 0.3～0.5 m；在拔管过程中，应分段添加混凝土，保持管内混凝土面始终不低于地表面或高于地下水位 1.0～1.5 m，拔管速度应小于 0.5 m/min。

b. 在桩尖处的 1.5 m 范围内宜多次反插，以扩大桩的端部断面。

c. 穿过淤泥夹层时，应当放慢拔管速度，并减小拔管高度和反插深度，在流动性淤泥中不宜使用反插法。

③ 复打法施工注意事项。

a. 第一次灌注混凝土应达到自然地面。

b. 应边拔管边清除粘在管壁上和散落在地面上的泥土。

c. 前后两次沉管的轴线要重合。

d. 复打施工必须在第一次灌注的混凝土初凝前完成。

混凝土施工时应注意以下几点：混凝土的充盈系数不得小于 1.0，对混凝土充盈系数小于 1.0 的桩，宜全长复打，对可能有断桩和缩颈桩的应局部复打。成桩后的桩身混凝土顶面标高应不低于设计标高 500 mm。全长复打桩的入土深度宜接近原桩长，局部复打应超过断桩或缩颈区 1 m 以上。

5) 人工挖孔灌注桩施工。人工挖孔灌注桩是指桩孔采用人工挖掘的方法进行成孔，然后安放钢筋笼，浇筑混凝土而成的桩。

(1) 孔径、孔深的构造要求。人工挖孔灌注桩的孔径（不含护壁）不得小于 0.8 m，且不宜大于 2.5 m；孔深不宜大于 30 m。当桩净距小于 2.5 m 时，应采用间隔开挖。相邻排桩跳挖的最小施工净距不得小于 4.5 m。

(2) 护壁要求。人工挖孔灌注桩混凝土护壁的厚度不应小于 100 mm，混凝土的强度等级不应低于桩身混凝土的强度等级，并应振捣密实；护壁应配置直径不小于 8 mm 的构造钢筋，竖向筋应上、下搭接或拉接。

(3) 人工挖孔灌注桩施工应采取的安全措施。

① 孔内必须设置应急软爬梯供人员上、下；使用的电葫芦、吊笼等应安全可靠，并配有自动卡紧保险装置，不得使用麻绳和尼龙绳吊挂或脚踏井壁凸缘上、下。电葫芦宜用按钮式开关，使用前必须检验其安全起吊能力。

② 每日开工前必须检测井下的有毒、有害气体，并应有足够的安全防范措施。当桩孔开挖深度超过 10 m 时，应有专门向井下送风的设备，风量不宜少于 25 L/s。

③ 孔口四周必须设置护栏，护栏高度宜为 0.8 m。

④ 挖出的土石方应及时运离孔口，不得堆放在孔口周边 1 m 的范围内，机动车辆的通行不得对井壁的安全造成影响。

⑤ 施工现场的一切电源、电路的安装和拆除必须遵守《施工现场临时用电安全技术规范》(JGJ 46—2005)的规定。

(4) 施工工艺。

① 开孔前，桩位应准确定位放样，在桩位外设置定位基准桩，安装护壁模板必须用桩中

心点校正模板位置,并应由专人负责。

②开挖土方。挖土顺序是自上而下,先中间、后孔边。

③施工第一节井圈护壁。井圈顶面应比场地高出 100～150 mm,壁厚应比下面井壁厚度增加 100～150 mm。井圈中心线与设计轴线的偏差不得大于 20 mm。

④修筑井圈护壁应符合下列规定:

a. 护壁的厚度、拉接钢筋、配筋、混凝土强度等级均应符合设计要求。

b. 上、下节护壁的搭接长度不得小于 50 mm。

c. 每节护壁均应在当日连续施工完毕;护壁混凝土必须保证振捣密实,应根据土层渗水情况使用速凝剂。

d. 护壁模板的拆除应在灌注混凝土 24 h 之后进行;发现护壁有蜂窝、漏水现象时,应及时补强。

⑤挖至设计标高,终孔后应清除护壁上的泥土和孔底残渣、积水,并应进行隐蔽工程验收。验收合格后,应立即封底和灌注桩身混凝土。

⑥灌注桩身混凝土时,混凝土必须通过溜槽;当落距超过 3 m 时,应采用串筒,串筒末端距孔底的高度不宜大于 2 m;也可采用导管泵送。混凝土宜采用插入式振捣器振实。

⑦当渗水量过大时,应采取场地截水、降水或水下灌注混凝土等有效措施。严禁在桩孔中边抽水、边开挖、边灌注(包括相邻桩的灌注)。

二、钢筋混凝土预制桩施工

1. 桩的种类

(1)钢筋混凝土实心桩。钢筋混凝土实心桩,断面一般呈方形。桩身截面一般沿桩长不变。实心方桩截面尺寸一般为 200 mm×200 mm～600 mm×600 mm。

钢筋混凝土实心桩的优点是可在一定范围内根据需要选择长度和截面。由于在地面上预制,制作质量容易保证,承载能力高,耐久性好,因此钢筋混凝土实心桩在工程上应用较广。

钢筋混凝土实心桩由桩尖、桩身和桩头组成。钢筋混凝土实心桩所用混凝土的强度等级不宜低于 C30。采用静压法沉桩时,可适当降低,但不宜低于 C20。预应力混凝土桩的混凝土的强度等级不宜低于 C40。

(2)钢筋混凝土管桩。混凝土管桩一般在预制厂用离心法生产。桩径有 φ300、φ400、φ500 等,每节长度分为 8 m、10 m、12 m 等。接桩时,接头数量不宜超过 4 个。混凝土管桩各节段之间的连接可以用角钢焊接或法兰螺栓连接。由于用离心法成型,混凝土中多余的水分由于离心力而甩出,故混凝土致密、强度高,抵抗地下水和其他腐蚀的性能好。混凝土管桩应达到设计强度 100% 后方可运到现场打桩。堆放层数不超过 4 层,底层管桩边缘应用楔形木块塞紧,以防滚动。

2. 桩的制作、运输和堆放

(1)桩的制作。较短的桩一般在预制厂制作,较长的桩一般在施工现场附近露天预制。预制场地的地面要平整、夯实,并防止浸水沉陷。预制桩叠浇预制时,桩与桩之间要做隔离层,以保证起吊时不互相粘结。叠浇层数,应由地面允许的荷载和施工要求而定,一般不超过 4 层,上层桩必须在下层桩混凝土达到设计强度等级的 30% 以后,方可进行浇筑。

钢筋混凝土预制桩的钢筋骨架的主筋连接宜采用对焊。当采用闪光对焊和电弧焊时,主筋接头配置在同一截面内的数量不得超过 50%;同一根钢筋两个接头的距离应大于 30d,且不小于 500 mm。预制桩的混凝土浇筑工作应由桩顶向桩尖连续浇筑,严禁中断,制作完成后,应洒水养护不少于 7 天。

制作完成的预制桩应在每根桩土上标明编号及制作日期,如设计不埋设吊环,则应标明绑扎点位置。

预制桩几何尺寸的允许偏差为:横截面边长±5 mm;桩顶对角线之差 10 mm;混凝土保护层厚度±5 mm;桩身弯曲矢高不大于 0.1% 桩长;桩尖中心线 10 mm;桩顶面平整度小于 2 mm。预制柱制作质量还应符合下列规定:

① 桩的表面应平整、密实,掉角深度小于 10 mm,且局部蜂窝和掉角的缺损总面积不得超过该柱表面全部面积的 0.5%,同时不得过分集中。

② 由于混凝土收缩产生的裂缝,深度小于 20 mm,宽度小于 0.25 mm;横向裂缝长度不得超过边长的一半。

(2) 桩的运输。钢筋混凝土预制桩应在混凝土达到设计强度等级的 70% 后方可起吊,达到设计强度等级的 100% 后才能运输和打桩。如提前吊运,必须采取措施并经验算合格后才能进行。桩在起吊搬运时,必须做到平稳,避免冲击和振动,吊点应同时受力,且吊点位置应符合设计规定。如无吊环,而设计又未做规定时,绑扎点的数量及位置按桩长而定,应符合起吊弯矩最小的原则,可按图 2-14 所示的位置捆绑。长 20～30 m 的桩,一般采用 3 个吊点。

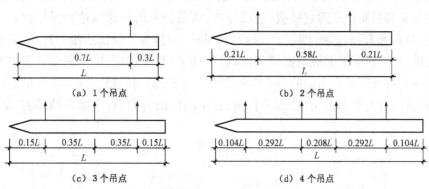

图 2-14　吊点的合理位置

(3) 桩的堆放。桩堆放时,地面必须平整、坚实,垫木间距应根据吊点确定,各层垫木应位于同一垂直线上,最下层垫木应适当加宽,堆放层数不宜超过 4 层,不同规格的桩应分别堆放。

3. 锤击沉桩(打入桩)施工

预制桩的打入法施工就是利用锤击的方法把桩打入地下,这是预制桩最常用的沉桩方法。施工工艺流程:施工准备→桩的制作、起吊、运输、堆放→试打几根桩→确定打桩顺序→打桩→打桩结束→挖出桩→破桩头→接桩(截桩)→承台施工→桩基础施工完毕。

（1）打桩机具设备准备。打桩机具主要有打桩机及辅助设备。打桩机主要由桩锤、桩架和动力装置三部分组成。桩锤的主要作用是对桩施加冲击力，将桩打入土中。桩锤类型有落锤、单动汽锤、双动汽锤、柴油锤、液压锤等。

桩架的作用：支持桩身和桩锤，将桩吊到打桩位置，并在打入过程中引导桩的方向，保证桩锤沿着所要求的方向冲击。

① 桩架的选择。选择桩架时，应考虑桩锤的类型、桩的长度和施工条件等因素。桩架的高度由桩的长度、桩锤高度、桩帽厚度及所用滑轮组的高度来确定。此外，还应留 1～2 m 的高度作为桩锤的伸缩余量。

② 桩架高度＝桩长＋桩锤高度＋桩帽高度＋滑轮组高度＋(1～2)m 的起锤工作余量。常用的桩架形式有以下三种：滚筒式桩架、多功能桩架、履带式桩架。动力装置包括驱动桩锤用的动力设施，如卷扬机、锅炉、空气压缩机、管道、绳索和滑轮等。

（2）打桩前的准备工作。

① 清理障碍。高空、地上、地下。

② 平整场地。在建筑物基线以外 4～6 m 范围内的整个区域，或桩机进出场地及移动路线上。

③ 打桩试验。了解桩的沉入时间、最终沉入度、持力层的强度、桩的承载力等。

④ 抄平放线。在打桩现场设置水准点(至少 2 个)，用于抄平场地标高和检查桩的入土深度；按设计图要求定出桩基轴线和每个桩位。定桩位的方法是在地面上用小木桩或白灰点标出桩位。

（3）确定打桩顺序。打桩时，由于桩对土体的挤密作用，先打入的桩被后打入的桩水平挤推而造成偏移和变位或垂直挤拔，造成浮桩；而后打入的桩难以达到设计标高或入土深度，造成土体隆起和挤压，截桩过大。所以群桩施工时，为了保证质量和进度，防止周围建筑物被破坏，打桩前应根据桩的密集程度，桩的规格、长度，以及桩架移动是否方便等因素来选择正确的打桩顺序。当桩的中心距不大于 4 倍桩的直径或边长时，常用的打桩顺序一般有下面几种：自两侧向中间打、逐排打设、自中间向四周打、自中间向两侧打，如图 2-15 所示。

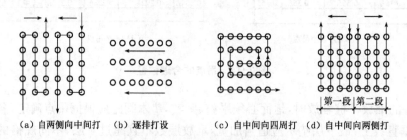

| （a）自两侧向中间打 | （b）逐排打设 | （c）自中间向四周打 | （d）自中间向两侧打 |

图 2-15 打桩顺序示意图

根据施工经验，打桩的顺序以自中间向四周打、自中间向两侧打为最佳。但当桩距大于 4 倍桩直径时，则与打桩顺序关系不大，可采用由一侧向单一方向施打的方式(逐排打设),这样,桩架单方向移动,打桩效率高。当桩的规格、埋深、长度不同时,宜先大后小、先深后浅、先长后短施打。

(4) 打桩。打桩开始时,应先采用小的落距(0.5~0.8 m)做轻的锤击,使桩正常沉入土中 1~2 m,检查桩尖不发生偏移后,再逐渐增大落距至规定高度,继续锤击,直至把桩打到设计要求的深度。

打桩有"轻锤高击"和"重锤低击"两种方式。打桩的过程:移桩架于桩位处→用卷扬机提升桩→将桩送入龙门导管内,安放桩尖→桩顶放置弹性垫层(草袋、麻袋)、放下桩帽和垫木(在桩帽上)→试打检查(桩身、桩帽、桩锤是否在同一轴线上)→继续打桩。

(5) 桩终止锤击的控制应符合下列规定:

① 当桩端位于一般土层时,应以控制桩端设计标高为主,贯入度为辅。

② 当桩端达到坚硬、硬塑的黏性土、中密以上粉土、砂土、碎石类土及风化岩时,应以贯入度控制为主,桩端标高为辅。

③ 当贯入度已达到设计要求而桩端标高未达到时,应继续锤击3阵,并按每阵10击的贯入度不应大于设计规定的数值确认,必要时施工控制贯入度应通过试验确定。

④ 当遇到贯入度剧变,桩身突然发生倾斜、位移或有严重回弹,桩顶或桩身出现严重裂缝、破碎等情况时,应暂停打桩,并分析原因,采取相应措施。

(6) 测量和记录。打桩过程中应进行测量和记录。

(7) 桩头处理与承台施工。在打完各种预制桩开挖基坑时,按设计要求的桩顶标高将桩头多余的部分截去。截桩头时不能破坏桩身,要保证桩身的主筋伸入承台,长度应符合设计要求。当桩顶标高在设计标高以下时,在桩位上挖成喇叭口,凿掉桩头混凝土,剥出主筋并焊接接长至设计要求的长度,与承台钢筋绑扎在一起;钢管桩还应焊好桩顶连接件,并应按设计处理好桩头和垫层防水。承台混凝土应一次浇筑完成,混凝土入槽宜采用平铺法。对于大体积混凝土施工,应采取有效措施防止温度应力引起裂缝。

本章小结

本章主要介绍了地基处理及加固、桩基础工程两部分内容。地基处理及加固主要介绍了地基的局部处理、换填垫层、压实、夯实、挤密地基等,学习时注意各种处理方法的工艺过程及适用范围。由于生产的发展,桩基础不仅在高层建筑和工业厂房建筑中使用量很多,而且在多层及其他建筑中应用也日益广泛。桩可分为灌注桩和预制桩,这两类桩基础的施工方法在施工现场具有同样重要的地位,因此,学习时应同等重视。

复习思考题

一、填空题

1. 当松土坑的范围在基槽范围内时,挖除坑中的松软土,至坑底及坑壁均见天然土为止,然后回填与(　　　)相近的材料。

2. 当天然土为砂土时,用(　　)分层夯实回填。

3. 换填垫层根据换填材料的不同可分为(　　)、石垫层等垫层。

4. 灰土地基具有一定的强度、(　　)和(　　),施工工艺简单,取材容易,费用较低,是一种应用广泛、经济、实用的地基加固方法。

二、单选题

1. 当天然土为较密实的黏性土时,用(　　)灰土分层夯实回填。

A. 3:4　　　　　　B. 3:5　　　　　　C. 3:6　　　　　　D. 3:7

2. 用直径为 20 mm、长度为 1 250 mm 的平头钢筋,自 700 mm 高处自由落下,插入深度以不大于根据该垫层的控制干密度测定的深度为合格,这种方法属于(　　)。

A. 钢叉贯入法　　　B. 钢筋贯入法　　　C. 钢管贯入法　　　D. 钢材垂直法

3. 在预压层的表面铺砂层,并用砂井穿过该土层,以利排水固结,称为(　　)。

A. 砂井堆载预压法　　　　　　　　　B. 袋装砂井堆载预压法

C. 塑料排水带堆载预压法　　　　　　D. 真空预压法

4. (　　)地基适用于处理湿陷性黄土、砂土、粉土、素填土和杂填土等地基。

A. 压实　　　　　　B. 夯实　　　　　　C. 挤密　　　　　　D. 扩充

三、简答题

1. 砖井或土井有哪些处理方法?

2. 如果地基已发生“橡皮土”的现象时,则应采取哪些措施?

3. 换填法有哪些类型?

第三章　脚手架及模板工程

✎ 知识目标

　　了解脚手架的类型、构造及要求,掌握脚手架的搭设要求,掌握垂直运输设备的选用;了解模板工程的组成和要求,熟悉模板工程的分类与质量验收,掌握模板的安装与拆除;熟悉钢筋混凝土预制构件的基本知识,掌握构件制作的工艺方案;熟悉模板施工的安全技术。

✎ 技能目标

　　能够灵活选用脚手架、垂直运输设备,会选用砂浆砌筑各种形式的砌体工程;能够组织管理模板工程施工,进行模板的安装与拆除。

第一节　脚手架及垂直运输设施

一、脚手架

　　脚手架是砌筑过程中堆放材料和工人进行操作的临时设施。当砌体砌到一定高度时(即可砌高度或一步架高度,一般为 1.2 m),砌筑质量和效率将受到影响,这就需要搭设脚手架。砌筑用脚手架必须满足以下基本要求:脚手架的宽度应满足工人操作、材料堆放及运输要求,一般为 2 m,且不得小于 1.5 m;脚手架结构应有足够的强度、刚度和稳定性,以保证在施工期间的各种荷载作用下,脚手架不变形、不摇晃、不倾斜;构造简单,便于装拆搬运,并能多次周转使用;过高的外脚手架应有接地和避雷装置。

　　脚手架的种类有很多,按其搭设位置分为外脚手架和里脚手架两大类;按其所用材料分为木脚手架、竹脚手架和钢管脚手架;按其构造形式分为多立杆式、门式、悬挑式及吊脚手架等。目前,脚手架的发展趋势是采用高强度金属制作、具有多种功用的组合式脚手架,可以适应不同情况作业的要求。

1. 外脚手架

　　外脚手架沿建筑物外围从地面搭起,既可用于外墙砌筑,又可用于外装饰施工;其主要形式有多立杆式、框式、桥式等。其中,多立杆式应用最广,框式次之。

　　1) 多立杆式脚手架

　　(1) 基本组成和一般构造。多立杆式脚手架主要由立杆、纵向水平杆(大横杆)、横向水平杆(小横杆)、斜撑、脚手板等组成,如图 3-1 所示。其特点是每步架高可根据施工需要灵活布置,取材方便,钢、竹、木等均可应用。

　　多立杆式脚手架分为双排式和单排式两种形式。双排式如图 3-1(b)所示,沿墙外侧设两排立杆,小横杆两端支承在内外两排立杆上,多、高层房屋均可采用,当房屋高度超过 50 m 时,需专门设计。单排式如图 3-1(c)所示,沿墙外侧仅设一排立杆,小横杆一端与大横杆连接,另一端支承在墙上,仅适用于荷载较小、高度较低、墙体有一定强度的多层房屋。

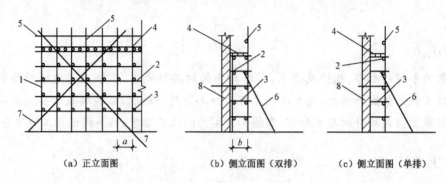

(a) 正立面图　　　　　(b) 侧立面图(双排)　　　　　(c) 侧立面图(单排)

1—立杆;2—大横杆;3—小横杆;4—脚手板;5—栏杆;6—抛撑;7—斜撑;8—墙体

图 3-1　多立杆式脚手架

早期的多立杆式外脚手架主要是采用竹、木杆件搭设而成,后来逐渐采用钢管和特制的扣件来搭设。这种多立杆式钢管外脚手架有扣件式和碗扣式两种。

钢管扣件式脚手架由钢管和扣件组成,如图 3-2、图 3-3 所示。

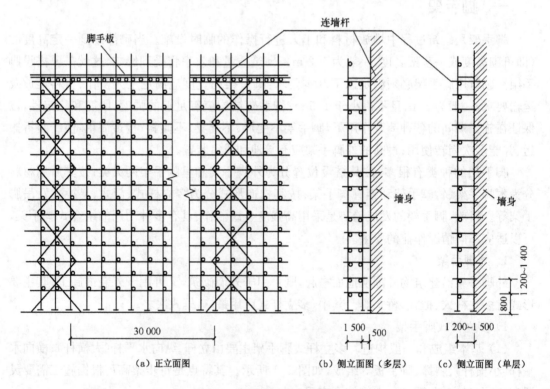

(a) 正立面图　　　　　(b) 侧立面图(多层)　　　　　(c) 侧立面图(单层)

图 3-2　钢管扣件式脚手架(一)

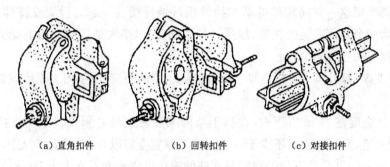

(a) 直角扣件　　　(b) 回转扣件　　　(c) 对接扣件

图 3-3　钢管扣件式脚手架(二)

采用扣件连接,既牢固又便于装拆,又可以重复周转使用,因而应用广泛。这种脚手架在纵向外侧每隔一定距离需设置斜撑,以加强其纵向稳定性和整体性。另外,为了防止整片脚手架外倾和抵抗风力,整片脚手架还需均匀设置连墙杆,将脚手架与建筑物主体结构相连,依靠建筑物的刚度来加强脚手架的整体稳定性。

碗扣式钢管脚手架立杆与水平杆靠特制的碗扣接头连接,如图 3-4 所示。

碗扣分上碗扣和下碗扣,下碗扣焊在钢管上,上碗扣对应地套在钢管上,其销槽对准焊在钢管上的限位销即能

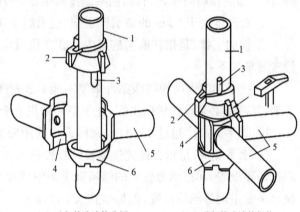

(a) 碗扣接头连接分解　　(b) 碗扣接头连接组装

1—立杆;2—上碗扣;3—限位销;
4—横杆接头;5—横杆;6—下碗扣

图 3-4　碗扣式钢管脚手架

上下滑动。连接时,只需将横杆接头插入下碗扣内,将上碗扣沿限位销扣下,并顺时针旋转,靠上碗扣螺旋面使之与限位销顶紧,从而将横杆和立杆牢固地连在一起,形成框架结构。碗扣式接头可同时连接 4 根横杆,横杆可相互垂直也可组成其他角度,因而可以搭设各种形式的脚手架,特别适合于搭设扇形表面及高层建筑施工和装修作用两用的外脚手架,还可作为模板的支撑。

(2) 承力结构。脚手架的承力结构主要指作业层、横向构架和纵向构架三部分。

① 作业层直接承受施工荷载,荷载先由脚手板传给小横杆,再传给大横杆和立柱。

② 横向构架由立杆和小横杆组成,是脚手架直接承受和传递垂直荷载的部分。它是脚手架的受力主体。

③ 纵向构架是由各榀横向构架通过大横杆连成的一个整体。它应沿房屋的周围形成一个连续封闭的结构,所以,房屋四周脚手架的大横杆在房屋转角处要相互交圈,并确保连续。实在不能交圈时,脚手架的端头应采取有效措施来加强其整体性。常用的措施是设置抗侧力构件、加强与主体结构的拉结等。

(3) 支撑体系。脚手架的支撑体系包括纵向支撑(剪刀撑)、横向支撑和水平支撑。这

些支撑应与脚手架这一空间构架的基本构件很好地连接在一起。设置支撑体系的目的是使脚手架成为一个几何稳定的构架,加强其整体刚度,以增大抵抗侧向力的能力,避免出现节点的可变状态和过大的位移。

① 纵向支撑(剪刀撑):是指沿脚手架外侧隔一定的距离,由下而上连续设置的剪刀撑。具体布置如下:

a. 脚手架高度在 25 m 以下时,在脚手架两端和转角处必须设置纵向支撑,中间每隔 12~15 m 设一道,且每片架子不少于 3 道。剪刀撑宽度宜取 3~5 倍立杆纵距,斜杆与地面的夹角宜在 45°~60°内,最下面的斜杆与立杆的连接点离地面不宜大于 500 mm。

b. 脚手架高度在 25~50 m 时,除沿纵向每隔 12~15 m 自下而上连续设置一道剪刀撑外,在相邻两排剪刀撑之间,尚需沿高度每隔 10~15 m 加设一道沿纵向通长的剪刀撑。

c. 对高度大于 50 m 的高层脚手架,应沿脚手架全长和全高连续设置剪刀撑。

② 横向支撑:是指在横向构架内从底到顶沿全高呈“之”字形设置的连续的斜撑。具体设置要求如下:

a. 脚手架的纵向构架因条件限制不能形成封闭形,如“一”字形、“I”形或“凹”字形的脚手架,其两端必须设置横向支撑,并于中间每隔 6 个间距加设一道横向支撑。

b. 脚手架高度超过 25 m 时,每隔 6 个间距要设置一道横向支撑。

③ 水平支撑:是指在设置连墙拉结杆件的所在水平面内连续设置的水平斜杆。一般可根据需要设置,如在承力较大的结构脚手架中或在承受偏心荷载较大的承托架、防护棚、悬挑水平安全网等部位设置,以加强其水平刚度。

(4) 抛撑和连墙杆。由于脚手架的横向构架本身是一个高跨比相差悬殊的单跨结构,仅依靠结构本身尚难以做到保持结构的整体稳定,为防止倾覆和抵抗风力:对于高度低于 3 步的脚手架,可以采用加设抛撑来防止其倾覆,抛撑的间距不应超过 6 倍立杆间距,抛撑与地面的夹角为 45°~60°,并应在地面支点处铺设垫板;对于高度超过 3 步的脚手架,防止倾斜和倒塌的主要措施是将脚手架依附在整体刚度很大的主体结构上,依靠房屋结构的整体刚度来加强和保证整片脚手架的稳定性,具体做法是:在脚手架上均匀地设置足够多而牢固的连墙点,如图 3-5 所示。

连墙点的位置应设置在与立杆和大横杆相交的节点处,离节点的间距不宜大于 300 mm。设置一定数量的连墙杆后,一般不会发生整片脚手架的倾覆破坏。但要求与连墙杆连接的墙体本身要有足够的刚度,所以,连墙杆在水平方向应设置在框架梁或楼板附近,竖直方向应设置在框架柱或横隔墙附近。连墙杆在房屋的每层范围均需布置一排,一般竖向间距为脚手架步高的 2~4 倍,不宜超过 4 倍,且绝对值在 3~4 m 内;横向间距宜选用立杆纵距的 3~4 倍,不宜超过 4 倍,且绝对值在 4.5~6.0 m 内。

(5) 搭设要求。脚手架搭设时应注意地基平整坚实,设置底座和垫板,并有可靠的排水措施,防止积水浸泡地基而引起不均匀沉陷。杆件应按设计方案进行搭设,并注意搭设顺序,扣件拧紧程度应适度,一般扭力矩应为 40~60 kN·m。禁止使用规格和质量不合格的杆配件。相邻立柱的对接扣件不得在同一高度,应随时校正杆件的垂直和水平偏差。脚手架处于顶层连墙点之上的自由高度不得大于 6 m。当作业层高出其下连墙点 2 步或 4 m 以

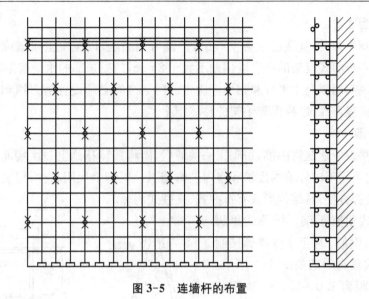

图 3-5　连墙杆的布置

上,且其上尚无连墙件时,应采取适当的临时撑拉措施。脚手板或其他作业层铺板的铺设
应符合有关规定。

2) 框式脚手架

(1) 基本组成。框式脚手架也称为门式脚手架,是当今国际上应用最普遍的脚手架之
一。它不仅可以作为外脚手架,还可以作为内脚手架或满堂脚手架。框式脚手架由门式框
架、剪刀撑、水平梁架、螺旋基脚组成基本单元,将基本单元相互连接并增加梯子、栏杆及脚
手板等即形成脚手架,如图 3-6 所示。

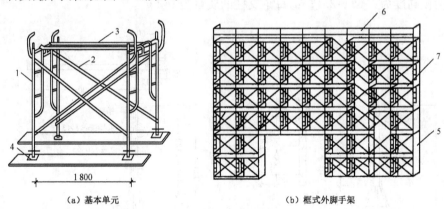

(a) 基本单元　　　　　　　　　　　　　(b) 框式外脚手架

1—门式框架;2—剪刀撑;3—水平梁架;4—螺旋基脚;5—梯子;6—栏杆;7—脚手板

图 3-6　框式脚手架

(2) 搭设要求。框式脚手架是一种工厂生产、现场搭设的脚手架,一般只需按产品目录
所列的使用荷载和搭设规定进行施工,不必再进行验算。如果实际使用情况与规定有出
入,应采取相应的加固措施或进行验算。通常框式脚手架搭设高度限制在 45 m 以内,采取
一定措施后达到 80 m 左右。施工荷载一般为:均布荷载为 1.8 kN/m²,作用于脚手架板跨

中的集中荷载为 2 kN。

搭设框式脚手架时,基底必须夯实找平,并铺可调底座,以免发生塌陷或不均匀沉降。要严格控制第一步门式框架的垂直度偏差不大于 2 mm,门架顶部的水平偏差不大于 5 mm,门架的顶部和底部用纵向水平杆和扫地杆固定。门架之间必须设置剪刀撑和水平梁架(或脚手板),其连接应可靠,以确保脚手架的整体刚度。

2. 里脚手架

里脚手架搭设于建筑物内部,每砌完一层墙后,即将其转移到上一层楼面,进行新一层的砌体砌筑,它可用于内外墙的砌筑和室内装饰施工。里脚手架用料少,但装拆频繁,故要求轻便灵活,装拆方便;其结构形式有折叠式、支柱式两种。

(1) 折叠式里脚手架。折叠式里脚手架可用角钢、钢筋、钢管等材料焊接制作,角钢折叠式里脚手架如图 3-7 所示。砌墙时架设间距为 1.0~2.0 m,内部装修时架设间距为 2.2~2.5 m。

(2) 支柱式里脚手架。支柱式里脚手架由支柱及横杆组成,上铺脚手板。砌墙时的搭设间距为 2.0 m,内部装修时搭设间距不超过 2.5 m。

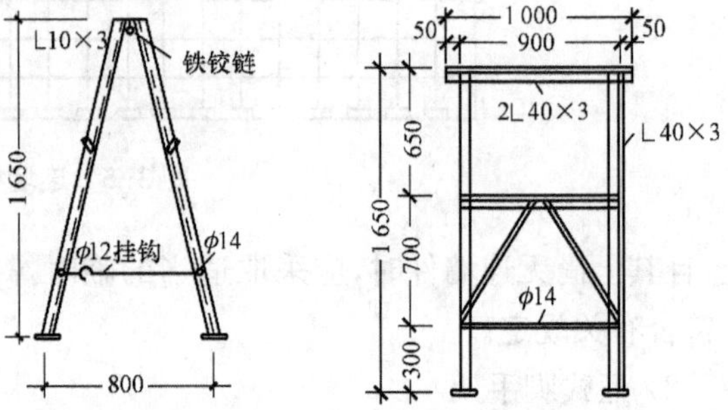

图 3-7　角钢折叠式里脚手架

① 套管式支柱。搭设时插管插入立杆中,以销孔间距调节高度,插管顶端的 U 形支托搁置方木横杆用于铺设脚手板,如图 3-8 所示。架设高度为 1.57~2.17 m,每个支柱的质量为 14 kg。

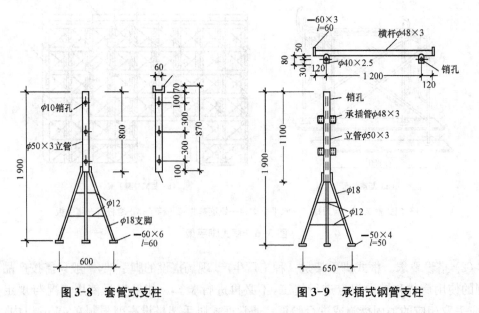

图 3-8　套管式支柱　　　　　　图 3-9　承插式钢管支柱

② 承插式钢管支柱。架设高度为 1.2 m、1.6 m、1.9 m,搭设第三步时要加销钉以确保安全,如图 3-9 所示。每个支柱的质量为 13.7 kg,横杆的质量为 5.6 kg。

二、垂直运输设施

1. 垂直运输设施种类

砌筑工程所需的各种材料绝大部分需要通过垂直运输机械运送到各施工楼层,因此,砌筑工程垂直运输工程量很大。目前,担负垂直运输建筑材料和供人员上、下常用的垂直运输设备有井架、龙门架、施工升降机等。

(1)井架。井架是施工中最常用、最简便的垂直运输设施,其稳定性好,运输量大。除用型钢或钢管加工的定型井架之外,还可以用多种脚手架材料现场搭设而成的井架。井架内设有吊篮,一般的井架多为单孔井架,但也可构成双孔或多孔井架,以满足同时运输多种材料的需要。上部还可设小型拔杆,供吊运长度较大的构件使用,其起重质量(简称起重量)一般为 0.5~1.5 t,回转半径可达 10 m。井架起重量一般为 1~3 t,提升高度一般在60 m 以内,在采取措施后,也可搭设得更高,如图 3-10、图 3-11 所示。为保证井架的稳定性,必须设置缆风绳或附墙拉结件。

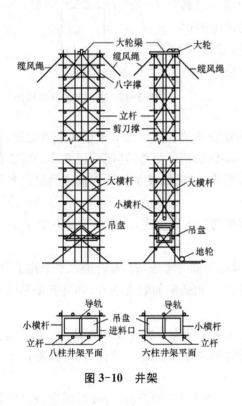

图 3-10　井架

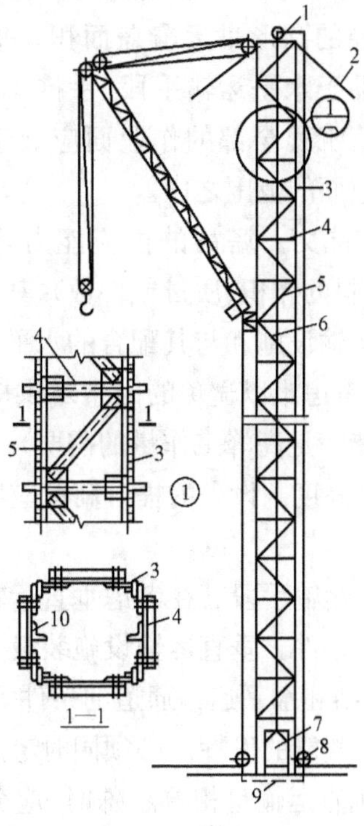

1—天轮;2—缆风绳;3—立柱;4—平撑;5—斜撑;
6—钢丝绳;7—吊盘;8—地轮;9—垫木;10—导轨

图 3-11　型钢井架

(2)龙门架。龙门架是由支架和横梁组成的门型架。在门型架上装滑轮、导轨、吊盘、安全装置、起重锁、缆风绳等部件即构成一个完整的龙门架运输设备,如图 3-12 所示。

龙门架搭设高度一般为 10~35 m,起重量为 0.5~1.2 t。按规定,龙门架高度在 12 m 以内者,设缆风绳一道;高度在 12 m 以上者,每增高 5~6 m 增设一道缆风绳,每道不少于 6 根。龙门架不能作水平运输。如果选用龙门架做垂直运输方案,则也要考虑地面或楼层面上的水平运输设备。

(3) 施工升降机。施工升降机又称施工外用电梯,多数为人货两用,少数专供货用。电梯按其驱动方式可分为齿条驱动和绳轮驱动两种。齿条驱动电梯又有单吊箱(笼)式和双吊箱(笼)式两种,并装有可靠的限速装置,适用于 20 层以上的建筑工程;绳轮驱动电梯为单吊箱(笼),无限速装置,轻巧便宜,适用于 20 层以下的建筑工程。

2. 垂直运输设施要求

垂直运输设施的设置一般应根据现场施工条件满足以下基本要求:

(1) 覆盖面和供应面。塔吊的覆盖面是指以塔吊的起重幅度为半径的圆形吊运覆盖面积。垂直运输设施的供应面是指借助于水平运输手段(手推车等)所能达到的供应范围。建筑工程全部的作业面应处于垂直运输设施的覆盖面和供应面的范围之内。

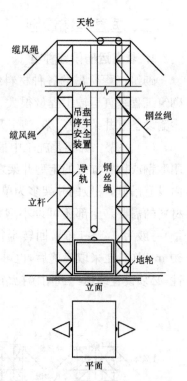

图 3-12　龙门架的基本构造

(2) 供应能力。塔吊的供应能力等于吊次乘以吊量(每次吊运材料的体积、质量或件数),其他垂直运输设施的供应能力等于运次乘以运量,运次应取垂直运输设施和与其配合的水平运输机具中的低值。另外,还需乘以 0.5~0.75 的折减系数,以考虑难以避免的因素对供应能力的影响(如机械设备故障等垂直运输设备的供应能力应能满足高峰工作量的需要)。

(3) 提升高度。设备的提升高度应比实际需要的升运高度高,其高出程度不少于 3 m,以确保安全。

(4) 水平运输手段。在考虑垂直运输设施时,必须同时考虑与其配合的水平运输手段。

(5) 装设条件。垂直运输设施装设的位置应具有相适应的装设条件,如具有可靠的基础、与结构拉结和水平运输通道的条件等。

(6) 设备效能的发挥。必须同时考虑满足施工需要和充分发挥设备效能的问题。当各施工阶段的垂直运输量相差悬殊时,应分阶段设置和调整垂直运输设备,及时拆除已不需要的设备。

(7) 设备拥有的条件和今后利用的问题。充分利用现有的设备,必要时添置或加工新的设备。在添置或加工新的设备时应考虑今后利用的前景。

(8) 安全保障。安全保障是使用垂直运输设施中的首要条件,必须引起高度重视。所有垂直运输设备都要严格地按有关规定进行操作使用。

第二节 模 板 工 程

一、模板的分类

1. 按其所用材料的不同分类

模板按其所用材料的不同,可分为木模板、钢模板、塑料模板、钢木模板、钢竹模板、胶合板模板、铝合金模板等。

(1)木模板。当混凝土工程开始出现时,都是使用木材来作模板。木材先被加工成木板或木方,而后被组合成构件所需的模板。

(2)钢模板。国内使用的钢模板大致可分为两类,一类为小块钢模板,其是以一定尺寸模数做成的不同大小的单块钢模板,最大尺寸是 300 mm×1 500 mm×50 mm,在施工时拼装成构件所需的尺寸,也称为小块组合钢模板,组合拼装时采用 U 形卡将板缝卡紧形成一体;另一类为大模板,用于墙体的支模,多用在剪力墙结构中,模板的大小按设计的墙身大小而定型制作,其形式如图 3-13 所示。

(3)塑料模板。塑料模板是随着钢筋混凝土预应力现浇密肋楼盖的出现而创制的;其形状如一个方形的大盆,支模时倒扣在支架上,底面朝上,也称为塑壳定型模板。在壳模四侧形成十字交叉的楼盖肋梁。这种模板的优点是拆模块时容易周转,缺点是仅能用在钢筋混凝土结构的楼盖施工中。

(4)其他模板。自 20 世纪 80 年代中期以来,现浇结构模板趋向多样化,发展更为迅速。模板的形式主要有玻璃钢模板、压型钢模板、钢木(竹)组合模板、装饰混凝土模板及复合材料模板等。

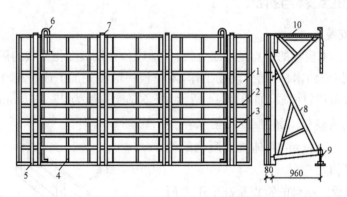

1—面板;2—横肋;3—竖肋;4—小肋;5—穿墙螺栓;
6—吊环;7—上口卡座;8—支撑架;9—地脚螺栓;10—操作平台

图 3-13　大模板构造

2. 按施工工艺条件的不同分类

模板按施工工艺条件的不同,可分为现浇混凝土模板、预组装模板、大模板、跃升模板、水平滑动的隧道工模板和垂直滑动的模板等。

（1）现浇混凝土模板。根据混凝土结构形状的不同就地形成的模板,多用于基础、梁、板等现浇混凝土工程。模板支承体系多通过支于地面或基坑侧壁,以及对拉的螺栓承受混凝土的竖向和侧向压力。这种模板适应性强,但周转较慢。

（2）预组装模板。由定型模板分段预组装成较大面积的模板及其支承体系,用起重设备吊运到混凝土浇筑位置,多用于大体积混凝土工程。

（3）大模板。由固定单元形成的固定标准系列的模板,多用于高层建筑的墙板体系。

（4）跃升模板。由两段以上固定形状的模板,通过埋设于混凝土中的固定件,形成模板支撑条件承受混凝土施工荷载,当混凝土达到一定强度时,拆模上翻,形成新的模板体系,多用于变直径的双曲线冷却塔、水工结构以及设有滑升设备的高耸混凝土结构工程。

（5）水平滑动的隧道模板。由短段标准模板组成的整体模板,通过滑道或轨道支于地面、沿结构纵向平行移动的模板体系,多用于地下直行结构,如隧道、地沟、封闭顶面的混凝土结构。

（6）垂直滑动的模板。由小段固定形状的模板与提升设备以及操作平台组成的可沿混凝土成型方向平行移动的模板体系;其适用于高耸的框架、烟囱、圆形料仓等钢筋混凝土结构。根据提升设备的不同,垂直滑动的模板又可分为液压滑模、螺旋丝杠滑模和拉力滑模等。

3. 按其结构类型的不同分类

模板按其结构类型的不同,可分为基础模板、柱模板、楼板模板、墙模板、壳模板和烟囱模板等。

4. 按其形式的不同分类

模板按其形式的不同,可分为整体式模板、定型模板、工具式模板、滑升模板、胎模等。

二、模板的安装与拆除

1. 模板的安装

（1）木模板。木模板的特点是加工方便,能适应各种模板变化形状的需要,但其周转率低,耗木材多。如节约木材,减少现场工作,木模板一般预先加工成拼板,然后在现场进行拼装。拼板由板条拼钉而成,如图 3-14 所示,板条厚度一般为 25～30 mm,其宽度不宜超过 700 mm(工具式模板不超过 150 mm),拼条间距一般为 400～500 mm,具体视混凝土的侧压力和板条厚度而定。

（2）基础模板。基础的特点是高度不大而体积较大,基础模板一般利用地基或基槽(坑)进行支撑,如图 3-15 所示。

安装时,要保证上、下模板不发生相对位移,如为杯形基础,则还要在其中放入杯口模板。

当土质良好时,基础的最下一阶可不用模

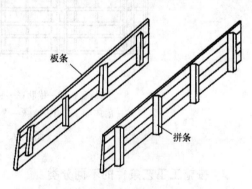

板条

拼条

图 3-14　拼板的构造

板,而进行原槽灌注。模板应支撑牢固,要保证上、下模板不发生位移。

(3)柱模板。柱子的特点是断面尺寸不大但比较高。如图3-16所示,柱模板由内拼板夹在两块外拼板之内组成,为利用短料,可利用短横板(门子板)代替外拼板钉在内拼板上。为承受混凝土的侧应力,拼板外沿设柱箍,其间距与混凝土侧压力、拼板厚度有关,常设为500～700 mm。柱模板底部有钉在底部混凝土上的木框,用以固定柱模板的位置。柱模板顶部有与梁模板连接的缺口,背部有清理孔,沿高度每

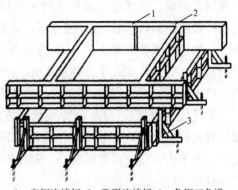

1—扁钢连接杆;2—T形连接杆;3—角钢三角撑

图 3-15　基础模板

2 m设浇筑孔,以便浇筑混凝土。对于独立柱模板,其四周应加支撑,以免混凝土浇筑时产生倾斜。

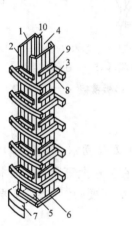

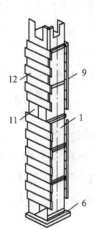

1—内拼板;2—外拼板;3—柱箍;4—梁缺口;
5—清理孔;6—木框;7—盖板;8—拉紧螺栓;
9—拼条;10—三角木条;11—浇筑孔;12—短横板

图 3-16　柱模板

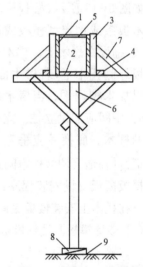

1—侧模板;2—底模板;3—侧模拼条;
4—夹木;5—水平拉条;6—顶撑(支架);
7—斜撑;8—木楔;9—木垫板

图 3-17　梁模板

安装过程及要求:在基础顶面弹出柱的中心线和边线,根据边线设置模板定位框,根据定位框位置竖立内外拼板,并用斜撑临时固定,顶部用垂球校正模板中心线,使其垂直,模板垂直度检查无误后,即用斜撑钉牢固定。

(4)梁模板。梁的跨度较大而宽度不大。梁底一般是架空的,混凝土对梁侧模板有水平侧压力,对梁底模板有垂直压力,因此,梁模板及其支架必须能承受这些荷载而不致发生超过允许的过大变形。

如图3-17所示,梁模板主要由底模、侧模、夹木及其支架系统组成。底模板由于承受垂直荷载,一般较厚,下面每隔一定间距(800～1 200 mm)有顶撑支撑。顶撑可用圆木、方

木或钢管制成。顶撑底应加垫一对木楔块以调整标高。为使顶撑传递下来的集中荷载均匀地传递给地面,在顶撑底加铺垫板。多层建筑施工中,应使上、下层的顶撑在一条竖向直线上。侧模板承受混凝土侧压力,应包在模板的外侧,底部用夹木固定,上部用斜撑和水平拉条固定。如梁跨度大于或等于 4 m,应使梁底模起拱,防止新浇筑混凝土的荷载使跨中模板下挠。若设计无规定时,起拱高度宜为全跨长度的 1/1 000～3/1 000。

梁模板支设安装程序:在梁模板下方地面上铺垫板→在柱模缺口处钉衬口挡,把底模板搁置在衬口挡上→立起靠近柱或墙的顶撑,再将梁长度等分→立中间部分顶撑,在顶撑底下打入木楔并检查调整标高→把侧模板放上,两头钉于衬口挡上→在侧板底外侧铺钉夹木,再钉上斜撑、水平拉条。

(5) 楼板模板。楼板的面积大而厚度比较薄,侧压力小。楼板模板及其支架系统主要承受钢筋混凝土的自重与其施工荷载,保证模板不变形。如图 3-18 所示,楼板模板的底模用木板条或用定型模板或用胶合板拼成,铺设在楞木上。楞木搁置在梁模板外侧托木上,若楞木面不平,则可以加木楔调平。当楞木的跨度较大时,中间应加设立柱。立柱上钉通长的杠木。底模板应垂直于楞木方向铺钉,并适当调整楞木间距来适应定型模板的规格。

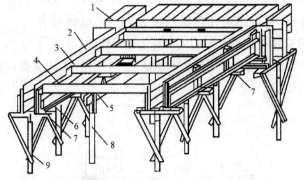

1—楼板模板;2—梁侧模板;3—楞木;4—托木;
5—杠木;6—夹木;7—短撑木;8—立柱;9—顶撑

图 3-18 楼板模板

楼板模板支设安装程序:主、次梁模板安装→在梁侧模板上安装楞木→在楞木上安装托木→在托木上安装楼板底模→在大跨度楞木中间加设支柱→在支柱上钉通长的杠木。

(6) 楼梯模板。楼梯模板的构造与楼板相似,不同点是楼梯模板要倾斜支设,且要能形成踏步。踏步模板可分为底板及梯步两部分。

(7) 定型组合钢模板。定型组合钢模板是一种工具式定型模板,由钢模板和配件组成,配件包括连接件和支承件。钢模板通过各种连接件和支承件可组合成多种尺寸、结构和几何形状的模板,以适应各种类型建筑物的梁、柱、板、墙、基础和设备等施工的需要,也可用其拼装成大模板、滑模、隧道模和台模等。

施工时可在现场直接组装,也可预拼装成大块模板或构件模板用起重机吊运安装。定型组合钢模板组装灵活,通用性强,装拆方便;每套钢模可重复使用 50～100 次;加工精度高,浇筑混凝土的质量好,成型后的混凝土尺寸准确,棱角整齐,表面光滑,可以节省装修用工。

① 钢模板。钢模板包括平面模板、阴角模板、阳角模板和连接角模。钢模板采用模数制设计,宽度模数以 50 mm 晋级,长度模数以 150 mm 晋级,可以适应横竖拼装成以 50 mm 晋级的任何尺寸的模板。

a. 平面模板。平面模板用于基础、墙体、梁、板、柱等各种结构的平面部位,它由面板和肋组成,肋上设有 U 形卡孔和插销孔,利用 U 形卡和 L 形插销等拼装成大块板,规格分类的长度有 1 500 mm、1 200 mm、900 mm、750 mm、600 mm、450 mm 六种,宽度有 300 mm、250 mm、150 mm、100 mm 四种,高度为 55 mm,可互换组合拼装成以 50 mm 为模数的各种尺寸,如图 3-19(a)所示。

　　b. 阴角模板。阴角模板用于混凝土构件阴角,如内墙角、水池内角及梁板交接处阴角等,宽度阴角膜有 150 mm×150 mm、100 mm×150 mm 两种,如图 3-19(b)所示。

　　c. 阳角模板。阳角模板主要用于混凝土构件阳角,宽度阳角膜有 100 mm×100 mm、50 mm×50 mm 两种,如图 3-19(c)所示。

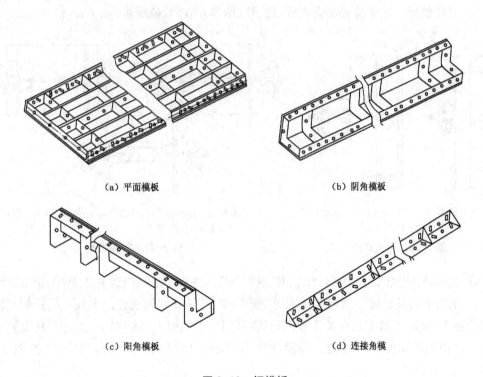

(a) 平面模板　　　　　　　　　　　　　　(b) 阴角模板

(c) 阳角模板　　　　　　　　　　　　　　(d) 连接角模

图 3-19　钢模板

　　d. 连接角模。连接角模用于平模板作垂直连接构成阳角,宽度连接角膜有 50 mm×50 mm 一种,如图 3-19(d)所示。

　　② 连接配件。组合钢模板的连接配件包括 U 形卡、L 形插销、钩头螺栓、对拉螺栓、紧固螺栓和扣件等。

　　a. U 形卡。用于钢模板与钢模板之间的拼接,其安装间距一般不大于 300 mm,即每隔一孔卡插一个,安装方向一顺一倒相互错开,如图 3-20 所示。

　　b. L 形插销。用于两个钢模板端肋相互连接,可增加模板接头处的刚度,保证板面平整,如图 3-21 所示。

　　c. 钩头螺栓。用于连接钢楞(圆形钢管、矩形钢管、内卷边槽钢等)与钢模板,如图3-22所示。

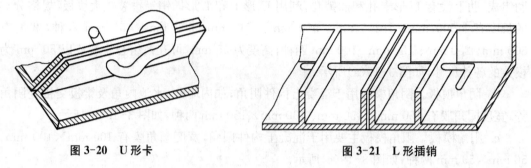

图 3-20　U 形卡　　　　　　　　　　图 3-21　L 形插销

d. 对拉螺栓。用于连接竖向构件(墙、柱、墩等)的两对侧模板,如图 3-23 所示。

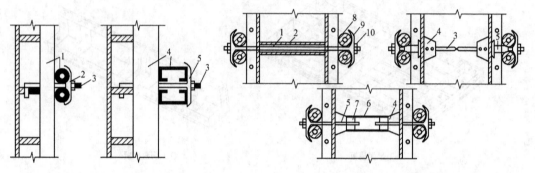

1—圆形钢管;2—"3"形扣件;3—钩头螺栓;　　　1—钢拉杆;2—塑料套管;3—内拉杆;4—顶帽;5—外拉杆;
4—内卷边槽钢;5—螺形扣件　　　　　　　　6—2~4 根钢筋;7—螺母;8—钢楞;9—扣件;10—螺母

图 3-22　钩头螺栓　　　　　　　　　　图 3-23　对拉螺栓

③ 支承件。组合钢模板的支承件包括钢管卡具及柱箍、钢楞、支柱、卡具、斜撑、钢桁架等。

a. 钢管卡具及柱箍。钢管卡具适用于矩形梁,用于固定侧模板。卡具可把梁侧模固定在底模板上,此时卡具安装在梁下方;卡具也可用于梁侧模上口的固定,此时卡具安装在梁上方。柱模板四周设角钢柱箍。角钢柱箍由两根互相焊成直角的角钢组成,如图 3-24 所示。

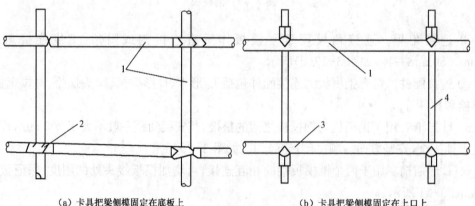

(a) 卡具把梁侧模固定在底板上　　　　　(b) 卡具把梁侧模固定在上口上

1—圆钢管;2—直角扣件;3—"3"形扣件;4—对拉螺栓

图 3-24　柱箍

b. 钢管支柱。钢管支柱由内外两节钢管组成,可以伸缩以调节支柱高度。支座底部垫木板,100 mm 以内的高度可在垫板处加木楔进行调整,也可在钢管支柱下端装调节螺杆进行调整,如图 3-25 所示。

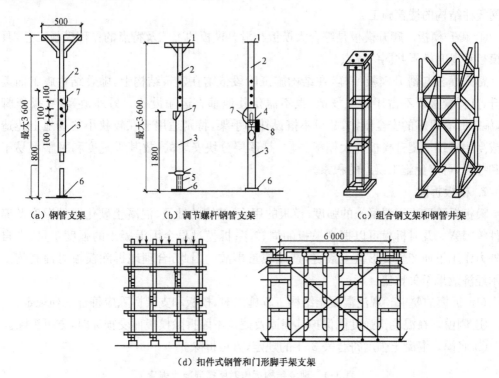

（a）钢管支架 　　　　（b）调节螺杆钢管支架 　　　　（c）组合钢支架和钢管井架

（d）扣件式钢管和门形脚手架支架

1—顶板;2—插管;3—套管;4—转盘;5—螺杆;6—底板;7—插销;8—转动手柄

图 3-25 钢支架

c. 钢桁架。钢桁架作为梁模板的支撑工具可取代梁模板下的立柱。当跨度小、荷载小时,桁架可用钢筋焊成;当跨度或荷载较大时,钢筋可用角钢或钢管焊成,也可焊成两个半榀,再拼装成整体,如图 3-26 所示。

（8）其他模板

① 大模板。大模板由面板、加劲肋、支撑桁架、调整螺栓等组成,可

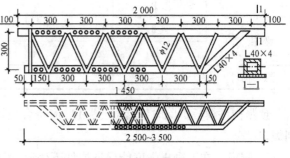

图 3-26 钢桁架

用作钢筋混凝土墙体模板,其特点是板面尺寸大(一般等于一片墙的面积),质量为 $1\sim2$ t,需用起重机进行装拆,机械化程度高,劳动消耗量低,施工进度快,但其通用性不如组合钢模板强。

② 滑升模板。滑升模板是现浇混凝土结构工程施工中机械化程度较高的一种工具式模板,这种模板已广泛用于储仓、水塔、烟囱、桥墩、竖井壁、框架柱等竖向结构的施工,而且

也开始发展用于高层和超高层民用建筑的竖向结构施工。

③ 台模。台模是一种由平台板、梁、支架、支撑、调节支腿及配件组成的工具式模板;适用于大柱网、大空间的现浇钢筋混凝土楼盖施工,尤其适用于无柱帽的无梁楼盖结构,即大柱网板柱结构的楼盖施工。

④ 爬升模板。爬升模板是综合大模板与滑升模板的工艺及特点的一种模板工艺,具有大模板和滑升模板共同的优点。

爬升模板与滑升模板一样,在结构施工阶段依附在建筑结构上,随着结构施工而逐层上升,这样模板既不占用施工场地,也不需要其他垂直运输设备。另外,它装有操作脚手架,施工时有可靠的安全围护,故可不搭设外脚手架,特别适用于在较狭小的场地上建造多层或高层建筑。爬升模板与大模板一样,是逐层分块安装的,故其垂直度和平整度易于调整和控制,可避免施工误差的积累。

2. 模板拆除

模板拆除取决于混凝土的强度、模板的用途、结构的性质、混凝土硬化时的温度及养护条件等因素。及时拆模可以提高模板的周转率;拆模过早会因混凝土的强度不足,在自重或外力作用下而产生变形甚至裂缝,造成质量事故。因此,合理地拆除模板对提高施工的技术经济效果至关重要。

(1) 拆模的要求。现浇混凝土结构工程施工时,模板和支架拆除应符合下列规定:

① 侧模。在混凝土强度能保护其表面及棱角不因拆除模板而受损坏时,方可拆除。

② 底模。混凝土强度符合表 3-1 的规定,方可拆除。

表 3-1　现浇结构拆模时所需混凝土强度

结构类型	结构跨度/m	按设计的混凝土立方抗压强度标准值的百分率/%
板	≤2	≥50
	>2 且 ≤8	≥75
	>8	≥100
梁、拱、壳	≤8	≥75
	>8	≥100
悬臂构件	—	≥100

预制构件模板拆除时的混凝土强度,应符合设计要求;当设计无具体要求时,应符合下列规定:

① 侧模。在混凝土强度能保证构件不变形、棱角完整时,才允许拆除侧模。

② 芯模或预留孔洞的内模。在混凝土强度能保证构件和孔洞表面不发生塌陷和裂缝时,方可拆除。

③ 底模。当构件跨度不大于 4 m,混凝土强度符合"设计的混凝土强度标准值"的 50% 的要求时,方可拆除;当构件跨度大于 4 m,混凝土强度符合"设计的混凝土强度标准值"的 75% 的要求,方可拆除。"设计的混凝土强度标准值"是指与设计的混凝土等级相应的混凝土立方抗压强度标准值。

已拆除模板及其支架的结构,只有当混凝土强度符合设计混凝土强度等级的要求时,才允许承受全部荷载;当施工荷载产生的效应比使用荷载的效应更为不利时,对结构必须经过核算,能保证其安全可靠性或经加设临时支撑加固处理后,才允许继续施工。拆除后的模板应进行清理、涂刷隔离剂,分类堆放,以便下次使用。

(2)拆模的顺序。一般是先支后拆,后支先拆,先拆除侧模板,后拆除底模板。对于肋形楼板的拆模顺序,首先拆除柱模板,然后拆除楼板底模板、梁侧模板,最后拆除梁底模板。

多层楼板模板支架的拆除,应按下列要求进行:

① 上层楼板正在浇筑混凝土时,下一层楼板的模板支架不得拆除,再下一层楼板的模板支架仅可拆除一部分。

② 跨度≥4 m的梁均应保留支架,其间距不得大于3 m。

(3)拆模的注意事项。

① 模板拆除时,不应对楼层形成冲击荷载。

② 拆除的模板和支架宜分散堆放并及时清运。

③ 拆模时,应尽量避免混凝土表面或模板受到损坏。

④ 拆除的模板,应及时加以清理、修理,按尺寸和种类分别堆放,以便下次使用。

⑤ 若定型组合钢模板背面油漆脱落,应补刷防锈漆。

⑥ 已拆除的模板及支架结构,应在混凝土强度达到"设计的混凝土强度标准值"后,才允许承受全部使用荷载。

⑦ 当承受施工荷载产生的效应比使用荷载更为不利时,必须经过核算,并加设临时支撑。

三、模板质量验收

1. 模板质量验收的主控项目

(1)模板及支架所用材料的技术指标应符合国家现行有关标准的规定。进场时应抽样检验模板和支架材料的外观、规格和尺寸。

检查数量:按国家现行有关标准的规定确定。

检验方法:检查质量证明文件;观察,尺量。

(2)现浇混凝土结构模板及支架的安装质量,应符合国家现行有关标准的规定和施工方案的要求。

检查数量:按国家现行有关标准的规定确定。

检验方法:按国家现行有关标准的规定执行。

(3)后浇带处的模板及支架应独立设置。

检查数量:全数检查。

检验方法:观察。

(4)支架竖杆或竖向模板安装在土层上时,应符合下列规定:

① 土层应坚实、平整,其承载力或密实度应符合施工方案的要求。

② 应有防水、排水措施;对冻胀性土,应有预防冻融措施。

③ 支架竖杆下应有底座或垫板。

检查数量:全数检查。

检验方法:观察;检查土层密实度检测报告、土层承载力验算或现场检测报告。

2. 模板质量验收的一般项目

(1) 模板安装应符合下列规定:

① 模板的接缝应严密。

② 模板内不应有杂物、积水或冰雪等。

③ 模板与混凝土的接触面应平整、清洁。

④ 用作模板的地坪、胎膜等应平整、清洁,不应有影响构件质量的下沉、裂缝、起砂或起鼓。

⑤ 对清水混凝土及装饰混凝土构件,应使用能达到设计效果的模板。

检查数量:全数检查。

检验方法:观察。

(2) 隔离剂的品种和涂刷方法应符合施工方案的要求。隔离剂不得影响结构性能及装饰施工;不得玷污钢筋、预应力筋、预埋件和混凝土接槎处;不得对环境造成污染。

检查数量:全数检查。

检验方法:检查质量证明文件;观察。

(3) 模板的起拱应符合现行国家标准《混凝土结构工程施工规范》(GB 50666—2011)的规定,并应符合设计及施工方案的要求。

检查数量:在同一检验批内,当梁的跨度大于 18 m 时,应全数检查,当梁的跨度不大于18 m 时,应抽查构件数量的 10%,且不应少于 3 件;对板,应按有代表性的自然间抽查10%,且不应少于 3 间;对大空间结构,板可按纵、横轴线划分检查面,抽查 10%,且不应少于 3 面。

检验方法:水准仪或尺量。

(4) 现浇混凝土结构多层连续支模应符合施工方案的规定。上、下层模板支架的竖杆宜对准。竖杆下垫板的设置应符合施工方案的要求。

检查数量:全数检查。

检验方法:观察。

(5) 固定在模板上的预埋件和预留孔洞不得遗漏,且应安装牢固。有抗渗要求的混凝土结构中的预埋件,应按设计及施工方案的要求采取防渗措施。

预埋件和预留孔洞的位置应满足设计和施工方案的要求。当设计无具体要求时,其位置偏差应符合表 3-2 的规定。

检查数量:在同一检验批内,对梁、柱和独立基础,应抽查构件数量的 10%,且不应少于3 件;对墙和板,应按有代表性的自然间抽查 10%,且不应少于 3 间;对大空间结构,墙可按相邻轴线间高度 5 m 左右划分检查面,板可按纵、横轴线划分检查面,抽查 10%,且均不应少于 3 面。

检验方法:观察,尺量。

表 3-2　预埋件和预留孔洞的安装允许偏差

项目		允许偏差/mm
预埋板中心线位置		±3
预埋管、预留孔中心线位置		±3
插筋	中心线位置	±5
	外露长度	+10,0
预埋螺栓	中心线位置	±2
	外露长度	+10,0
预留洞	中心线位置	±10
	尺寸	+10,0

注：检查中心线位置时，沿纵、横两个方向量测，并取其中偏差的较大值。

（6）现浇结构模板安装的允许偏差及检验方法应符合表 3-3 的规定。

检查数量：在同一检验批内，对梁、柱和独立基础，应抽查构件数量的 10%，且不应少于 3 件；对墙和板，应按有代表性的自然间抽查 10%，且不应少于 3 间；对大空间结构，墙可按相邻轴线间高度 5 m 左右划分检查面，板可按纵、横轴线划分检查面，抽查 10%，且均不应少于 3 面。

表 3-3　现浇结构模板安装的允许偏差及检验方法

项目		允许偏差/mm	检验方法
轴线位置		±5	尺量
底模上表面标高		±5	水准仪或拉线、尺量
模板内部尺寸	基础	±10	尺量
	柱、墙、梁	±5	尺量
	楼梯相邻踏步高差	±5	尺量
柱、墙垂直度	层高≤6 m	±8	经纬仪或吊线、尺量
	层高>6 m	±10	经纬仪或吊线、尺量
相邻模板表面高差		±2	尺量
表面平整度		±5	2 m 靠尺和塞尺量测

注：检查轴线位置，当有纵、横两个方向时，沿纵、横两个方向量测并取其中偏差的较大值。

（7）预制构件模板安装的允许偏差及检验方法应符合表 3-4 的规定。

检查数量：首次使用及大修后的模板应全数检查；使用中的模板应抽查 10%，且不应少于 5 件，不足 5 件时应全数检查。

表 3-4　预制构件模板安装的允许偏差及检验方法

项目		允许偏差/mm	检验方法
长度	梁、板	±4	尺量两侧边,取其中较大值
	薄腹梁、桁架	±8	
	柱	0,−10	
	墙板	0,−5	
宽度	板、墙板	0,−5	尺量两端及中部,取其中较大值
	梁、薄腹梁、桁架	+2,−5	
高(厚)度	板	+2,−3	尺量两端及中部,取其中较大值
	墙板	0,−5	
	梁、薄腹梁、桁架、柱	+2,−5	
侧向弯曲	梁、板、柱	$L/1\,000$ 且≤15	拉线、尺量最大弯曲处
	墙板、薄腹梁、桁架	$L/1\,500$ 且≤15	
板的表面平整度		±3	2 m 靠尺和塞尺量测
相邻模板表面高差		±1	尺量
对角线差	板	±7	尺量两对角线
	墙板	±5	
翘曲	板、墙板	$±L/1\,500$	水平尺在两端量测
设计起拱	薄腹梁、桁架、梁	±3	拉线、尺量跨中

注:L 为构件长度(mm)。

本章小结

　　本章主要介绍了脚手架及垂直运输设施、模板工程。着重介绍了脚手架及垂直运输设施,脚手架必须满足使用要求,同时要安全可靠、构造简单、装拆方便。脚手架是提供砌体施工安全操作的场地,在脚手架的管理使用中要严格执行相关规定,突出其稳定性。在施工组织设计时,要准确合理地选择垂直运输设施,合理布置施工平面。模板工程包括模板工程的分类、安装、拆除与质量验收等内容。学习模板的构造原理,为更好地使用模板奠定基础。

复习思考题

一、填空题

1. 脚手架的宽度应满足工人操作、材料堆放及运输要求,一般为(　　)m,且不得小于(　　)m。

2. 脚手架的承力结构主要指(　　)、横向构架和纵向构架三部分。

3. 龙门架是由(　　)和横梁组成的门型架。

4. 模板按其所用材料的不同,分为(　　)、(　　)、钢木模板、钢竹模板、胶合板模板、塑料模板、铝合金模板等。

5. 根据混凝土结构形状不同就地形成的模板,称为(　　),多用于基础、梁、板等现浇混凝土工程。

二、单选题

1. 当砌体砌到一定高度时,即可砌高度或一步架高度,一般为(　　)m,砌筑质量和效率将受到影响,这就需要搭设脚手架。

A. 0.9　　　　　　　B. 1.0　　　　　　　C. 1.1　　　　　　　D. 1.2

2. (　　)沿建筑物外围从地面搭起,既可用于外墙砌筑,又可用于外装饰施工。

A. 里脚手架　　　　　　　　　　B. 多立杆式脚手架

C. 外脚手架　　　　　　　　　　D. 悬挑式脚手架

3. (　　)是施工中最常用、最简便的垂直运输设施,它稳定性好,运输量大。

A. 井架　　　　　B. 龙门架　　　　C. 施工升降机　　　　D. 脚手架

4. (　　)及其支架系统主要承受钢筋混凝土的自重及其施工荷载,保证模板不变形。

A. 楼板模板　　　B. 梁模板　　　C. 柱子模板　　　D. 基础模板

三、简答题

1. 垂直运输设施需要满足哪些要求?

2. 柱模板有哪些特点?

3. 梁模板支设安装有哪些程序?

第四章 砌筑工程

　　熟悉砂浆的制备,掌握砖的准备;熟悉毛石基础与砖基础砌筑,掌握砖墙砌筑、砌块砌筑;熟悉砌筑工程的质量要求及安全技术。

　　会选用砂浆砌筑各种形式的砌体工程;能够应用毛石、砖砌筑基础,能够应用砖、砌块砌筑各种形式的砌体工程;能够应用相关规范及标准对砌筑工程进行质量验收。

第一节　砌体施工的准备工作

一、砂浆制备

　　砌筑砂浆指的是将砖、石、砌块等块材经砌筑成为砌体的砂浆。它起粘结、衬垫和传力作用,是砌体的重要组成部分。砌筑砂浆的种类主要有水泥砂浆、水泥混合砂浆及石灰砂浆。

　　1. 水泥砂浆

　　水泥砂浆是由水泥、细骨料和水,即水泥+砂+水,根据需要配成的砂浆,水泥砂浆及预拌砌筑砂浆强度等级可分为 M5、M7.5、M10、M15、M20、M25、M30。

　　用水泥和砂拌和成的水泥砂浆具有较高的强度和耐久性,但和易性较差,且保水性差、易开裂。其多用于高强度和潮湿环境的砌体中,如地下室、基础、水工工程等。

　　2. 水泥混合砂浆

　　水泥混合砂浆则是由水泥、细骨料、石灰和水配制而成。水泥混合砂浆的强度等级可分为 M5、M7.5、M10、M15。

　　水泥混合砂浆一般用于地面以上的砌体。水泥混合砂浆由于加入了石灰膏,从而改善砂浆的和易性,操作起来则比较方便,有利于砌体密实度与工效的提高。

　　3. 石灰砂浆

　　石灰砂浆是由石灰、砂、水组成的拌合物。石灰砂浆完全靠石灰的硬化而获得强度:石灰(CaO)溶于水后形成氢氧化钙,氢氧化钙和空气中的二氧化碳反应生成碳酸钙,这就是石灰的硬化原理。因此,石灰的多少决定了石灰砂浆的强度。石灰砂浆仅用于强度要求低、干燥的环境,成本比较低。

二、材料要求

1. 水泥

(1) 水泥进场前应对其品种、等级、包装或散装仓号、出厂日期进行检查,并应对其强度、安定性进行复验,其质量必须符合《通用硅酸盐水泥》(GB 175—2007)的有关规定。

(2) 当在使用中对水泥质量有所怀疑或水泥出厂超过三个月(快硬硅酸盐水泥超过一个月)时,应复查试验,并按其复验结果使用。

(3) 不同品种的水泥,不得混合使用。

抽检数量:按同一生产厂家、同品种、同等级、同批号连续进场的水泥,袋装水泥不超过200 t 为一批,散装水泥不超过 500 t 为一批,每批抽样不少于一次。

检验方法:检查产品合格证、出厂检验报告和进场复验报告。

2. 砂

砂宜采用过筛的中砂,不应混有草根、树叶、树枝、塑料、煤块、炉渣等杂物,砂中含泥量、泥块含量、石粉含量、云母等应符合相关行业标准。

3. 石灰膏

建筑生石灰、建筑生石灰粉熟化为石灰膏,其熟化时间分别不得少于 7 d 和 2 d;沉淀池中储存的石灰膏,应防止干燥、冻结和污染;严禁使用脱水硬化的石灰膏;建筑生石灰粉、消石灰粉不得代替石灰膏配制水泥石灰砂浆。

4. 砌筑砂浆配合比

砌筑砂浆配合比应通过试配确定,当砌筑砂浆的组成材料有变更时,其配合比应重新确定。凡在砂浆中掺入增塑剂、早强剂、缓凝剂、防冻剂等外加剂时,应经有资质的检测单位检验和试配确定。配制砌筑砂浆时,各组分材料应采用质量计量,水泥和各种外加剂配料的允许偏差值为 ±20%;砂、粉煤灰、石灰膏等配料的允许偏差值为 ±5%。

5. 砌筑砂浆的拌制

砌筑砂浆应采用机械搅拌,自投料完算起,搅拌时间应符合下列规定:

(1) 水泥砂浆和水泥混合砂浆不得少于 120 s。

(2) 水泥粉煤灰砂浆和掺用外加剂的砂浆不得少于 180 s。

(3) 掺增塑剂的砂浆,其搅拌方式、搅拌时间应符合现行行业标准的规定。

(4) 干混砂浆及加气混凝土砌块专用砂浆宜按掺用外加剂的砂浆确定搅拌时间,或按产品说明书确定搅拌时间。

现场拌制的砂浆应随拌随用,拌制的砂浆应在 3 h 内使用完毕;当施工期间最高气温超过 30 ℃时,应在 2 h 内使用完毕。预拌砂浆及蒸压加气混凝土砌块专用砂浆的使用时间应按照厂方提供的说明书确定。

6. 砌筑砂浆试块强度验收时其强度合格标准的规定

(1) 同一验收批砂浆试块强度平均值必须大于或等于设计强度等级值的 1.1 倍。

(2) 同一验收批砂浆试块抗压强度最小一组的平均值应大于或等于设计强度等级值的 85%。

（3）砌筑砂浆的验收批,同一类型、强度等级的砂浆试块应不少于 3 组;同一验收批砂浆只有 1 组或 2 组试块时,每组试块抗压强度的平均值应大于或等于设计强度等级值的 1.1 倍;对于建筑结构的安全等级为一级或设计使用年限为 50 年及以上的房屋,同一验收批砂浆试块的数量不得少于 3 组。

（4）砂浆强度应以标准养护、28 d 龄期的试块抗压强度为准。

（5）制作砂浆试块的砂浆稠度应与配合比设计一致。

抽检数量:每一检验批且不超过 250 m³ 砌体的各类、各强度等级的普通砌筑砂浆,每台搅拌机应至少抽检一次。验收批的预拌砂浆、蒸压加气混凝土砌块专用砂浆,抽检可为 3 组。

检验方法:在砂浆搅拌机出料口或在湿拌砂浆的储存容器出料口随机取样制作砂浆试块(现场拌制的砂浆,同盘砂浆只应制作 1 组试块),试块标准养护 28 d 后做强度试验。

7. 砖的种类

砖的种类主要包括普通烧结砖、烧结多孔砖、混凝土多孔砖、混凝土实心砖、蒸压灰砂砖、蒸压粉煤灰砖。普通烧结砖的规格为 240 mm×115 mm×53 mm,应按《烧结普通砖》(GB 5101—2003)执行。烧结多孔砖的一般规格为 240 mm×115 mm×90 mm,应按《烧结多孔砖和多孔砌块》(GB 13544—2011)执行,分为 MU30、MU25、MU20、MU15、MU10 五个强度等级。混凝土多孔砖的规格为 240 mm×115 mm×90 mm,按强度等级分为 MU10、MU15、MU20、MU25、MU30 五个等级。混凝土实心砖的规格为 240 mm×115 mm×53 mm,按混凝土自身的密度分为 A 级(≥2 100 kg/m³)、B 级(1 681～2 099 kg/m³)、C 级(≤1 680 kg/m³)三个等级。标准砖的密度为 1 800～1 900 kg/m³,应按《混凝土实心砖》(GB/T 21144—2007)执行。蒸压灰砂砖和蒸压粉煤灰砖的长×宽均为 240 mm×115 mm,厚度有 53 mm 和 90 mm 两种,分为 MU25、MU20、MU15 三个强度等级。

8. 砌块的种类

（1）混凝土小型空心砌块为竖向方孔,规格为 390 mm×190 mm×190 mm,分为 MU20、MU15、MU10、MU7.5、MU5 五个强度等级。小型砌块:块体主规格的高度大于 115 mm 而又小于 380 mm 的砌块,包括普通混凝土小型空心砌块、轻集料混凝土小型空心砌块、蒸压加气混凝土砌块等,简称小砌块。

（2）加气混凝土砌块的规格较多,一般长度为 600 mm,高度有 200 mm、240 mm、300 mm,宽度有 200 mm、250 mm 等,分为 MU7.5、MU5、MU3.5、MU2.5、MU1 五个强度等级。

蒸压加气混凝土砌块专用砂浆:与蒸压加气混凝土性能相匹配的,能满足蒸压加气混凝土砌块砌体施工要求和砌体性能的砂浆,分为适用于薄灰砌筑法的蒸压加气混凝土砌块粘结砂浆、适用于非薄灰砌筑法的蒸压加气混凝土砌块砌筑砂浆。

砖的品种、强度等级必须符合设计要求,并应规格一致。用于清水墙、柱表面的砖应边角整齐、色泽均匀。在砌砖前应提前 1～2 d 将砖堆浇水湿润,以使砂浆和砖能很好地粘结。严禁砌筑前临时浇水,以免因砖表面存有水膜而影响砌体质量。烧结普通砖、多孔砖的含水量宜为 10%～15%,灰砂砖、粉煤灰砖的含水量宜为 8%～12%。检查含水量最简单的方法是现场断砖,砖截面周围融水深度达 15～20 mm 即视为符合要求。

第二节　砌筑工程施工

一、毛石基础与砖基础砌筑

1. 毛石基础

（1）毛石基础的构造。毛石基础是用毛石与水泥砂浆或水泥混合砂浆砌成的。所用毛石应质地坚硬、无裂纹，强度等级一般在 M20 以上，砂浆宜用水泥砂浆，强度等级应不低于 M5。

毛石基础可作墙下条形基础或柱下独立基础。按其断面形状有矩形、阶梯形和梯形等。基础顶面宽度比墙基底面宽度要大 200 mm，基础底面宽度依设计计算而定。梯形基础坡角应大于 60°。阶梯形基础每阶高度不应小于 300 m，每阶挑出宽度不大于 200 m，如图 4-1 所示。

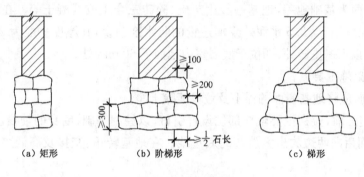

（a）矩形　　　　　（b）阶梯形　　　　　（c）梯形

图 4-1　毛石基础

（2）毛石基础的施工要点。

① 基础砌筑前，应先进行验槽并将表面的浮土和垃圾清除干净。

② 放出基础轴线及边线，其允许偏差应符合规范。

③ 毛石基础砌筑时，第一皮石块应坐浆，并将大面向下；料石基础的第一皮石块应丁砌并坐浆。砌体应分皮卧砌，上下错缝，内外搭砌，不得采用先砌外面石块后中间填心的砌筑方法。

④ 石砌体的灰缝厚度：毛料石和粗料石砌体不宜大于 20 mm，细料石砌体不宜大于 5 mm。石块之间较大的孔隙应先填塞砂浆后用碎石嵌实，不得采用先放碎石块后灌浆或干填碎石块的方法。

⑤ 为增加整体性和稳定性，应按规定设置拉结石。

⑥ 毛石基础的最上一皮及转角处、交接处和洞口处，应选用较大的平毛石砌筑。有高低台的毛石基础，应从低处砌起，并由高台向低台搭接，搭接长度不小于基础高度。

⑦ 阶梯形毛石基础，上阶石块应至少压砌下阶石块的 1/2，相邻阶梯毛石应相互错缝搭接。

⑧ 毛石基础的转角处和交接处应同时砌筑。如不能同时砌筑又必须留槎时,应砌成斜槎。基础每天可砌高度应不超过 1.2 m。

2. 砖基础

(1) 砖基础构造。砖基础下部通常扩大,称为大放脚。大放脚有等高式和不等高式两种形式,如图 4-2 所示。等高式大放脚是两皮一收,即每砌两皮砖,两边各收进 1/4 砖长;不等高式大放脚是两皮一收与一皮一收相间隔,即砌两皮砖,收进 1/4 砖长,再砌一皮砖,收进 1/4 砖长,如此往复。在相同底宽的情况下,后者可减小基础高度,但为保证基础的强度,底层需用两皮一收砌筑。大放脚的底宽应根据计算而定,各层大放脚的宽度应为半砖长的整倍数(包括灰缝)。

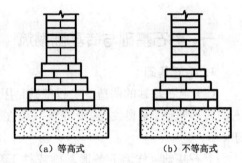

(a) 等高式　　　(b) 不等高式

图 4-2　基础大放脚形式

大放脚下面为基础地基,地基一般用灰土、碎砖三合土或混凝土等。在墙基顶面应设防潮层,防潮层宜用 1∶2.5 水泥砂浆加适量的防水剂铺设,其厚度一般为 20 mm,位置在底层室内地面以下一皮砖处,即位于底层室内地面下 60 mm 处。

(2) 砖基础施工要点。

① 砌筑前,应将地基表面的浮土及垃圾清除干净。

② 基础施工前,应在主要轴线部位设置引桩,以控制基础、墙身的轴线位置,并从中引出墙身轴线,而后向两边放出大放脚的底边线。在地基转角、交接及高低踏步处应预先立好基础皮数杆。

③ 砌筑时,可依皮数杆先在转角及交接处砌几皮砖,然后在其间拉准线砌中间部分。内外墙砖基础应同时砌起,如不能同时砌筑时应留置斜槎,斜槎长度不应小于斜槎高度。

④ 基础底标高不同时,应从低处砌起,并由高处向低处搭接。如设计无要求,搭接长度不应小于大放脚的高度。

⑤ 大放脚部分一般采用一顺一丁砌筑形式。水平灰缝及竖向灰缝的宽度应控制在 10 mm 左右,水平灰缝的砂浆饱满度不得小于 80%,竖缝要错开。要注意"丁"字及"十"字接头处砖块的搭接,在这些交接处,纵、横墙要隔皮砌通。大放脚的最下一皮及每层的最上一皮应以丁砌为主。

⑥ 基础砌完验收合格后,应及时回填。回填土要在基础两侧同时进行,并分层夯实。

3. 砌石质量验收标准

(1) 主控项目。

① 石材及砂浆强度等级必须符合设计要求。

抽检数量:同一产地的同类石材抽检不应少于 1 组。

检验方法:料石检查产品质量证明书,石材、砂浆检查试块试验报告。

② 砌体灰缝的砂浆饱满度不应小于 80%。

抽检数量:每检验批抽查不应少于 5 处。

检验方法:观察检查。

(2)一般项目。

① 石砌体尺寸、位置的允许偏差及检验方法应符合表 4-1 的规定。

抽检数量:每检验批抽查不应少于 5 处。

② 石砌体的组砌形式应符合下列规定:

a. 内外搭砌,上下错缝,拉结石、丁砌石交错设置。

b. 毛石墙拉结石每 0.7 m² 墙面不应少于 1 块。

抽检数量:每检验批抽查不应少于 5 处。

检验方法:观察检查。

表 4-1　石砌体尺寸、位置的允许偏差及检验方法

项次	项目		允许偏差/mm 毛石砌体 基础	毛石砌体 墙	毛料石 基础	毛料石 墙	粗料石 基础	粗料石 墙	细料石 墙、桩	检验方法
1	轴线位置		20	15	20	15	15	10	10	用经纬仪和尺检查,或用其他测量仪器检查
2	基础和墙砌体顶面标高		±25	±15	±25	±15	±15	±15	±10	用水准仪和尺检查
3	砌体厚度		+30	+20 −10	+30	+20 −10	+15	+10 −5	+10 −5	用尺检查
4	墙面垂直度	每层	—	20	—	20	—	10	7	用经纬仪、吊线和尺检查,或用其他测量仪器检查
		全高	—	30	—	30	—	25	10	
5	表面平整度	清水墙、桩	—	—	—	20	—	10	5	细料石用 2 m 靠尺和楔形塞尺检查,其他用两直尺垂直于灰缝拉 2 m 线和尺检查
		混水墙、桩	—	—	—	20	—	15	—	
6	清水墙水平灰缝平直度		—	—	—	—	—	10	5	拉 10 m 线和尺检查

二、砖墙砌筑

1. 砖墙的组砌方式

砖墙的组砌方式根据其厚度不同,常用的有一顺一丁砌法、三顺一丁砌法、梅花丁砌法,其次有全顺砌法、全丁砌法、两平一侧砌法等,如图 4-3 所示。

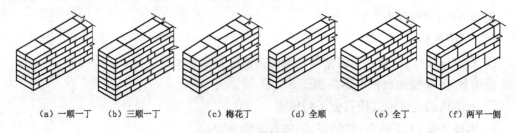

| (a) 一顺一丁 | (b) 三顺一丁 | (c) 梅花丁 | (d) 全顺 | (e) 全丁 | (f) 两平一侧 |

图 4-3　砖砌体的组砌形式

(1) 一顺一丁砌法(满顶满条)。由一皮顺砖与一皮丁砖相互交替砌筑而成,上、下皮之间的竖缝相互错开 1/4 砖长。

(2) 三顺一丁砌法。由三皮顺砖与一皮丁砖相互交替叠砌而成,上、下皮顺砖与丁砖之间竖缝错开 1/4 砖长,上、下皮顺砖之间竖缝错开 1/2 砖长。

(3) 梅花丁砌法(沙包式)。在同一皮砖层内一块顺砖和一块丁砖间隔砌筑(转角处不受此限),上、下两皮之间竖缝错开 1/4 砖长,顶砖必须在顺砖的中间。该砌法内、外竖缝每皮都能错开,故整体抗压性较好,墙面容易控制平整,竖缝易于对齐。

(4) 全顺砌法(条砌法)。每皮全部用顺砖砌筑,两皮间竖缝搭接 1/2 砖长。此种砌法仅用于半砖墙。

(5) 全丁砌法。每皮全部用丁砖砌筑,两皮间竖缝搭接 1/4 砖长。此种砌法一般多用于圆形建筑物,如水塔、烟囱、水池、圆仓等。

(6) 两平一侧砌法。两皮平砌的顺砖旁砌一皮侧砖,两平砌层之间的竖缝应错开 1/2 砖长。

2. 砖砌体的施工工艺流程

抄平放线→摆砖→立皮数杆→盘角、挂线→砌筑、勾缝。

(1) 抄平放线。

① 抄平。砌筑砖墙前,先在基础防潮层或楼面上按标准的水准点或指定的水准点定出各层标高,并用水泥砂浆或 C10 细石混凝土找平。

② 放线。建筑物的基础施工完成之后,应进行一次基础砌筑情况的复核。只有基础施工合格后,才能在基础防潮层上正式放线。主要放出轴线、墙边线、门窗口位置线(按设计要求留设),如图 4-4 所示。如门口为 1 m 宽、2.7 m 高时,标成"1 000 mm×2 700 mm";窗口为 1.5 m 宽、1.8 m 高时,标成"1 500 mm×1 800 mm"。窗台的高度需在线杆上做标志,使瓦工砌砖时做到心中有数。

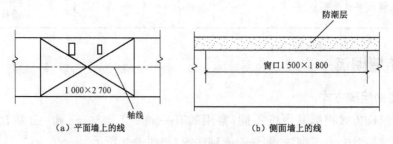

(a) 平面墙上的线　　　　　　　　　　(b) 侧面墙上的线

图 4-4　门窗洞口弹线

　　为了保证各层墙身轴线的重合和施工方便,在弹墙身线时,应根据龙门板上标注的轴线位置将轴线引测到房屋的外墙基础上。二层以上各层墙的轴线,可用经纬仪或垂球引测到楼层上去,同时,还需要根据图上轴线的尺寸用钢尺进行校核,如图4-5所示。

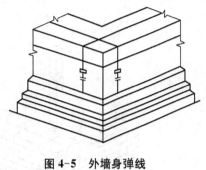

图4-5　外墙身弹线

　　当砖墙砌到一步架高度后,应随即用水准仪在墙上进行抄平,并弹出距室内地面高50 cm的线,在首层即为0.5 m标高线(施工现场叫作50线),在以上各层即为该层标高加0.5 m的标高线。这道水平线用来控制层高及放置门、窗过梁的高度,是室内装饰施工时的地面标高,也是墙裙、踢脚线、窗台及其他有关的装饰标高的依据。

　　(2)摆砖。摆砖又称为摆脚,是指在放线的基面上按选定的组砌方式用于砖试摆;目的是校对所放出的墨线在门窗洞口、附墙垛等处是否符合砖的模数,以尽可能减少砍砖,并使砌体灰缝均匀,组砌得当。一般在房屋纵墙方向摆顺砖,在山墙方向摆丁砖,摆砖由一个大角摆到另一个大角,砖与砖留10 mm缝隙。

　　(3)立皮数杆。皮数杆是指在其上划有每皮砖厚、灰缝厚以及门窗洞口的下口、窗台、过梁、圈梁、楼板、大梁、预埋件等标高位置的一种木制标杆,它是砌墙过程中控制砌体竖向尺寸和各种构配件设置标高的主要依据。

　　皮数杆一般设置在墙体操作面的另一侧,立于建筑物的四个大角处、内外墙交接处、楼梯间及洞口较多的地方,并从两个方向设置斜撑或用锚钉加以固定,以确保垂直和牢固,如图4-6所示。皮数杆的间距为10~15 m,间距超过这一范围时,中间应增设皮数杆。支设皮数杆时,要统一进行找平,使皮数杆上的各种构件标高与设计要求一致。每次开始砌砖前,均应检查皮数杆的垂直度和牢固性,以防有误。

　　(4)盘角、挂线。墙体砌砖时,一般先砌砖墙两端大角,然后再砌墙身。大角砌筑主要是根据皮数杆标高,依靠线锤、托线板使其垂直。中间墙身部分主要是依靠准线使其灰缝平直,一般"二四墙"以内宜单面挂线,"三七"墙以上宜双面挂线。在砌筑过程中应"三皮一吊、五皮一靠",把砌筑误差消灭在操作过程中,以保证墙面的垂直度和平整度。垂直度检查时,采用托线板(也称为靠尺板)和线锤,将托线板一侧垂直靠紧墙面进行检查,重合表示墙面垂直;当线锤向外离开墙面偏离墨线时,表示墙向外倾斜;当线锤向里靠近墙面偏离墨线时,表示墙向里倾斜,如图4-7所示。

　　(5)砌筑、勾缝。砌筑操作方法各地不一,但应保证砌筑质量要求。通常采用"三一砌砖法",即一块砖、一铲灰、一揉压,并随手将挤出的砂浆刮去的砌筑方法。这种砌法的优点是灰缝容易饱满、粘结力好、墙面整洁。

　　勾缝是砌清水墙的最后一道工序,可以用砂浆随砌随勾缝,称为原浆勾缝;也可砌完墙后再用1:1.5水泥砂浆或加色砂浆勾缝,称为加浆勾缝。勾缝具有保护墙面和增加墙面美观的作用,为了确保勾缝质量,勾缝前应清除墙面粘结的砂浆和杂物,并洒水润湿,在砌完墙后,应画出1 cm的灰槽,灰缝可勾成凹、平、斜或凸形状。勾缝完成后方可清扫墙面。

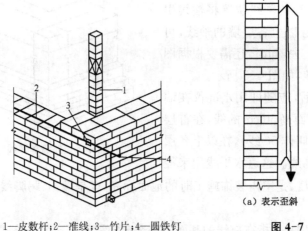

1—皮数杆;2—准线;3—竹片;4—圆铁钉

图 4-6　皮数杆设置示意图

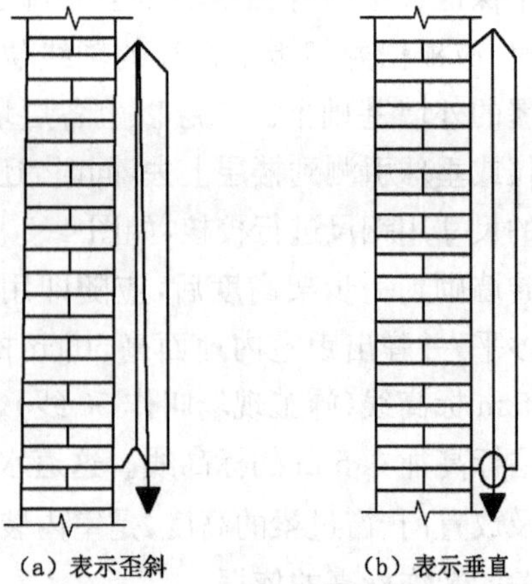

（a）表示歪斜　　（b）表示垂直

图 4-7　托线板测垂直度

3. 砌砖质量验收标准

（1）主控项目。

① 砖和砂浆的强度等级必须符合设计要求。

抽检数量:每一生产厂家,烧结普通砖、混凝土实心砖每 15 万块,烧结多孔砖、混凝土多孔砖、蒸压灰砂砖及蒸压粉煤灰砖每 10 万块各为一验收批,不足上述数量时按 1 批计,抽检数量为 1 组。

检验方法:检查砖和砂浆试块试验报告。

② 砌体灰缝砂浆应密实饱满,砖墙水平灰缝的砂浆饱满度不得低于 80%;砖柱水平灰缝和竖向灰缝的砂浆饱满度不得低于 90%。

抽检数量:每检验批抽查不应少于 5 处。

检验方法:用百格网检查砖底面与砂浆的粘结痕迹面积,每处检测 3 块砖,取其平均值。

③ 砖砌体的转角处和交接处应同时砌筑,严禁无可靠措施的内、外墙分砌施工。在抗震设防烈度为 8 度及 8 度以上的地区,对不能同时砌筑而又必须留置的临时间断处,应砌成斜槎,普通砖砌体斜槎水平投影长度不应小于高度的 2/3,多孔砖砌体的斜槎长高比不应小于 1/2。斜槎的高度不得超过一步脚手架的高度。

抽检数量:每检验批抽查不应少于 5 处。

检验方法:观察检查。

④ 非抗震设防及抗震设防烈度为 6 度、7 度的地区的临时间断处,当不能留斜槎时,除转角处外,可留直槎,但直槎必须做成凸槎,且应加设拉结钢筋,拉结钢筋应符合下列规定:

a. 每 120 mm 墙厚放置 1φ6 拉结钢筋（120 mm 厚墙应放置 2φ6 拉结钢筋）。

b. 间距沿墙高不应超过 500 mm,且竖向间距偏差不应超过 100 mm。

c. 埋入长度从留槎处算起每边均不应小于 500 mm,对抗震设防烈度为 6 度、7 度的地区,不应小于 1 000 mm。

d. 末端应有 90°弯钩,如图 4-8 所示。

抽检数量:每检验批抽查不应少于 5 处。

检验方法:观察和尺量检查。

(2) 一般项目。

① 砖砌体组砌方法应正确,内外搭砌,上、下错缝。清水墙、窗间墙无通缝;混水墙中不得有长度大于 300 mm 的通缝,长度为 200~300 m 的通缝每间不超过 3 处,且不得位于同一面墙体上。砖柱不得采用包心砌法。

抽检数量:每检验批抽查不应少于 5 处。

检验方法:观察检查。砌体组砌方法抽检每处应为 3~5 m。

② 砖砌体的灰缝应横平竖直,厚薄均匀,水平灰缝厚度及竖向灰缝宽度宜为 10 mm,但不应小于 8 mm,也不应大于 12 mm。

抽检数量:每检验批抽查不应少于 5 处。

检验方法:水平灰缝厚度用尺量 10 皮砖砌体高度折算;竖向灰缝宽度用尺量 2 m 砌体长度折算。

③ 砖砌体尺寸、位置的允许偏差及检验应符合表 4-2 的规定。

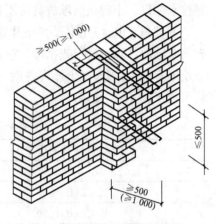

图 4-8 直槎处拉结钢筋示意图

表 4-2 砖砌体尺寸、位置的允许偏差及检验

项次	项目			允许偏差/mm	抽检数量
1	轴线位移			10	承重墙、桩全数检查
2	基础、墙桩顶面标高			±15	不应少于 5 处
3	墙面垂直度	每层		5	不应少于 5 处
		全高	≤10 m	10	外墙全部阳角
			>10 m	20	
4	表面平整度	清水墙、桩		5	不应少于 5 处
		混水墙、桩		8	
5	水平灰缝平直度	清水墙		7	不应少于 5 处
		混水墙		10	
6	门窗洞口高、宽(后塞口)			±10	不应少于 5 处
7	外墙上下窗口偏移			20	不应少于 5 处
8	清水墙游丁走缝			20	不应少于 5 处

三、砌块砌筑

1. 施工准备

运到现场的小砌块,应分规格分等级堆放,堆垛上应设标记,堆放现场必须平整,并做

好排水工作。小砌块的堆放高度不宜超过 1.6 m,堆垛之间应保持适当的通道。

基础施工前,应用钢尺校核建筑物的放线尺寸,其允许偏差不应超过表 4-3 的规定。砌筑基础前,应对基坑(或基槽)进行检查,符合要求后,方可开始砌筑基础。普通混凝土小砌块不宜浇水;当天气干燥炎热时,可在小砌块上喷水将其稍加润湿。轻集料混凝土小砌块可洒水,但不宜过多。

表 4-3　建筑物放线尺寸允许偏差

长度 L、宽度 B 的尺寸/m	允许偏差/mm
$L(B) \leqslant 30$	± 5
$30 < L(B) \leqslant 60$	± 10
$60 < L(B) \leqslant 90$	± 15
$L(B) > 90$	± 20

2. 砌块排列

由于中小型砌块体积较大、较重,不如砖块可以随意搬动,多用专门设备进行吊装砌筑,且砌筑时必须使用整块,不像普通砖可随意砍凿,因此,在施工前,需根据工程平面图、立面图及门窗洞口的大小、楼层标高、构造要求等条件,绘制各墙的砌块排列图,以指导吊装砌筑施工。

砌块排列图按每片纵横墙分别绘制,如图 4-9 所示。其绘制方法是在立面上用 1∶50 或 1∶30 的比例绘出纵、横墙,然后将过梁、平板、大梁、楼梯、孔洞等在墙面上标出,由纵墙和横墙高度计算皮数,画出水平灰缝线,并保证砌体平面尺寸和高度是块体加灰缝尺寸的倍数,再按砌块错缝搭接的构造要求和竖缝大小进行排列。对砌块进行排列时,注意尽量以主规格砌块为主,辅助规格砌块为辅,减少镶砖。小砌块墙体应对孔错缝搭砌,搭

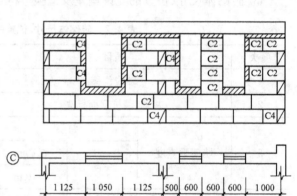

图 4-9　砌块排列图

接长度不应小于 90 mm。墙体的个别部位不能满足上述要求时,应在灰缝中设置拉结钢筋或钢筋网片,但竖向通缝仍不得超过 2 皮小砌块。砌块中水平灰缝厚度一般为 10～20 mm,有配筋的水平灰缝厚度为 20～25 mm;竖缝的宽度为 15～20 mm,当竖缝宽度大于 30 mm 时,应用强度等级不低于 C20 的细石混凝土填实,当竖缝宽度≥1 500 mm 或楼层高度不是砌块加灰缝的整数倍时,应用普通砖镶砌。

3. 砌块施工工艺

砌块的施工工艺流程:铺灰→砌块吊装就位→校正→灌缝→镶砖。

(1)铺灰。砌块墙体所采用的砂浆,应具有良好的和易性,其稠度以 50～70 mm 为宜,

铺灰应平整饱满,每次铺灰长度一般不应超过 5 m,炎热天气及严寒季节应适当缩短。

(2)砌块吊装就位。砌块安装通常采用两种方案:一种是以轻型塔式起重机进行砌块、砂浆的运输,以及楼板等预制构件的吊装,由台架吊装砌块;另一种是以井架进行材料的垂直运输、杠杆车进行楼板吊装,所有预制构件及材料的水平运输则用砌块车和劳动车,台架负责砌块的吊装,前者适用于工程量大或两幢房屋对翻流水的情况,后者适用于工程量小的房屋。

砌块的吊装一般按施工段依次进行,其顺序为先外后内,先远后近,先下后上,在相邻施工段之间留阶梯形斜槎。吊装时应从转角处或砌块定位处开始,采用摩擦式夹具,按砌块排列图将所需砌块吊装就位。

(3)校正。砌块吊装就位后,用托线板检查砌块的垂直度,拉准线检查水平度,并用撬棍、楔块调整偏差。

(4)灌缝。竖缝可用夹板夹住墙体内外,然后灌砂浆,用竹片插或铁棒捣,使其密实。当砂浆吸水后用刮缝板把竖缝和水平缝刮齐。灌缝后,一般不应再撬动砌块,以防损坏砂浆的粘结力。

(5)镶砖。当砌块之间出现较大竖缝或过梁找平时,应镶砖。镶砖砌体的竖直缝和水平缝应控制在 15～30 mm 以内。镶砖工作应在砌块校正后即刻进行,镶砖时应注意使砖的竖缝灌密实。

4. 施工要点

(1)龄期不足 28 d 及潮湿的小砌块不得进行砌筑。

(2)应在建筑物四角或楼梯间转角处设置皮数杆,皮数杆的间距不宜超过 15 m。皮数杆上应画出小砌块高度和水平灰缝的厚度以及砌体中其他构件标高位置。相对 2 皮数杆之间拉准线,依准线砌筑。

(3)应尽量采用主规格小砌块,并应清除小砌块表面污物和芯柱用小砌块孔洞底部的毛边。

(4)小砌块应底面朝上反砌。

(5)小砌块应对孔错缝搭砌。个别情况当无法对孔砌筑时,普通混凝土小砌块的搭接长度不应小于 90 mm,轻集料混凝土小砌块的搭接长度不应小于 120 mm;当不能保证此规定时,应在水平灰缝中设置钢筋网片或拉结钢筋,网片或钢筋的长度不应小于 700 mm,如图 4-10 所示。

(6)小砌块应从转角或定位处开始,内、外墙同时砌筑,纵、横墙交错连接。墙体临时间断处应砌成斜槎,斜槎长度不应小于高度的 2/3(一般按一步脚手架高度控制);如留斜槎有困难,除外墙转角处及抗震设防地区,其墙体临时间断处不应留直槎外,可以从墙面伸出

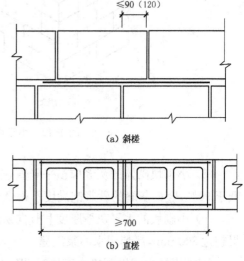

≤90 (120)

(a) 斜槎

≥700

(b) 直槎

图 4-10 小砌块灰缝中的拉结筋

200 mm 砌成阴阳槎,并沿墙高每 3 皮砌块(600 mm)设拉结筋或钢筋网片,接槎部位宜延至门窗洞口,如图 4-11 所示。

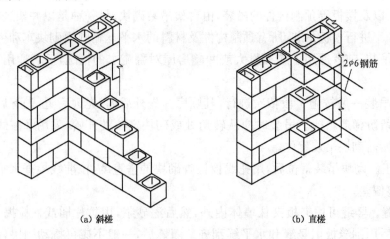

（a）斜槎　　　　　　　　　（b）直槎

图 4-11　混凝土小砌块墙接槎

（7）小砌块外墙转角处应使小砌块隔皮交错搭砌,小砌块端面外露处用水泥砂浆补抹平整。小砌块内、外墙 T 形交接处应隔皮加砌两块 290 mm×190 mm×190 mm 的辅助规格小砌块,辅助小砌块位于外墙上,开口处对齐,如图 4-12 所示。

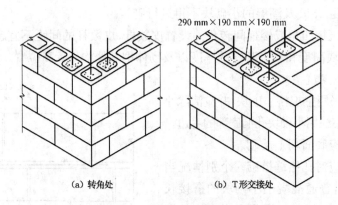

（a）转角处　　　　　　　　　（b）T 形交接处

图 4-12　小砌块外墙转角及交接处砌法

（8）小砌块砌体的灰缝应横平竖直,全部灰缝应填满砂浆;水平灰缝的砂浆饱满度不得低于 90%;竖向灰缝的砂浆饱满度不得低于 80%。砌筑中不得出现瞎缝、透明缝。

（9）小砌块的水平灰缝厚度和竖向灰缝宽度应控制在 8～12 mm。砌筑时,铺灰长度不得超过 800 mm,严禁用水冲浆灌缝。

（10）当缺少辅助规格小砌块时,墙体通缝不应超过 2 皮砌块。

（11）承重墙体不得采用小砌块与烧结砖等其他块材混合砌筑;严禁使用断裂小砌块或壁肋中有竖向凹形裂缝的小砌块砌筑承重墙体。

（12）对设计规定的洞口、管道、沟槽和预埋件等,应在砌筑时预留或预埋,严禁在砌好的墙体上打凿。在小砌块墙体中不得预留水平沟槽。

（13）小砌块砌体内不宜设脚手眼。如必须设置，可用 190 mm×190 mm×190 mm 的小砌块侧砌，利用其孔洞作脚手眼，砌筑完成后用 C15 混凝土填实脚手眼。但在墙体下列部位不得设置脚手眼：

① 过梁上部，与过梁成 60°角的三角形及过梁跨度 1/2 范围内。

② 宽度不大于 80 m 的窗间墙。

③ 梁和梁垫下，及其左右各 500 mm 的范围内。

④ 门窗洞口两侧 200 mm 内，和墙体交接处 400 mm 的范围内。

⑤ 设计规定不允许设脚手眼的部位。

（14）施工中需要在砌体中设置的临时施工洞口，其侧边离交接处的墙面不应小于 600 mm，并在洞口顶部设过梁，填砌施工洞口的砌筑砂浆强度等级应提高一级。

（15）砌体相邻工作段的高度差不得大于一个楼层高或 4 m。

（16）在常温条件下，普通混凝土小砌块日砌筑高度应控制在 1.8 m 以内；轻集料混凝土小砌块日砌筑高度应控制在 2.4 m 以内。

5. 小型砌块砌体施工质量验收标准

（1）主控项目。

① 小砌块和芯柱混凝土、砌筑砂浆的强度等级必须符合设计要求。

抽检数量：每一生产厂家，每 1 万块小砌块为一验收批，不足 1 万块按 1 批计，抽检数量为 1 组；用于多层建筑的基础和底层的小砌块，抽检数量不应少于 2 组。

检验方法：检查小砌块和芯柱混凝土、砌筑砂浆试块试验报告。

② 砌体水平灰缝和竖向灰缝的砂浆饱满度，按净面积计算不得低于 90%。

抽检数量：每检验批抽查不应少于 5 处。

检验方法：用专用百格网检测小砌块与砂浆的粘结痕迹，每处检测 3 块小砌块，取其平均值。

③ 墙体转角处和纵、横交接处应同时砌筑。临时间断处应砌成斜槎，斜槎水平投影长度不应小于斜槎高度。施工洞口可预留直槎，但在洞口砌筑和补砌时，应在直槎上、下搭砌的小砌块孔洞内用强度等级不低于 C20（或 Cb20）的混凝土灌实。

抽检数量：每检验批抽查不应少于 5 处。

检验方法：观察检查。

④ 小砌块砌体的芯柱在楼盖处应贯通，不得削弱芯柱截面尺寸；芯柱混凝土不得漏灌。

抽检数量：每检验批抽查不应少于 5 处。

检验方法：观察检查。

（2）一般项目。

① 砌体的水平灰缝厚度和竖向灰缝宽度，不应小于 8 mm，也不应大于 12 mm，以 10 mm 为宜。

抽检数量：每检验批抽查不应少于 5 处。

检验方法:水平灰缝厚度用尺量 5 皮小砌块高度折算;竖向灰缝宽度用尺量 2 m 砌体长度折算。

② 小砌块砌体尺寸、位置的允许偏差应按砖砌体的规定执行。

第三节　砌筑工程的质量要求及安全技术

一、砌筑工程的质量要求

(1)砌体施工质量控制等级。砌体施工质量控制等级分为三级,其标准应符合表 4-4 的要求。

(2)对砌体材料的要求。砌筑工程所用的材料应有产品的合格证书、产品性能检测报告。块材、水泥、钢筋、外加剂等应有材料主要性能的进场复验报告。严禁使用国家明令淘汰的材料。

表 4-4　砌体施工质量控制等级

项目	施工质量控制等级		
	A	B	C
现场质量管理	制度健全,并严格执行;非施工方质量监督人员经常到现场,或现场设有常驻代表;施工方有在岗专业技术管理人员,人员齐全,并持证上岗	制度基本健全,并能执行;非施工方质量监督人员间断地到现场进行质量控制;施工方有在岗专业技术管理人员,并持证上岗	有制度;非施工方质量监督人员很少做现场质量控制;施工方有在岗专业技术管理人员
砂浆、混凝土强度	试块按规定制作,强度满足验收规定,离散性小	试块按规定制作,强度满足验收规定,离散性较小	试块强度满足验收规定,离散性大
砂浆拌和方式	机械拌和;配合比计量控制严格	机械拌和;配合比计量控制一般	机械或人工拌和;配合比计量控制较差
砌筑工人	中级工以上,其中高级工不少于 20%	高、中级工不少于 70%	初级工以上

(3)任意一组砂浆试块的强度不得低于设计强度的 75%。

(4)砖砌体应横平竖直,砂浆饱满,上下错缝,内外搭砌,接槎牢固。

(5)砖、小型砌块砌体的允许偏差和外观质量标准应符合规范。

(6)配筋砌体的构造柱位置及垂直度的允许偏差应符合规范。

(7)填充墙砌体一般尺寸的允许偏差应符合规范。

(8)填充墙砌体的砂浆饱满度及检验方法应符合规范。

二、砌筑工程的安全技术

(1) 在砌筑操作前,必须检查施工现场的各项准备工作是否符合安全要求,如道路是否畅通、机具是否完好牢固、安全设施和防护用品是否齐全,经检查符合要求后才可以施工。

(2) 施工人员进入现场必须戴好安全帽。砌基础时,应检查和注意基坑土质的变化情况;堆放砖石材料应离开坑边 1 m 以上;砌墙高度超过地坪 1.2 m 以上时,应搭设脚手架,架上堆放材料不得超过规定荷载值,堆砖高度不得超过 3 皮侧砖,同一块脚手板上的操作人员不应超过两人;按规定搭设安全网。

(3) 不准站在墙顶上做画线、刮缝及清扫墙面或检查大角垂直度等工作;不准用不稳固的工具或物体在脚手板上垫高操作。

(4) 砍砖时应面向墙面,工作完毕后应将脚手板和砖墙上的碎砖、灰浆清扫干净,防止掉落伤人。正在砌筑的墙上不准走人,不准站在墙上做画线、刮缝、吊线等工作。山墙砌完后,应立即安装桁条或临时支撑,防止倒塌。

(5) 如遇雨天及每天下班时,应做好防雨准备,以防雨水冲走砂浆,致使砌体倒塌。冬期施工时,脚手板上如有冰霜、积雪,需将其清除后才能上架子进行操作。

(6) 砌石墙时,不准在墙顶或架上修石材,以免墙体振动影响质量或石片掉下伤人。不准徒手移动上墙的石块,以免压破或擦伤手指。不准勉强在超过胸部高度的墙上进行砌筑,以免将墙体碰撞倒塌或上石时失手掉下,造成安全事故。石块不得往下掷。运石上下时,脚手板要钉装牢固,并钉防滑条及扶手栏杆。

(7) 对部分破裂和有脱落危险的砌块,严禁起吊;起吊砌块时,严禁将砌块停留在操作人员的上空或在空中整修;砌块吊装时,不得在下一层楼面上进行其他任何一项工作;卸下砌块时应避免冲击,砌块堆放应尽量靠近楼板两端,不得超过楼板的承重能力;砌块吊装就位时,应待砌块放稳后,方可松开夹具。

(8) 凡脚手架、龙门架搭设完毕后,须经专人验收合格后方可使用。

第四节 砌筑工程施工方案实例

1. 工程概况

某住宅楼,平面呈“一”字形,采用混合结构,建筑面积为 2 560 m²,层数为五层,筏板基础,±0.000 以下采用烧结普通砖,±0.000 以上采用 MU10 的多孔黏土砖,楼板为现浇钢筋混凝土,板厚为 120 mm。内墙面做法为用 15 mm 厚 1∶6 的混合砂浆打底,面刮涂料;厨房、卫生间采用瓷砖贴面。外墙用 20 mm 厚 1∶3 的水泥砂浆打底,1∶2 的水泥砂浆罩面,面刷防水涂料。屋面采用聚苯板保温,SBS 卷材防水。

2. 施工准备

(1) 组织砌筑材料、机械等进场。在基础施工的后期,按施工平面图的要求并结合施工顺序,组织主体结构使用的各种材料、机械陆续进场,并将这些材料堆放在起重机工作半径的范围内。

（2）放线与抄平。为了保证房屋平面尺寸以及各层标高的正确，在结构施工前，应仔细做好墙、柱、楼板、门窗等轴线、标高的放线与抄平工作，要确保施工到相应部位时测量标志齐全，以便对施工起控制作用。

底层轴线：根据标志桩(板)上的轴线位置，在做好的基础顶面上，弹出墙身中线和边线。墙身轴线经核对无误后，要将轴线引测到外墙的外墙面上，画上特定的符号，并以此符号为标准，用经纬仪或吊锤向上引测，来确定以上各楼层的轴线位置。

抄平：用水准仪以标志板顶的标高(±0.000)将基础墙顶面全部抄平，并以此作为标准立一层墙身的皮数杆，皮数杆钉在墙角处的基础墙上，其间距不超过 20 m。在底层房屋内四角的基础上测出−0.10 m 标高，以此作为标准控制门窗的高度和室内地面的标高。此外，必须在建筑物四角的墙面上做好标高标志，并以此为标准，利用钢尺引测以上各楼层的标高。

画门框及窗框线：根据弹好的轴线和设计图样上门框的位置尺寸，弹出门框线并画上符号。当墙体高度将要砌至窗台底时，按窗洞口尺寸在墙面上画出窗框的位置，其符号与门框相同。门、窗洞口标高若已画在皮数杆上，可用皮数杆来控制。

（3）摆砖样。在基础墙上(或窗台面上)，根据墙身长度和组砌形式，先用砖块试摆，使墙体每一皮砖块排列和灰缝宽度均匀，并尽可能少砍砖。摆砖样对墙身质量、美观、砌筑效率、节省材料都有很大影响，应组织有经验的工人进行。

3. 施工步骤

砌砖工程是一个综合性的施工过程，由泥瓦工、架子工和普工等工种共同施工完成，其特点是操作人员多，专业分工明确。为了充分发挥操作人员的工作效率，避免出现窝工或工作面闲置的现象，必须从空间上、时间上对他们进行合理的安排，做到有组织、有秩序的施工，故在组织施工时，按本工程的特点，将每个楼层划分为两个施工层、两个施工段。其中，施工层的划分根据建筑物的层高和脚手架的每步架高(钢管扣件式脚手架宜为1.2～1.4 m)而确定，以达到提高砌砖的工作效率和保证砌筑质量的目的。主体结构标准层砌筑的施工顺序为：放线→砌第一施工层墙→搭设脚手架(里脚手架)→砌第二施工层墙→支楼板与圈梁的模板→楼板与圈梁钢筋绑扎→楼板与圈梁混凝土浇筑。

（1）墙体的砌筑。砌砖先从墙角开始，墙角的砌筑质量对整个房屋的砌筑质量影响很大。砖墙砌筑时，最好内、外墙同时砌筑以保证结构的整体性。但在实际施工中，有时受施工条件的限制，内、外墙一般不能同时砌筑，通常需要留槎。如在砌体施工中，为了方便装修阶段的材料运输和人员通过，需在各单元的横隔墙上留设施工洞口(在本过程中，洞口高度为 1.5 m，宽度为 1.2 m，在洞顶设置钢筋混凝土过梁，洞口两侧沿高每 500 mm 设 2φ6 拉结钢筋，伸入墙内不少于 500 mm，端部应设有 90°的弯钩)。

（2）脚手架的搭设。脚手架采用外脚手架和里脚手架两种。外脚手架从地面向上搭设，随墙体的不断砌高而逐步搭设，在砌筑施工过程中它既作为砌筑墙体的辅助作业平台，又起到安全防护作用。外脚手架主要用于后期的室外装饰施工，采用钢管扣件式双排脚手架。里脚手架搭设在楼面上，用来砌筑墙体，在砌完一个楼层的砖墙后搬到上一个楼层。本工程采用折叠式里脚手架。

（3）在整个施工过程中,应注意适时地穿插进行水、电、暖等安装工程的施工。

本章小结

本章主要介绍了砌体施工的准备工作、砌筑工程施工、砌筑工程的质量要求及安全技术等内容。砌体施工的准备工作包括砂浆制备、砖的准备等内容。砌筑工程施工包括毛石基础与砖基础砌筑、砖墙砌筑、砌块砌筑的构造及施工要点等。除了掌握砌体施工的准备工作和砌筑工程施工以外,还要掌握砌筑工程的质量要求及安全技术等。

复习思考题

一、填空题

1. 用水泥和砂拌和成的水泥砂浆具有较高的强度和耐久性,但（ ）差。

2. 配制砌筑砂浆时,各组分材料应采用质量计量,水泥和各种外加剂配料的允许偏差值为（ ）。

3. 用毛石与水泥砂浆或水泥混合砂浆砌成的称为（ ）。

二、单选题

1. 砌筑砂浆的砂宜采用过筛的（ ）,不应混有草根、树叶、树枝、塑料等杂物。

A. 细砂 B. 中砂 C. 粗砂 D. 石子

2. 在砌砖前应提前1～2 d将砖堆浇水湿润,以使砂浆和砖能很好地粘结。烧结普通砖、多孔砖的含水量宜为（ ）。

A. 5%～10% B. 10%～15% C. 15%～25% D. 20%～30%

三、简答题

1. 砌筑砂浆应采用机械搅拌,自投料完算起,搅拌时间应符合哪些规定?

2. 砖基础施工要点包括哪些内容?

3. 砖墙的组砌方式有哪几种?

4. 砌块的施工工艺包括哪些内容?

5. 砌块分为哪几类?

第五章 混凝土结构工程

知识目标

了解钢筋的分类,熟悉钢筋的机械连接、焊接、质量验收,掌握钢筋的加工与安装;了解混凝土的施工配料,熟悉混凝土配置强度的确定和混凝土的质量验收,掌握混凝土的搅拌与浇筑。熟悉钢筋混凝土预制构件的基本知识,掌握构件制作的工艺方案;熟悉钢筋加工、模板施工、混凝土施工的安全技术。

技能目标

能够进行钢筋的加工、安装等施工,能够进行混凝土的配料、搅拌、浇筑等工作。

第一节 钢 筋 工 程

一、钢筋的分类

钢筋混凝土结构中常用的钢材有钢筋和钢丝两类。钢筋分为热轧钢筋和余热处理钢筋。热轧钢筋分为热轧带肋钢筋和热轧光圆钢筋。热轧带肋钢筋的牌号由 HRB 和牌号的屈服点最小值构成,分为 HRB335、HRB400、HRB500 三个牌号;热轧光圆钢筋的牌号为HPB300。余热处理钢筋的牌号为 RRB400。钢筋按直径大小分为:钢丝(直径为 3～5 mm)、细钢筋(直径为 6～10 mm)、中粗钢筋(直径为 12～20 mm)和粗钢筋(直径大于20 mm)。钢丝有冷拔钢丝、碳素钢丝和刻痕钢丝。直径大于 12 mm 的粗钢筋一般轧成 6～12 m 一根;钢丝及直径为 6～10 mm 的细钢筋一般卷成圆盘。此外,根据结构的要求还可采用其他钢筋,如冷轧带肋钢筋、冷轧扭钢筋、热处理钢筋及精轧螺纹钢筋等。

二、钢筋的机械连接

钢筋的机械连接是指通过连接件的机械咬合作用或钢筋端面的承压作用,将一根钢筋中的力传递至另一根钢筋的连接方法;其优点有施工简便、工艺性能良好、接头质量可靠、不受钢筋焊接性的制约、可全天施工、节约钢材和能源等。常用的机械连接有套筒挤压连接、锥螺纹套筒连接等。

1. 钢筋套筒挤压连接

钢筋套筒挤压连接是将需要连接的带肋钢筋插于特制的钢套筒内,利用挤压机压缩套筒,使之产生塑性变形,靠变形后的钢套筒与带肋钢筋之间的紧密咬合来实现钢筋的连接。它适用于直径为 16～40 mm 的热轧 HRB335 级、HRB400 级带肋钢筋的连接。钢筋套筒挤压连接有钢筋套筒径向挤压连接和钢筋套筒轴向挤压连接两种形式。

（1）钢筋套筒径向挤压连接：采用挤压机沿径向（即与套筒轴线垂直方向）将钢套筒挤压产生塑性变形，使之紧密地咬住带肋钢筋的横肋，实现两根钢筋的连接，如图 5-1 所示。当不同直径的带肋钢筋采用挤压接头连接时，若套筒两端外径和壁厚相同时，被连接钢筋的直径相差不应大于 5 mm。挤压连接工艺流程：钢筋套筒检验→钢筋断料，刻画钢筋套入长度定出标记→套筒套入钢筋→安装挤压机→开动液压泵，逐渐加压套筒至接头成型→卸下挤压机→接头外形检查。

（2）钢筋套筒轴向挤压连接：采用挤压机和压模对钢套筒及插入的两根对接钢筋，沿其轴向方向进行挤压，使套筒咬合到带肋钢筋的肋间，从而使两者结合成一体，如图 5-2 所示。

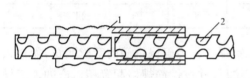

1—钢套管；2—钢筋

图 5-1　钢筋套筒径向挤压连接

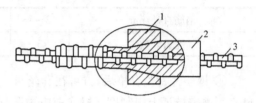

1—压模；2—钢套管；3—钢筋

图 5-2　钢筋套筒轴向挤压连接

2. 钢筋锥螺纹套筒连接

钢筋锥螺纹套筒连接是指利用锥形螺纹能承受较大的轴向力和水平力以及密封性能较好的原理，依靠机械力将钢筋连接在一起。操作时，首先用专用套丝机将钢筋的待连接端加工成锥形外螺纹；然后通过带锥形内螺纹的钢套筒将两根待接钢筋连接；最后利用力矩扳手按规定的力矩值使钢筋和连接钢套筒拧紧在一起，如图 5-3 所示。

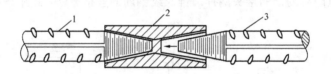

1—已连接的钢筋；2—锥螺纹套筒；3—未连接的钢筋

图 5-3　钢筋锥螺纹套筒连接

这种接头施工工艺简便，能在施工现场连接直径为 16～40 mm 的热轧 HRB335 级、HRB400 级同径和异径的竖向或水平钢筋，且不受钢筋是否带肋和含碳量的限制。它适用于一、二级抗震等级设施的工业和民用建筑钢筋混凝土结构的热轧 HRB335 级、HRB400级钢筋的连接施工，但不得用于预应力钢筋的连接。对于直接承受动荷载的结构构件，其接头还应满足抗疲劳性能等设计要求。锥螺纹连接套筒的材料宜采用 45 号优质碳素结构钢或其他经试验确认符合要求的钢材，其抗拉承载力不应小于被连接钢筋受拉承载力标准值的 1.1 倍。

（1）钢筋锥螺纹的加工要求。

① 钢筋应先调直再下料。钢筋下料可用钢筋切断机或砂轮锯,但不得用气割下料。下料时,要求切口端面与钢筋轴线垂直,端头不得挠曲或出现马蹄形。

② 加工好的钢筋锥螺纹丝头的锥度、牙形、螺距等必须与连接套的锥度、牙形、螺距一致,并应进行质量检验。内容包括锥螺纹丝头牙形检验和锥螺纹丝头锥度与小端直径检验。

③ 加工工艺:下料→套丝→用牙形规和卡规(或环规)逐个检查钢筋套丝质量→质量合格的丝头用塑料保护帽盖封,待查待用。钢筋锥螺纹的完整牙数,不得小于表5-1的规定值。

表 5-1 钢筋锥螺纹的完整牙数

钢筋直径/mm	16～18	20～22	25～28	32	36	40
完整牙数	5	7	8	10	11	12

④ 钢筋经检验合格后,方可在套丝机上加工锥螺纹。为确保钢筋的套丝质量,操作人员必须遵守持证上岗制度。操作前应先调整好定位尺,并按钢筋规格配置相对应的加工导向套。对于大直径钢筋,要分次加工到规定的尺寸,以保证螺纹的精度和避免损坏梳刀。

⑤ 钢筋套丝时,必须采用水溶性切削冷却润滑液。当气温低于 0 ℃时,应掺入 15 ％～20 ％的亚硝酸钠,不得采用机油做冷却润滑液。

（2）钢筋连接。连接钢筋之前,先回收钢筋待连接端的保护帽和连接套上的密封盖,并检查钢筋的规格是否与连接套的规格相同,检查锥螺纹丝头是否完好无损以及有无杂质。连接钢筋时,应先把已拧好连接套一端的钢筋对正轴线拧到被连接的钢筋上,然后用力矩扳手按规定的力矩值把钢筋接头拧紧,不得超拧,以防止损坏接头丝扣。拧紧后的接头应画上油漆标记,以防有的钢筋接头漏拧。锥螺纹钢筋的连接方法,如图5-4所示。

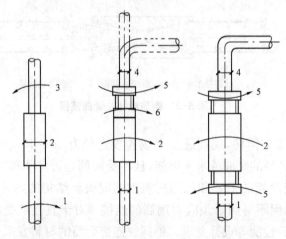

(a)同径或异径钢筋连接 (b)单向可调接头连接 (c)双向可调接头连接

1、3、4—钢筋;2—连接套筒;5—可调连接器;6—锁母

图 5-4 锥螺纹钢筋的连接方法

拧紧时要拧到规定扭矩值,待测力扳手发出指示响声时,才确认其达到了规定的扭矩值,但不得加长扳手杆来拧紧。锥螺纹接头拧紧力矩值见表 5-2。质量检验与施工安装使用的力矩扳手应分开使用,不得混用。

表 5-2　锥螺纹接头拧紧力矩值

钢筋直径/mm	16	18	20	22	25～28	32	36～40
拧紧力矩/(N·m)	118	147	177	216	275	314	343

在构件受拉区段内,同一截面连接接头数量不宜超过钢筋总数的 50%;受压区不受限制。连接头的错开间距应大于 500 mm,保护层不得小于 15 mm,钢筋间净距应大于 50 mm。

在正式安装前,要取三个试件进行基本性能试验。当有一个试件不合格时,应取双倍试件进行试验;如仍有一个不合格,则该批加工的接头为不合格,严禁在工程中使用。

连接套应有出厂合格证及质保书;每批接头的基本试验应有试验报告;连接套与钢筋应配套一致;连接套应有钢印标记。

安装完毕后,质量检测员应用自用的专用测力扳手对拧紧的力矩值加以抽检。

三、钢筋的焊接

1. 钢筋闪光对焊

闪光对焊广泛用于钢筋纵向连接及预应力钢筋与螺端杆的焊接。热轧钢筋的焊接宜优先采用闪光对焊,其次才考虑电弧焊。钢筋闪光对焊的原理是利用对焊机使两段钢筋接触,通过低电压的强电流,待钢筋被加热到一定温度变软后,进行轴向加压顶锻,形成对焊接头。

常用的钢筋闪光对焊工艺有连续闪光焊、预热闪光焊和闪光—预热—闪光焊。对 RRB400 级钢筋,有时在焊接后还进行通电热处理。通电热处理的目的是对对焊接头进行一次退火或高温回火处理,以消除热影响区产生的脆性组织,改善接头的塑性。通电热处理的方法是焊毕稍冷却后松开电极,将电极钳口调至最大距离,重新夹住钢筋,待接头冷却至暗黑色(焊后 20～30 s),进行脉冲式通电处理(频率约 2 次/s,通电 5～7 s)。待钢筋表面呈橘红色并有微小氧化斑点出现时即可。焊接不同直径的钢筋时,其截面比不宜超过 1.5。焊接参数按大直径钢筋选择并减少大直径钢筋的调伸长度。焊接时应先对大直径钢筋预热,以使两者加热均匀。负温下焊接,冷却快,易产生淬硬现象,内应力也大。为此,负温下焊接应减小温度梯度和冷却速度。为使加热均匀,增大焊件受热区,可增大调伸长度的 10%～20%,变压器级数可降低一级或两级,使加热缓慢而均匀,降低烧化速度,焊后见红区应比常温时长。

钢筋闪光对焊后,除对接头进行外观检查(无裂纹和烧伤、接头弯折不大于 3°、接头轴线偏移不大于钢筋直径的 0.1 倍,也不大于 2 mm)外,还应按《钢筋焊接及验收规程》(JGJ 18—2012)中的规定进行抗拉试验和冷弯试验。

2. 钢筋电弧焊

电弧焊利用弧焊机使焊条与焊件之间产生高温电弧,使焊条和电弧燃烧范围内的焊件熔化,待其凝固便形成焊缝或接头。电弧焊广泛用于钢筋接头、钢筋骨架焊接、装配式结构接头的焊接、钢筋与钢板的焊接及各种钢结构焊接。

钢筋电弧焊的接头形式如图 5-5 所示,主要包括搭接焊接头(单面焊缝或双面焊缝)、帮条焊接头(单面焊缝或双面焊缝)、坡口焊接头(平焊或立焊)、熔槽帮条焊接头(用于安装焊接 $d \geqslant 25$ mm 的钢筋)和窄间隙焊接头(置于 U 形铜模内)。

弧焊机有直流与交流之分,常用的为交流弧焊机。

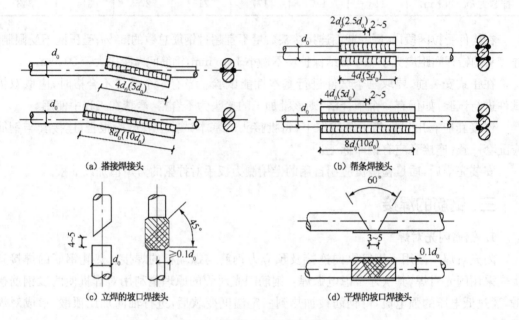

(a) 搭接焊接头　　　　　　　　　　(b) 帮条焊接头

(c) 立焊的坡口焊接头　　　　　　　(d) 平焊的坡口焊接头

图 5-5　钢筋电弧焊的接头形式

焊条的种类很多,如 E4303、E5503 等,钢筋焊接根据钢材等级和焊接接头形式选择焊条。焊条表面涂有药皮,它可保证电弧稳定,使焊缝免致氧化,并产生熔渣覆盖焊缝以减缓冷却速度,对熔池脱氧和加入合金元素可保证焊缝金属的化学成分和力学性能。

焊接电流和焊条直径根据钢筋类别、直径、接头形式和焊接位置进行选择。

搭接接头的长度、帮条的长度、焊缝的长度和高度等,规范中都有明确规定。采用帮条或搭接焊时,焊缝长度不应小于帮条或搭接长度,焊缝高度 $h \geqslant 0.3d$ 并不得小于 4 mm,焊缝宽度 $b \geqslant 0.7d$ 并不得小于 10 mm。电弧焊一般要求焊缝表面平整,无裂纹,无较大凹陷、焊瘤,无明显咬边、气孔、夹渣等缺陷。在现场安装条件下,每一层楼以 300 个同类型接头为一批,每一批选取 3 个接头进行拉伸试验。如有一个不合格,取双倍试件复验;若再有一个不合格,则该批接头不合格。如对焊接质量有怀疑或发现异常情况,还可进行非破损方式(X 射线、γ 射线、超声波探伤等)检验。

3. 钢筋电渣压力焊

钢筋电渣压力焊是将两钢筋安放成竖向对接形式,将焊接电流通过两钢筋端面间隙,利用在焊剂层下形成电弧和电渣的过程而产生的电弧热和电阻热来熔化钢筋,加压完成连接的一种焊接方法;其具有操作方便、效率高、成本低、工作条件好等特点,适用于高层建筑现浇混凝土结构施工中直径为 14～40 mm 的热轧 HPB300 级、HRB335 级钢筋的竖向或斜向(倾斜度在 4∶1 范围内)连接,但不得在竖向焊接之后将其再横置于梁、板等构件中做水平钢筋使用。

钢筋电渣压力焊具有电弧焊、电渣焊和压力焊的共同特点;其焊接过程可分为四个阶段,即引弧过程→电弧过程→电渣过程→顶压过程。其中,电弧和电渣两个过程对焊接质量有重要影响,故应根据待焊钢筋直径的大小,合理选择焊接参数。

4. 钢筋点焊

钢筋骨架或钢筋网中交叉钢筋的焊接宜采用电阻点焊,其所适用的钢筋直径和种类有:直径为 6～15 mm 的热轧 HPB300 级、HRB335 级钢筋,直径为 3～5 mm 的冷拔低碳钢丝和直径为 4～12 mm 的冷轧带肋钢筋。所用的点焊机有单点点焊机(用以焊接较粗的钢筋)、多头点焊机(用以焊接钢筋网)和悬挂式点焊机(可焊接平面尺寸大的骨架或钢筋网)。现场还可采用手提式点焊机。

点焊时,将已除锈污的钢筋交叉点放入点焊机的两电极间,使钢筋通电发热至一定温度后,加压使焊点金属焊牢。焊点应有一定的压入深度,对于热轧钢筋,压入深度为较小钢筋直径的 30%～45%;点焊冷拔低碳钢丝时,压入深度为较小钢丝直径的 30%～35%。

5. 钢筋气压焊

钢筋气压焊是采用一定比例的氧气和乙炔焰作为热源,对需要连接的两钢筋端部接缝处进行加热,使其达到热塑状态,同时对钢筋施加 30～40 MPa 的轴向压强,使钢筋顶焊在一起。该焊接方法使钢筋在还原气体的保护下,发生塑性流变后相互紧密接触,促使端面金属晶体相互扩散渗透,再结晶,再排列,形成牢固的焊接接头。这种方法设备投资少、施工安全、节约钢材和电能,不仅适用于竖向钢筋的连接,而且还适用于各种方向布置的钢筋连接。适用范围:直径为 14～40 mm 的 HPB300 级、HRB335 级和 HRB400 级钢筋(25MnSi 除外)。当不同直径的钢筋焊接时,两钢筋直径差不得大于 7 mm。

四、钢筋的加工与安装

1. 钢筋加工

(1) 钢筋除锈。钢筋的表面应洁净,油渍、浮皮铁锈等应在使用前清除干净。钢筋的除锈一般可通过以下两个途径:一是在钢筋冷拉或调直过程中除锈,二是用机械方法除锈。对钢筋的局部除锈可采用手工方法。在除锈过程中如发现钢筋表面的氧化铁浮皮鳞落现象严重并已损伤钢筋截面,或在除锈后钢筋表面有严重的麻坑、斑点伤蚀截面时,应降级使用或剔除不用。

(2) 钢筋调直。钢筋宜采用无延伸功能的机械设备进行调直,也可采用冷拉方法调直。当采用冷拉方法调直时,HPB300 级光圆钢筋的冷拉率不宜大于 4%;HRB335、HRB400、HRB500、HRBF335、HRBF400、HRBF500 及 RRB400 级有带肋钢筋的冷拉率不宜大于 1%。钢筋调直后应进行力学性能和重量偏差的检验,其强度应符合有关标准的规定。

(3) 钢筋切断。钢筋下料时必须按下料长度切断。钢筋切断可采用钢筋切断机或手动切断器,后者一般只用于切断直径小于 12 mm 的钢筋,前者可切断直径小于 40 mm 的钢筋。大于 40 mm 的钢筋常用氧乙炔焰或电弧割切。钢筋切断机有电动和液压两种,其切断刀片以圆弧形刀刃为好,它能确保钢筋断面垂直于轴线,无马蹄形或翘曲,便于钢筋进行机械连接或焊接。钢筋的长度应力求准确,其允许偏差在 10 mm 以内。在切断过程中,如发现钢筋有劈裂、缩头或严重的弯头等现象必须切除,如发现钢筋的硬度与该钢种有较大的出入,应及时向有关人员反映,并查明情况。

(4) 钢筋弯曲成型。钢筋下料后,应按弯曲设备特点、钢筋直径及弯曲角度画线,以使钢筋弯曲成设计所要求的尺寸。如弯曲钢筋两边对称,画线工作宜从钢筋中线开始向两边进行;当弯曲形状比较复杂时,可先放出实样,再进行弯曲。钢筋弯曲宜采用弯曲机和弯箍机。弯曲机可弯直径为 40 mm 以下的钢筋,对于直径小于 25 mm 的钢筋,当无弯曲机时,可采用扳钩弯曲。钢筋弯曲成型后,形状、尺寸必须符合设计要求,平面上应没有翘曲不平现象;钢筋弯曲点处不得有裂缝。

2. 钢筋安装

钢筋经配料、加工后方可进行安装。钢筋应在车间预制好后直接运到现场安装,但对于多数现浇结构,因条件不具备,不得不在现场直接成型安装。钢筋安装前,应先熟悉施工图,认真核对配料单,研究与相关工种的配合,确定施工方法。安装时,必须检查受力钢筋的品种、级别、规格和数量是否符合设计要求。钢筋安装完毕后,还应就下列内容进行检查并做好隐蔽工程记录,以便查证。

(1) 根据设计图检查钢筋的牌号、直径、根数、间距是否正确,特别要注意检查负筋的位置。

(2) 检查钢筋接头的位置及搭接长度是否符合规定。

(3) 检查混凝土保护层是否符合要求。

(4) 检查钢筋绑扎是否牢固,有无松动变形现象。

(5) 钢筋表面不允许有油渍、漆污和片状老锈现象。

五、钢筋安装质量验收

1. 主控项目

(1) 钢筋安装时,受力钢筋的牌号、规格和数量必须符合设计要求。

检查数量:全数检查。

检验方法:观察,尺量。

(2) 钢筋应安装牢固。受力钢筋的安装位置、锚固方式应符合设计要求。

检查数量:全数检查。

检验方法:观察,尺量。

2. 一般项目

钢筋安装偏差及检验方法应符合表 5-3 的规定,受力钢筋保护层厚度的合格点率应达到 90％ 以上,且不得有超过表中数值 1.5 倍的尺寸偏差。

检查数量:同一检验批内,对梁、柱和独立基础,应抽查构件数量的 10％,且不应少于 3 件;对墙和板,应按有代表性的自然间抽查 10％,且不应少于 3 间;对大空间结构,墙可按相邻轴线间高度 5 m 左右划分检查面,板可按纵、横轴线划分检查面,抽查 10%,且均不应少于 3 面。

表 5-3　钢筋安装允许偏差和检验方法

项目		允许偏差/mm	检验方法
绑扎钢筋网	长、宽	±10	尺量
	网眼尺寸	±20	尺量连续三挡,取最大偏差值
绑扎钢筋骨架	长	±10	尺量
	宽、高	±5	尺量
纵向受力钢筋	锚固长度	−20	尺量
	间距	±10	尺量两端、中间各一点,取最大偏差值
	排距	±5	
纵向受力钢筋、箍筋的混凝土保护层厚度	基础	±10	尺量
	柱、梁	±5	尺量
	板、墙、壳	±3	尺量
绑扎箍筋、横向钢筋间距		±20	尺量连续三挡,取最大偏差值
钢筋弯起点位置		±20	尺量
预埋件	中心线位置	±5	尺量
	水平高差	+3,0	塞尺量测

注:检查中心线位置时,沿纵、横两个方向量测,并取其中偏差的较大值。

<h1 style="text-align:center">第二节　混凝土工程</h1>

一、混凝土配制强度的确定

结构工程中所用的混凝土是以胶凝材料、粗细集料、水,按照一定配合比拌和而成的混合材料。另外,根据需要,还要向混凝土中掺加外加剂和外掺合料以改善混凝土的某些性能。因此,混凝土的原材料除胶凝材料、粗细集料和水外,还有外加剂、外掺合料(常用的有粉煤灰、硅粉、磨细矿渣等)。

在配制混凝土时,除应保证结构设计对混凝土强度等级的要求外,还应保证施工对混凝土和易性的要求,并应遵循合理使用材料、节约胶凝材料的原则,必要时还应满足抗冻性、抗渗性等的要求。

为了使混凝土的强度保证率达到 95% 的要求,在进行配合比设计时,必须使混凝土的配制强度 $f_{cu,0}$ 高于设计强度 $f_{cu,k}$。《普通混凝土配合比设计规程》(JGJ 55—2011)要求,混凝土配制强度 $f_{cu,0}$ 按下列规定确定:

(1)当混凝土的设计强度等级小于 C60 时,配制强度应按下式计算:

$$f_{cu, 0} \geqslant f_{cu, k} + 1.645\sigma \tag{5-1}$$

式中：$f_{cu, 0}$ 为混凝土配制强度（MPa）；$f_{cu, k}$ 为混凝土设计强度等级值（MPa）；σ 为混凝土强度标准差（MPa）。

混凝土强度标准差 σ 的确定方法如下：

当具有近 1～3 个月的同一品种、同一强度等级混凝土的强度资料时，σ 应按下式计算：

$$\sigma = \sqrt{\dfrac{\sum\limits_{i=1}^{n} f_{cu, i}^2 - n m_{f_{cu}}^2}{n-1}} \tag{5-2}$$

式中：n 为试件组数（$\geqslant 30$）；$f_{cu, i}$ 为第 i 组试件的抗压强度（MPa）；$m_{f_{cu}}$ 为 n 组试件抗压强度的算术平均值（MPa）。

对于强度等级不大于 C30 的混凝土：当 σ 计算值不小于 3.0 MPa 时，应按式（5-2）的计算结果取值；当 σ 计算值小于 3.0 MPa 时，σ 应取 3.0 MPa。对于强度等级大于 C30 且小于 C60 的混凝土：当 σ 计算值不小于 4.0 MPa 时，应按式（5-2）的计算结果取值；当 σ 计算值小于 4.0 MPa 时，σ 应取 4.0 MPa。

当没有近期的同一品种、同一强度等级混凝土的强度资料时，σ 可按表 5-4 取值。

表 5-4　混凝土强度标准差 σ

混凝土强度等级	$\leqslant$C20	C25～C45	C50～C55
σ/MPa	4.0	5.0	6.0

（2）当混凝土的设计强度等级不小于 C60 时，配制强度应按下式计算：

$$f_{cu, 0} \geqslant 1.15 f_{cu, k} \tag{5-3}$$

二、混凝土的施工配料

1. 混凝土施工配合比

混凝土的配合比是在实验室根据混凝土的配制强度经过试配和调整而确定的，称为实验室配合比。实验室配合比所用的粗、细集料都是不含水分的，而施工现场的粗、细集料都有一定的含水量，且含水量随温度等条件不断变化。为保证混凝土的质量，施工中应按粗、细集料的实际含水量对原配合比进行调整。混凝土施工配合比是指根据施工现场集料含水的情况，对以干燥集料为基准的"设计配合比"进行修正后得出的配合比。

假定工地上测出砂的含水量为 $a\%$，石子的含水量为 $b\%$，则施工配合比（kg）为

胶凝材料（m_b'）：$m_b' = m_b$；

粗集料（m_g'）：$m_g' = m_g(1 + b\%)$；

细集料（m_s'）：$m_s' = m_s(1 + a\%)$；

水（m_w'）：$m_w' = m_w + m_g b\% - m_s a\%$。

施工配料是确定每拌一次所需的各种原材料数量，它根据施工配合比和搅拌机的出料

容量计算。

2. 材料称量

施工配合比确定以后,需对材料进行称量,称量是否准确将直接影响混凝土的强度。为严格控制混凝土的配合比,搅拌混凝土时,应根据计算出的各组成材料的一次投料量,采用重量准确投料;其重量偏差不得超过以下规定:胶凝材料、外掺混合材料为±2%;粗、细集料为±3%;水、外加剂溶液为±2%。各种衡量器应定期校验,总是保持准确。集料含水量应经常测定,雨天施工时,应增加测定次数。

三、混凝土的搅拌

混凝土搅拌就是将水、胶凝材料和粗细集料进行均匀拌和及混合的过程。通过搅拌,使材料达到塑化、强化的作用。

1. 搅拌方法

混凝土搅拌方法有人工搅拌和机械搅拌两种。

(1) 人工搅拌。人工搅拌一般采用"三干三湿"法,即先将水泥加入砂中干拌两遍,再加入石子翻拌一遍,搅拌均匀后,边缓慢加水,边反复湿拌三遍,以达到石子与水泥浆无分离现象为准。同等条件下,人工搅拌要比机械搅拌多消耗10%～15%的水泥,且拌和质量差,故只有在混凝土用量不大而又缺乏机械设备时才会采用。

(2) 机械搅拌。目前普遍使用的搅拌机根据其搅拌机理,可分为自落式搅拌机和强制式搅拌机两大类。

2. 搅拌机的选择

(1) 自落式搅拌机。自落式搅拌机的搅拌鼓筒是垂直放置的。随着鼓筒的转动,叶片不断将混凝土拌合物提高,然后利用物料的自重自由下落,达到均匀拌和的目的。自落式搅拌机多用于搅拌塑性混凝土和低流动性混凝土。筒体和叶片磨损较小,易于清理,但动力消耗大、效率低。搅拌时间一般为90～120 s,目前逐渐被强制式搅拌机所取代。

(2) 强制式搅拌机。强制式搅拌机的鼓筒是水平放置的,其本身不转动。筒内有两组叶片,搅拌时叶片绕竖轴旋转,将材料强行搅拌,直至搅拌均匀。这种搅拌机的搅拌作用强烈,适宜于搅拌各种混凝土,具有搅拌质量好、速度快、工作效率高、操作简便及安全等优点。

3. 搅拌制度的确定

为了获得均匀优质的混凝土拌合物,除合理选择搅拌机的型号外,还必须正确地确定搅拌制度,包括搅拌机的转速、搅拌时间、装料容积及投料顺序等。

(1) 搅拌机转速。对于自落式搅拌机,如果转速过高,混凝土拌合料会在离心力的作用下吸附于筒壁不能自由下落;如果转速过低,既不能充分拌和,又将降低搅拌机的工作效率。

对于强制式搅拌机,虽不受重力和离心力的影响,但其转速也不能过大,否则将会加速机械的磨损,同时,也易使混凝土拌合物产生分层离析现象。所以,强制式搅拌机叶片的转速一般为30 r/min。

（2）装料容积。装料容积是指搅拌一罐混凝土所需的各种原材料松散体积之和。一般来说，装料容积是搅拌机拌筒几何容积的 1/3～1/2，强制式搅拌机可取上限，自落式搅拌机可取下限。若实际装料容积超过定额装料容积的一定数值，则各种原材料不易拌和均匀，势必延长搅拌时间，降低搅拌机的工作效率，而且也不易保证混凝土的质量；当然装料容积也不必过小，否则将会降低搅拌机的工作效率。

搅拌完毕的混凝土的体积称为出料容积，一般为搅拌机装料容积的 0.55～0.75。目前，搅拌机上标明的容积一般为出料容积。

（3）投料顺序。在确定混凝土各种原材料的投料顺序时，应考虑如何才能保证混凝土的搅拌质量，减少机械磨损和水泥飞扬，减少混凝土的粘罐现象，降低能耗和提高劳动生产率等。

混凝土拌合物可采用人工拌和或机械搅拌两种方式。用人工拌和时的加料顺序是先将水泥加入砂中干拌两遍，再加入石子干拌一遍，然后加水湿拌至颜色均匀即可。人工拌和质量差、水泥消耗量多，故只有在工程量很小时才采用人工拌和的方式。机械搅拌时采用的投料顺序有一次投料法、二次投料法等。

① 一次投料法。一次投料法是目前施工现场广泛使用的一种方法，也就是将砂、水泥、石子等依次放入料斗后再加水一起送入搅拌筒进行搅拌。这种方法施工工艺简单、操作方便；其投料顺序是：先倒砂，再倒水泥，然后倒入石子，将水泥夹于砂石之间。这样，生料无论在料斗内或进入筒体，首先接触搅拌机内表面或搅拌叶片的是砂或石，不会引起粘结现象，而且水泥不飞扬。最后加水搅拌，就不会使水泥吸水成团，产生"夹生"现象。

因为最初开始搅拌时，筒壁要粘附一部分水泥浆，所以许多工地在拌第一盘混凝土时，往往只加规定石子重量的一半，称为"减半石混凝土"。当使用粉状掺合料时，掺合料应和水泥同时进入搅拌机，搅拌时间相应增加 50%～100%；当使用外加剂时，为保证混凝土拌合物的匀质性，必须先用水稀释，与水同时间、同方向加入搅拌筒内，搅拌时间也应增加 50%～100%。

② 二次投料法。二次投料法又可分为预拌水泥砂浆法和预拌水泥净浆法。预拌水泥砂浆法是指先将水泥、砂和水投入搅拌筒搅拌 1～1.5 min 后，加入石子再搅拌 1～1.5 min。预拌水泥净浆法是先将水和水泥投入搅拌筒搅拌 1/2 的搅拌时间，再加入砂、石子搅拌到规定时间。试验表明：由于预拌水泥砂浆或水泥净浆对水泥有一种活化作用，因此，搅拌质量明显高于一次投料法。若水泥用量不变，混凝土强度可提高 15%左右；或在混凝土强度相同的情况下，减少水泥用量约 15%。

当采用强制式搅拌机搅拌轻集料混凝土时，若轻集料在搅拌前已经预湿，则合理的加料顺序是：先加粗、细集料和水泥搅拌 30 s，再加水继续搅拌到规定的时间；若在搅拌前轻集料未经润湿，则先加粗、细集料和总用水量的 1/2 搅拌 60 s 后，再加水泥和剩余水搅拌到规定的时间。

（4）搅拌时间。搅拌时间是指从全部材料投入搅拌筒中算起，到开始卸料为止所经历的时间。它与搅拌质量密切相关：搅拌时间过短，混凝土不均匀，强度及和易性将下降；搅拌时间过长，不但降低搅拌的生产效率，同时会使不坚硬的粗集料在大容量搅拌机中因脱角、破碎等而影响混凝土的质量。对于加气混凝土,也会因搅拌时间过长而使所含气泡减少。混凝土搅拌的最短时间见表 5-5。

表 5-5　混凝土搅拌的最短时间

序号	混凝土坍落度/mm	搅拌机机型	搅拌机出料量/L		
			<250	250～500	>500
1	≤40	强制式	60	90	120
	>40 且<100	强制式	60	60	90
2	≥100	强制式	60	60	60

注:混凝土搅拌的最短时间是指自全部材料装入搅拌筒中算起,到开始卸料为止的时间。

四、混凝土的浇筑

1. 混凝土浇筑前的准备工作

混凝土浇筑前,应对模板、钢筋、支架和预埋件进行检查。检查模板的位置、标高、尺寸、强度和刚度是否符合要求,接缝是否严密,预埋件位置和数量是否符合图纸要求。

检查钢筋的规格、数量、位置、接头和保护层厚度是否正确;清理模板上的垃圾和钢筋上的油污,并浇水湿润木模板;最后填写隐蔽工程记录。

2. 混凝土的浇筑

混凝土浇筑前不应发生离析或初凝现象,如已发生,须重新搅拌。混凝土运至现场后,其坍落度应满足表 5-6 的要求。

表 5-6　混凝土浇筑时的坍落度

序号	结构种类	坍落度/mm
1	基础或地面等的垫层、无配筋的厚大结构(挡土墙、基础或厚大的块体等)和配筋稀疏的结构	10～30
2	板、梁和大中型截面的柱子等	30～50
3	配筋密列的结构(薄壁、斗仓、筒仓、细柱等)	50～70
4	配筋特密的结构	70～90

注:(1) 本表是指采用机械振捣的坍落度,采用人工捣实时可适当增大;(2) 需要配制大坍落度混凝土时,应掺入外加剂;(3) 曲面或斜面结构的混凝土,其坍落度值应根据实际需要另行选定;(4) 轻集料混凝土的坍落度,宜比表中数值减少 10～20 mm;(5) 自密实混凝土的坍落度另行规定。

当混凝土自高处倾落时,其自由倾落高度不宜超过 2 m;若混凝土自由倾落高度超过 2 m,则应设溜槽、串筒或振动串筒等,如图 5-6 所示。

混凝土的浇筑工作,应尽可能连续进行。混凝土的浇筑应分段、分层连续进行,随浇随捣。混凝土浇筑层的厚度应符合表 5-7 的规定。在竖向结构中浇筑混凝土时,不得发生离析现象。

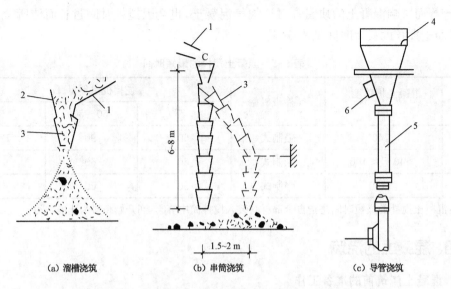

（a）溜槽浇筑　　　　　（b）串筒浇筑　　　　　（c）导管浇筑

1—溜槽；2—挡板；3—串筒；4—漏斗；5—节管；6—振动器

图 5-6　溜槽与串筒

表 5-7　混凝土浇筑层厚度　　　　　　　　　　　单位：mm

捣实混凝土的方法		浇筑层的厚度
插入式振捣		振捣器作用部分长度的 125 倍
表面振动		200
人工捣固	在基础、无筋混凝土或配筋稀疏的结构中	250
	在梁、墙板、柱结构中	200
	在配筋密列的结构中	150
轻集料混凝土	插入式振捣	300
	表面振动（振动时需加载）	200

3. 施工缝的留设与处理

由于技术或施工组织上的原因，不能对混凝土结构一次连续浇筑完毕，而必须停歇较长的时间，其停歇时间已超过混凝土的初凝时间，致使混凝土已初凝，当继续浇混凝土时，形成了接缝，即为施工缝。

（1）施工缝的留设位置。施工缝设置的原则，一般宜留在结构受力（剪力）较小且便于施工的部位。柱子的施工缝宜留在基础与柱子交接处的水平面上，或梁的下面，或吊车梁牛腿的下面、吊车梁的上面、无梁楼盖柱帽的下面，如图 5-7 所示。

高度大于 1 m 的钢筋混凝土梁的水平施工缝，应留在楼板底面以下 20～30 mm 处，当板下有梁托时，留在梁托下部；单向平板的施工缝，可留在平行于短边的任何位置处；对于有主次梁的楼板结构，宜顺着次梁方向浇筑，施工缝应留在次梁跨度中间 1/3 范围内，如图 5-8 所示。

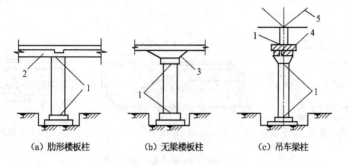

(a) 肋形楼板柱　　　　(b) 无梁楼板柱　　　　(c) 吊车梁柱

1—施工缝;2— 梁;3—柱帽;4—吊车梁;5—屋架

图 5-7　柱子施工缝的位置

（2）施工缝的处理。施工缝处继续浇筑混凝土时，应待混凝土的抗压强度不小于 1.2 MPa 方可进行。施工缝浇筑混凝土之前，应除去施工缝表面的水泥薄膜、松动石子和软弱的混凝土层，并加以充分湿润和冲洗干净，不得有积水。浇筑时，施工缝处宜先铺水泥浆（水泥：水＝1：0.4），或与混凝土成分相同的水泥砂浆一层，厚度为 30～50 mm，以保证接缝的质量。浇筑过程中，施工缝应细致捣实，使其紧密结合。

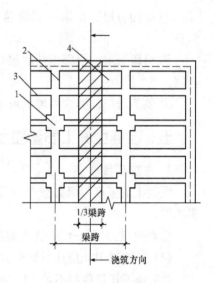

1—柱;2—主梁;3—次梁;4—板

图 5-8　有梁板的施工缝位置

4. 混凝土的浇筑方法

（1）多层钢筋混凝土框架结构的浇筑。浇筑框架结构首先要划分施工层和施工段，施工层一般按结构层划分，而每一施工层中施工段的划分，则要考虑工序数量、技术要求、结构特点等。混凝土的浇筑顺序：先浇捣柱子，在柱子浇筑完毕后，停歇 1～1.5 h，使混凝土达到一定强度后，再浇筑梁和板。

（2）大体积钢筋混凝土结构的浇筑。大体积钢筋混凝土结构多为工业建筑中的设备基础及高层建筑中厚大的桩基承台或基础底板等；其特点是混凝土浇筑面和浇筑量大，整体性要求高，不能留施工缝，以及浇筑后水泥的水化热量大且聚集在构件内部，形成较大的内外温差，易造成混凝土表面产生收缩裂缝等。

为保证混凝土浇筑工作连续进行，不留施工缝，应在下一层混凝土初凝之前，将上一层混凝土浇筑完毕。要求混凝土按不小于下述的浇筑量进行浇筑：

$$Q = \frac{FH}{T} \tag{5-4}$$

式中：Q 为混凝土最小浇筑量（m³/h）；F 为混凝土浇筑区的面积（m²）；H 为浇筑层厚度（m）；T 为浇筑层混凝土从开始浇筑到初凝所允许的时间间隔（h）。

大体积钢筋混凝土结构的浇筑方案，一般分为全面分层、分段分层和斜面分层三种，如

图 5-9 所示。

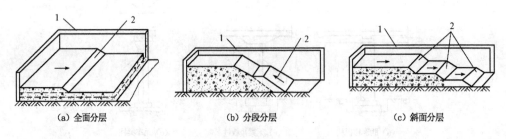

(a) 全面分层　　　　　　(b) 分段分层　　　　　　(c) 斜面分层

1—模板；2—新浇筑的混凝土

图 5-9　大体积混凝土浇筑方案

① 全面分层。在第一层浇筑完毕后,再回头浇筑第二层,如此逐层浇筑,直至完工为止。

② 分段分层。混凝土从底层开始浇筑,进行 2~3 m 后再回头浇第二层,同样依次浇筑各层。

③ 斜面分层。要求斜坡坡度不大于 1/3,适用于结构长度大大超过厚度 3 倍的情况。

五、混凝土施工质量验收

1. 主控项目

混凝土的强度等级必须符合设计要求。用于检验混凝土强度的试件应在浇筑地点随机抽取。

检查数量:对同一配合比的混凝土,取样与试件留置应符合下列规定:

(1) 每拌制 100 盘且不超过 100 m³ 时,取样不得少于一次;

(2) 每工作班拌制不足 100 盘时,取样不得少于一次;

(3) 连续浇筑超过 1 000 m³ 时,每 200 m³ 取样不得少于一次;

(4) 每一楼层取样不得少于一次;

(5) 每次取样应至少留置一组试件。

检验方法:检查施工记录及混凝土强度试验报告。

2. 一般项目

(1) 后浇带的留设位置应符合设计要求。后浇带和施工缝的留设及处理方法应符合施工方案要求。

检查数量:全数检查。

检验方法:观察。

(2) 混凝土浇筑完毕后应及时进行养护,养护时间以及养护方法应符合施工方案要求。

检查数量:全数检查。

检验方法:观察,检查混凝土养护记录。

第三节　钢筋混凝土预制构件

一、钢筋混凝土预制构件的基本知识

发展预制构件是建筑工业化的重要措施之一。预制构件包括尺寸和重量大的构件的施工现场就地制作,定型化的中小型构件预制厂(场)制作。

施工现场就地制作构件,为节省木模板的材料,可用土胎膜或砖胎膜。屋架、柱子、桩等大型构件可平卧叠浇,即利用已预制好的构件作底板,沿构件两侧安装模板再浇制上层构件。上层构件的模板安装和混凝土浇筑,需待下层构件的混凝土强度达到 5 MPa 后方可进行。在构件之间应涂抹隔离剂以防混凝土粘结。

现场制作空心构件(空心柱等),为形成孔洞,除用木内模外,还可用胶囊充以压缩空气作内模,待混凝土初凝后,将胶囊放气抽出,便形成圆形和椭圆形等孔洞。胶囊是用纺织品(锦纶布、帆布)和橡胶加工成胶布,再用氯丁粘胶冷粘而成。胶囊内的气压根据气温、胶囊尺寸和施工外力而定,以保证几何尺寸的准确。制作空心柱用的 $\phi 250$ mm 胶囊,充气压强为 $0.05 \sim 0.07$ MPa。

二、构件制作的工艺方案

1. 台座法

台座是表面光滑平整的混凝土地坪、胎膜或混凝土槽。构件的成型、养护、脱模等生产过程都在台座上同一地点进行。构件在整个生产过程中固定在一个地方,而操作工人和生产机具则按顺序从一个构件移至另一个构件,来完成各项生产过程。

用台座法生产构件具有设备简单和投资少的优点。但占地面积大,机械化程度较低,生产受气候影响。设法缩短台座的生产周期是提高生产率的重要手段。

2. 机组流水法

首先将整个车间根据生产工艺的要求划分为几个工段,每个工段皆配备相应的工人和机具设备,构件的成型、养护、脱模等生产过程分别在有关的工段循序完成。生产时,构件随同模板沿着工艺流水线,借助于起重运输设备,从一个工段移至下一个工段,分别完成各个有关的生产过程,而操作工人的工作地点是固定的。构件随同模板在各工段停留的时间长短皆不同,此法生产效率比台座法高,机械化程度较高,占地面积小;但建厂投资较大,生产过程中运输繁多,宜于生产定型的中小型构件。

3. 传送带流水法

用此法生产,模板在一条呈封闭环形的传送带上移动,生产工艺中的各个生产过程(如清理模板、涂刷隔离剂、排放钢筋、预应力筋张拉、浇筑混凝土等)都是在沿传送带循序分布的各个工作区中进行。生产时,模板沿着传送带有节奏地从一个工作区移至下一个工作区,而各工作区要求在相同的时间内完成各自有关的生产过程,以此保证有节奏地连续生产。此法是目前最先进的工艺方案,生产效率高,机械化、自动化程度高,但设备复杂,投资大,宜于大型预制厂大批量生产定型构件。

第四节　混凝土结构工程施工的安全技术

一、模板施工的安全技术

（1）进入施工现场的人员必须戴好安全帽,高空作业人员必须佩戴并系牢安全带。

（2）经医生检查认为不适宜高空作业的人员,不得进行高空作业。

（3）工作前应先检查使用的工具是否牢固,扳手等工具必须用绳链系挂在身上,以免掉落伤人。工作时要思想集中,防止钉子扎脚和空中滑落。

（4）安装与拆除5 m以上的模板,应搭脚手架,并设防护栏,防止上下在同一垂直面操作。

（5）高空、复杂结构模板的安装与拆除,事先应有切实的安全措施。

（6）遇六级以上大风时,应暂停室外的高空作业;雪霜雨后应先清扫施工现场,略干后不滑时再进行工作。

（7）两人抬运模板时要互相配合、协同工作。传递模板、工具时,应用运输工具或绳子系牢后升降,不得乱扔。装拆时,上下应有接应,钢模板及配件应随装随拆运送,严禁从高处掷下。高空拆模时,应有专人指挥,并在下面标出工作区,用绳子和红白旗加围栏,禁止人员过往。

（8）不得在脚手架上堆放大批模板等材料。

（9）支撑、牵杠等不得搭在门框架和脚手架上。通路中间的斜撑、拉杠等应设在1.8 m高以上。

（10）支模过程中,如需中途停歇,应将支撑、搭头、柱头板等钉牢。拆模间歇应将已活动的模板、牵杠等运走或妥善堆放,防止因扶空、踏空而坠落。

（11）模板上有预留洞者,应在安装后将洞口盖好。混凝土板上的预留洞,应在模板拆除后随即将洞口盖好。

（12）拆除模板一般用长撬棍,人不许站在正在拆除的模板上。在拆除楼板模板时,要注意防止整块模板掉下,尤其是用定型模板做平台模板时更要注意,拆模人员要站在门窗洞口外拉支撑,防止模板突然全部掉落伤人。

（13）在组合钢模板上架设电线和使用电动工具,应用36 V低压电源或采取其他有效措施。

二、钢筋加工的安全技术

1. 夹具、台座、机械的安全要求

（1）机械的安装必须坚实稳固,保持水平位置。固定式机械应有可靠的基础,移动式机械作业时应楔紧行走轮。

（2）外作业应设置机棚,机棚应有堆放原料及半成品的场地。

（3）使用较长的钢筋时,应有专人帮扶,并听从操作人员指挥,不得随意推拉。

（4）作业后，应堆放好成品、清理场地、切断电源、锁好电闸。钢筋进行冷拉、冷拔及预应力筋加工，还应严格地遵守有关规定。

2. 焊接必须遵循的规定

（1）焊机必须接地，以保证操作人员的安全；对于焊接导线及焊钳接导线处，都应可靠地绝缘。

（2）大量焊接时，焊接变压器不得超负荷，变压器升温不得超过 60 ℃。

（3）点焊、对焊时，必须开放冷却水，焊机出水温度不得超过 40 ℃，排水量应符合要求。天冷时应放尽焊机内存水，以免冻塞。

（4）对焊机闪光区域，须设铁皮隔挡。焊接时禁止其他人员停留在闪光区范围内，以防被焊接时产生的火花烫伤。焊机工作范围内严禁堆放易燃物品，以免引起火灾。

（5）室内电弧焊时，应有排气装置。焊工操作地点相互之间应设挡板，以防弧光刺伤眼睛。

三、混凝土施工的安全技术

1. 垂直运输设备的规定

（1）垂直运输设备，应有完善可靠的安全保护装置（如起重量及提升高度的限制、制动、防滑、信号等装置及紧急开关等），严禁使用安全保护装置不完善的垂直运输设备。

（2）垂直运输设备安装完毕后，应按出厂说明书的要求进行无负荷、静负荷、动负荷试验及安全保护装置中的可靠性试验。

（3）对垂直运输设备应建立定期检修和保养责任制。

（4）操作垂直运输设备的司机，必须通过专业培训，考核合格后持证上岗，严禁无证人员操作垂直运输设备。

2. 混凝土机械

（1）混凝土搅拌机的安全规定。

① 进料时，严禁将头或手伸入料斗与机架之间察看或探摸进料情况，运转中不得用手或工具等物体伸入搅拌筒内扒料出料。

② 料斗升起时，严禁在其下方工作或穿行。料坑底部要设料枕垫，清理料坑时必须将料斗用链条扣牢。

③ 向搅拌筒内加料应在运转中进行；添加新料必须先将搅拌机内原有的混凝土全部卸出来才能进行。不得中途停机或在满载荷时启动搅拌机，反转出料者除外。

④ 作业中，如发生故障不能继续运转时，应立即切断电源，将筒内的混凝土清除干净，然后进行检修。

（2）混凝土喷射机作业安全注意事项。

① 机械操作和喷射操作人员应密切联系，如有送风、加料、停机以及发生堵塞等情况时，应相互协调配合。

② 在喷嘴的前方或左右 5 m 范围内不得站人，工作停歇时，喷嘴不准对向有人的方向。

③ 作业中，如暂停时间超过 1 h，则必须将仓内及输料管内的干混合料（不加水）全部

喷出。

④ 如输料软管发生堵塞时,可用木棍轻轻敲打外壁,如敲打无效,可将胶管拆卸用压缩空气吹通。

⑤ 转移作业面时,供风、供水系统也随之移动,输料管不得随地拖拉和折弯。

⑥ 作业后,必须将仓内和输料软管内的干混合料(不加水)全部喷出,再将喷嘴拆下清洗干净,并清除喷射机粘附的混凝土。

(3) 混凝土泵送设备作业的安全要求。

① 支腿应全部伸出并支固,未支固前不得启动布料杆。布料杆升离支架后方可回转。布料杆伸出时应按顺序进行。严禁用布料杆起吊或拖拉物件。

② 当布料杆处于全伸状态时,严禁移动车身。作业中需要移动时,应将上段布料杆折叠固定,移动速度不超过 10 km/h。布料杆不得使用超过规定直径的配管,装接的软管应系防脱安全绳带。

③ 应随时监视各种仪表和指示灯,发现不正常应及时调整或处理。如出现输送管道堵塞时,应进行逆向运转使混凝土返回料斗,必要时可拆管排除堵塞。

④ 泵送工作应连续作业,必须暂停时应每隔 5～10 min(冬期 3～5 min)泵送一次。若停止较长时间后泵送时,应逆向运转一至两个行程,然后顺向泵送。泵送时,料斗内应保持一定量的混凝土,不得吸空。

⑤ 应保持储满清水,发现水质混浊并有较多砂粒时应及时检查处理。

⑥ 泵送系统受压力时,不得开启任何输送管道和液压管道。液压系统的安全阀不得任意调整,蓄能器只能充入氮气。

(4) 混凝土振捣器的使用规定。

① 使用前应检查各部件是否连接牢固,旋转方向是否正确。

② 振捣器不得放在初凝的混凝土、地板、脚手架、道路和干硬的地面上进行试振。维修或作业间断时,应切断电源。

③ 插入式振捣器软轴的弯曲半径不得小于 50 cm,并不多于两个弯。操作时,振动棒应自然垂直地沉入混凝土中,不得用力硬插、斜推或使钢筋夹住棒头,也不得全部插入混凝土中。

④ 振捣器应保持清洁,不得有混凝土粘结在电动机外壳上妨碍散热。

⑤ 作业转移时,电动机的导线应保持足够的长度和松度。严禁用电源线拖拉振捣器。

⑥ 用绳拉平板振捣器时,绳应干燥绝缘,移动或转向时不得用脚踢电动机。

⑦ 振捣器与平板应保持紧固,电源线必须固定在平板上,电器开关应装在手把上。

⑧ 在一个构件上同时使用几台附着式振捣器工作时,所有振捣器的频率必须相同。

⑨ 操作人员必须穿戴绝缘手套。

⑩ 作业后,必须做好清洗、保养工作。振捣器要放在干燥处。

四、混凝土施工实例

1. 工程概况

某车间,跨度 18 m,长 60 m,柱距 6 m,共 10 个节间,现浇杯形基础。主要承重结构采用装配式钢筋混凝土"工"字形柱,预应力混凝土折线形屋架,1.5 m×6 m 的大型屋面板,T形吊车梁。试确定单层工业厂房杯形基础施工方案。

2. 施工方案

(1) 施工程序。

杯形基础的施工程序是:放线→支下阶模板→安放钢筋网片→支上阶模板及杯口模→浇捣混凝土、修整、养护等。

(2) 施工方法。

① 放线、支模、绑扎钢筋按常规方法施工。

② 浇捣混凝土施工方法如下:

a. 整个杯形基础要一次浇捣完成,不允许留设施工缝。混凝土分层浇筑厚度一般为25～30 cm,并应凑合在基础台阶变化部位。每层混凝土要一次卸足,用拉耙、铁锹配合拉平,顺序是先边角后中间。下料时,锹背应向模板,使模板侧面砂浆充足;浇筑至表面时锹背应向上。

b. 混凝土振捣应用插入式振动器,每一插点振捣时间一般为 20～30 s。插点布置宜为行列式。当浇捣到斜坡时,为减少或避免下阶混凝土落入基坑,四周 20 cm 范围内可不必摊铺,振捣时如有不足可随时补加。

c. 为防止台阶交角处出现"吊脚"现象(上阶与下阶混凝土脱空),应采取以下技术措施:

在下阶混凝土浇捣下沉 2～3 cm 后暂不填平,继续浇捣上阶。先用铁锹沿上阶模底圈做混凝土内、外坡,然后再浇筑上阶,外坡混凝土在上阶振捣过程中自动摊平,待上阶混凝土浇捣后,再将下阶混凝土齐侧模上口拍实抹平。

浇捣完下阶后拍平表面,在下阶侧模外先压上 20 cm×10 cm 的压角混凝土并加以捣实,再继续浇捣上阶,待压角混凝土接近初凝时,将其铲掉重新搅拌利用。

d. 为了保证杯形基础杯口底标高的正确,宜先将杯口底混凝土振实,再振捣杯口模四周外的混凝土,振捣时间尽可能缩短,并应两侧对称浇捣,以免杯口模挤向一侧或由于混凝土泛起而使杯口模上升。

本工程中的高杯口基础可采用后安装杯口模的方法,即当混凝土浇捣到接近杯口底时,再安装杯口模后继续浇捣。

e. 基础混凝土浇捣完毕后,还要进行铲填、抹光工作。铲填由低处向高处、铲高填低,并用直尺检验斜坡是否准确,坡面如有不平,应加以修整,直到外形符合要求为止。接着用铁抹子拍抹表面,把凸起的石子拍平,然后由高处向低处加以压光。拍一段,抹一段,随拍随抹。局部砂浆不足,应随时补浆。为了提高杯口模的周转率,可在混凝土初凝后、终凝前将杯口模拔出。当混凝土强度达到设计强度等级 25% 时,即可拆除侧模。

f. 本基础工程采用自然养护的方法,严格执行硅酸盐水泥拌制的混凝土的养护洒水的规定。

本章小结

　　本章主要介绍了钢筋工程、混凝土工程、钢筋混凝土预制构件、混凝土结构工程施工的安全技术等内容。钢筋工程包括钢筋的分类、机械连接、焊接、加工与安装、质量验收等内容。混凝土工程包括混凝土配置强度的确定、施工配料、搅拌、浇筑、质量验收等内容。根据各工地实际情况进行现场混凝土施工配料，控制好搅拌时间是搅拌混凝土的关键，对提高混凝土的质量有重要意义。钢筋混凝土预制构件包括钢筋混凝土预制构件的基本知识、构件制作的工艺方案等内容。混凝土结构工程施工的安全技术包括模板施工、钢筋加工、混凝土施工的安全技术等内容。

复习思考题

一、填空题

1. 钢筋混凝土结构中常用的钢材有(　　)和(　　)两类。

2. (　　)是利用混凝土的粘结锚固作用，实现两根锚固钢筋的应力传递。

3. 热轧钢筋的焊接宜优先采用(　　)，其次才考虑电弧焊。

二、单选题

1. 钢筋接头宜设置在受力较小处，同一纵向受力钢筋不宜设置两个或两个以上接头，接头末端至钢筋弯起点的距离不应小于钢筋直径的(　　)倍。

A. 5　　　　　　　　B. 10　　　　　　　　C. 15　　　　　　　　D. 20

2. 钢筋焊接根据(　　)和焊接接头形式选择焊条。

A. 钢材成分　　　B. 钢材材质　　　　C. 钢材等级　　　　D. 钢材软硬

3. (　　)具有电弧焊、电渣焊和压力焊的共同特点。

A. 钢筋点焊　　　　　　　　　　　　B. 钢筋电渣压力焊

C. 钢筋气压焊　　　　　　　　　　　D. 钢筋闪光对焊

4. (　　)后应进行力学性能和重量偏差的检验，其强度应符合有关标准的规定。

A. 钢筋除锈　　　B. 钢筋弯曲成型　　C. 钢筋切断　　　　D. 钢筋调直

三、简答题

1. 什么是钢筋的机械连接？它有哪些特点？

2. 钢筋闪光对焊的原理是什么？

第六章 预应力混凝土工程

了解预应力混凝土的概念和分类;掌握先张法预应力混凝土、后张法有粘结预应力混凝土、后张法无粘结预应力混凝土的施工工艺;熟悉后张法缓粘结预应力混凝土的施工工艺,了解电张法预应力混凝土的施工步骤,掌握预应力混凝土工程施工安全注意事项。

能够完成先张法预应力混凝土、后张法有粘结预应力混凝土、后张法无粘结预应力混凝土的施工;能够对预应力混凝土工程施工安全问题进行处理。

预应力混凝土是为了弥补混凝土过早出现裂缝的现象,在构件使用(加载)以前,预先给混凝土一个预压力,即在混凝土的受拉区内,用人工加力的方法,将钢筋进行张拉,利用钢筋的回缩力,使混凝土受拉区预先受压力。这种储存下来的预加压力,当构件承受由外荷载产生的拉力时,首先抵消受拉区混凝土中的预压力,然后随荷载增加,才使混凝土受拉,这就限制了混凝土的伸长,延缓或不使裂缝出现,这就叫作预应力混凝土。

预应力混凝土早期主要应用于工业建筑、桥梁、轨枕、电杆和水池等结构和构件中。随着预应力混凝土设计理论和施工工艺与设备的不断完善和发展,高强材料性能的不断改进,预应力混凝土的应用逐步扩大到居住建筑、大跨度和大空间公共建筑、高层和高耸结构、地下结构、海洋结构、压力容器及跑道路面结构等各个领域,成为土木工程中的主要结构形式之一。

预应力混凝土有很多种不同的分类方法。预应力混凝土按施加预应力的施工方法不同可分为先张法预应力混凝土和后张法预应力混凝土。预应力混凝土按预应力筋与混凝土的粘结状况不同可分为有粘结预应力混凝土、无粘结预应力混凝土和缓粘结预应力混凝土。预应力混凝土按张拉施工手段的不同可分为机械张拉和电热张拉。

本章主要介绍先张法预应力混凝土、后张法有粘结预应力混凝土、后张法无粘结预应力混凝土、后张法缓粘结预应力混凝土、电张法等。

第一节 先张法预应力混凝土施工

先张法一般用于构件厂生产定型的中小型构件。先张法施工工艺流程为:在构件浇筑之前,先在台座或钢模上张拉预应力筋,然后浇筑构件混凝土;待混凝土达到一定的强度后放松预应力钢筋,依靠混凝土和预应力钢筋之间的粘结力,使混凝土构件获得预压应力。图6-1是先张法生产工艺示意图。

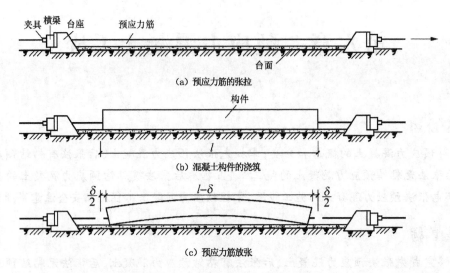

图 6-1　先张法生产工艺示意图

先张法构件的预应力筋,宜采用螺旋肋钢丝、刻痕钢丝、1×3 钢绞线和 1×7 钢绞线等高强预应力钢材。

一、施工设备

1. 台座

先张法的台座在施工过程中承受预应力筋的全部张拉力,其必须具有足够的强度、刚度和稳定性。台座由台面、横梁和承力结构等组成,先张法的台座按构造形式不同主要有墩式台座和槽式台座等。

（1）墩式台座

以混凝土墩作为承力结构的台座称为墩式台座（图 6-2）,一般用于生产中小型构件,如屋架、空心板、平板等。台座尺寸由场地大小、构件类型和产量等因素确定。墩式台座的长度宜为 $100 \sim 150$ m,张拉一次预应力钢筋可以浇筑多个预应力构件,以减少张拉和临时固定工作。台座的宽度主要取决于构件的布筋宽度及张拉和浇筑混凝土是否方便,一般不大于 2 m。在台座的端部应留出张拉操作场地和通道,两侧要有构件运输和堆放的场地。

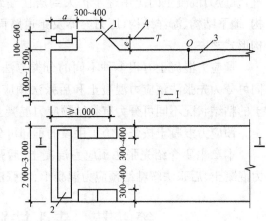

1—混凝土墩;2—钢横梁;3—局部加厚台面;4—预应力筋

图 6-2　墩式台座

（2）槽式台座

槽式台座（图 6-3）由钢筋混凝土压杆、上下横梁和台面等组成,其既可承受张拉力,又可作为蒸汽养护槽,适用于制作张拉吨位较大的大型构件,如吊车梁、屋架等。槽式台座的长度一般为 45～76 m,宽度随构件外形及制作方式而定,一般不小于 1 m。

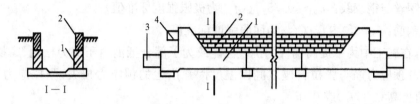

1—钢筋混凝土压杆;2—砖墙;3—下横梁;4—上横梁

图 6-3　槽式台座

为方便运送混凝土和蒸汽养护,槽式台座多低于地面。

2. 先张法的张拉夹具和张拉设备

(1) 钢丝的张拉夹具和张拉设备

夹具是先张法施工时,为保持预应力筋的拉力并将其固定在张拉台座上的临时锚固装置。先张法中钢丝的夹具分为锚固夹具和张拉夹具两种。常用的锚固夹具有:圆锥齿板式夹具、圆锥槽式夹具、楔形夹具。张拉夹具有:钳式夹具、偏心式夹具、楔形夹具。钢丝的张拉分为单根张拉和多根张拉。单根钢丝的张拉一般采用电动螺杆张拉机和电动卷扬机。多根钢丝的张拉一般采用液压千斤顶。

(2) 钢筋或钢绞线的张拉夹具和张拉设备

先张法中钢筋常用的锚固端夹具有螺丝端杆夹具、镦头夹具等。张拉端常用的夹具有钳式夹具、夹片式夹具等。钢绞线常用的锚固端夹具有压花式夹具、夹片式夹具等。张拉端常用的夹具有钳式夹具、夹片式夹具等。

先张法的张拉设备一般采用液压千斤顶。

二、施工工艺

1. 铺设预应力筋

预应力筋钢丝和钢绞线下料,应采用砂轮切割机,不得采用电弧切割。长线台座的台面(或胎膜)在铺设预应力筋前应涂隔离剂。隔离剂不应沾污预应力筋,以免影响与混凝土的粘结。如果预应力筋遭受污染,应使用适宜的溶剂清洗干净。在生产过程中,应防止雨水冲刷台面上的隔离剂。

预应力钢丝宜用牵引车铺设。如果钢丝需要接长,可借助于钢丝连接器或铁丝密排绑扎。刻痕钢丝的绑扎长度不应小于 $80d$,钢丝搭接长度应比绑扎长度大 $10d$(d 为钢丝直径)。预应力钢绞线接长时,可采用接长连接器。预应力钢绞线与工具式螺杆连接时,可采用套筒式连接器。

2. 张拉预应力筋

预应力筋的张拉可采用单根张拉或多根同时张拉,当预应力筋数量不多、张拉设备拉力有限时常采用单根张拉。当预应力筋数量较多且密集布筋,另外张拉设备拉力较大时,则可采用多根同时张拉。

（1）张拉控制应力 σ_{con}

刻痕钢丝与钢绞线：$\sigma_{con} \leqslant 0.75 f_{ptk}$（$f_{ptk}$为极限强度标准值）；

高强钢筋：$\sigma_{con} \leqslant 0.9 f_{pyk}$（$f_{pyk}$为屈服强度标准值）。

此外，在施工中为了提高构件的抗裂性能或为了部分抵消由于应力松弛、摩擦、钢筋分批张拉以及预应力筋与张拉台座之间因温度因素产生的预应力损失，张拉应力可按上述σ_{con}的数值提高 $0.05 f_{ptk}$ 或 $0.05 f_{pyk}$。

（2）张拉程序

在确定预应力筋张拉顺序时，应考虑尽可能减少台座的倾覆力矩和偏心力，先张拉靠近台座截面重心处的预应力筋。

先张法中的钢丝张拉工作量较大，宜采用一次张拉程序：$0 \rightarrow \sigma_{con}$ 或 $0 \rightarrow (1.03 \sim 1.05)\sigma_{con}$。采用低松弛钢绞线时，对于单根张拉：$0 \rightarrow \sigma_{con}$；对于整体张拉：$0 \rightarrow$初应力调整$\rightarrow \sigma_{con}$。

采用超张拉工艺的目的是为了减少预应力筋的松弛应力损失。所谓"松弛"，即钢材在常温、高应力状态下具有不断产生塑性变形的特性。松弛的数值与张拉控制应力和延续时间有关：张拉控制应力越大，松弛越大，所以钢丝、钢绞线的松弛损失比冷拉热轧钢筋大；松弛损失还随着时间的延续而增加，但在第一分钟内可完成损失总值的 50%，24 h 内则可完成 80%。所以，采用超张拉工艺，先超张拉 5% 再持荷 2 min，则可减少 50% 以上的松弛应力损失。而采用一次张拉锚固工艺，因松弛损失大，故张拉力应比原设计控制应力提高 3%。

先张法钢丝张拉锚固后 1 h，用钢丝测力仪检查钢丝的应力值，其偏差不得大于或小于工程设计规定的检验值的 5%。钢丝张拉时，不得断丝，张拉伸长值不做校核。先张法张拉钢筋和钢绞线时，张拉伸长值的校核同后张法预应力混凝土施工。

3. 预应力筋放张

预应力筋放张过程是预应力的传递过程，是先张法构件能否获得良好质量的一个重要环节，应根据放张要求，确定合宜的放张顺序、放张方法及相应的技术措施。

（1）施加预应力时的混凝土强度。

应符合设计要求，且同条件养护的混凝土立方体抗压强度应符合下列规定：

① 不应低于设计混凝土强度等级值的 75%。

② 采用消除应力钢丝或钢绞线作为预应力筋的先张法构件，不应低于 30 MPa。

③ 不应低于锚具供应商提供的产品技术手册要求的混凝土最低强度要求。

④ 后张法预应力梁和板，现浇结构混凝土的龄期分别不宜小于 7 d 和 5 d。为防止混凝土早期裂缝而施加预应力时，可不受本条的限制，但应满足局部受压承载力的要求。

（2）预应力筋的放张顺序，如设计无规定时，可按下列要求进行。

① 轴心受预压的构件（如拉杆、桩等），所有预应力筋应同时放张。

② 偏心受预压的构件（如梁等），应先同时放张预压力较小区域的预应力筋，再同时放张预应力较大区域的预应力筋。

③ 如不能满足以上两项要求时，应分阶段、对称、交错地放张，以防止在放张过程中构件产生翘曲、裂纹和预应力断裂。

（3）放张方法：放张前，应拆除侧模，使放张时构件能自由压缩，否则将损坏模板或使构件开裂。预应力筋的放张工作应缓慢进行，防止冲击。

当预应力混凝土构件用钢丝配筋时，若钢丝数量不多，钢丝放张可采用剪切、锯割或氧乙炔焰熔断的方法，并应从靠近生产线中间处剪断，这样比在靠近台座一端处剪断时回弹小，且有利于脱模。若钢丝数量较多，所有钢丝应同时放张，不允许采用逐根放张的方法，否则，最后的几根钢丝将承受过大的应力而突然断裂，导致构件应力传递长度骤增，或使钩件端部开裂。放张方法可采用放张横梁来实现。横梁可用千斤顶或预先设置在横梁支点处的放张装置（砂箱或楔块等）来放张。

粗钢筋预应力筋应缓慢放张。当钢筋数量较少时，可采用逐根加热熔断或借助预先设置在钢筋锚固端的楔块或穿心式砂箱等单根放张。当钢筋数量较多时，所有钢筋应同时放张。

采用湿热养护的预应力混凝土构件宜热态放张，不宜降温后放张。

长线台座上预应力筋的切断顺序，应由放张端开始，逐次切向另一端。

第二节　后张法有粘结预应力混凝土施工

后张法有粘结预应力混凝土施工是指先浇筑混凝土，待构件的混凝土强度达到规定的强度（一般不低于设计强度标准值的 75%）后，再张拉预应力筋并锚固，使混凝土产生预压应力。后张法预应力混凝土一般用于不易吊装的大型构件，或者不适合批量预制的现浇构件。

一、锚具

锚具是后张法预应力结构或构件中为保持预应力筋的拉力并将其传递到构件或结构上所用的永久性锚固装置。锚具通常由若干个机械部件组成。锚具的类型很多，各有其一定的适用范围。

1. 单根粗钢筋（精轧螺纹钢筋）锚具

锚固端常用的锚具有螺丝端杆锚具、镦头锚具等；张拉端常用的锚具有钳式锚具、夹片式锚具等。

2. 钢丝束锚具

（1）钢质锥形锚具

钢质锥形锚具由锚环和锚塞组成，适用于锚固 6 根、12 根、18 根和 24 根 A^P5 钢丝束。锚环采用 45 号钢，锥度约为 5°，调质热处理硬度为 HB251～283。锚塞采用 45 号钢或 T_7、T_8 碳素钢制作，表面刻有细齿，热处理硬度为 HRC55～60。锚环与锚塞的锥度应严格保持一致。锚环与锚塞配套使用时，锚环锚孔与锚塞的大小头只允许同时出现正偏差或负偏差。

（2）锥形螺杆锚具

锥形螺杆锚具由锥形螺杆、套筒、螺母、垫板组成，适用于锚固 12～28 根 A^P5 钢丝束。使用时，先将钢丝束均匀整齐地紧贴在螺杆锥体部分，然后套上套筒，用拉杆式千斤顶或穿心式千斤顶顶推端杆锥,使其通过钢丝挤压套筒,从而锚紧钢丝。锚具的预紧力取张拉力的 120%～130%。

（3）钢丝束镦头锚具

镦头锚具是利用钢丝两端的镦粗头来锚固预应力钢丝的一种锚具。常用镦头锚具分为 A 型与 B 型。A 型由锚杯与螺母组成,用于张拉端。B 型为锚板,用于固定端。镦头锚具加工简单,张拉方便,锚固可靠,成本较低,但对钢丝束的等长要求较严格。这种锚具可根据张拉力大小和使用条件设计成多种形式和规格,能锚固任意根数的钢丝。

钢丝镦头可采用液压冷镦器,对镦头的要求:镦头尺寸要足,头形圆整,不偏歪,颈部母材不受损伤。

3. 钢绞线束锚具

钢绞线束锚具主要有 KT-Z 型锚具(图 6-4)、JM 型锚具(图 6-5)、XM 型锚具(图 6-6)、QM 型锚具(图 6-7)。

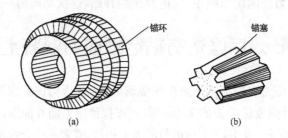

图 6-4　KT-Z 型锚具

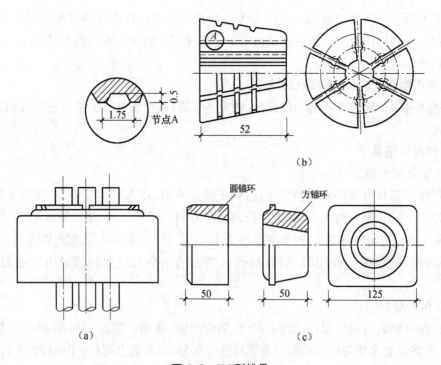

图 6-5　JM 型锚具

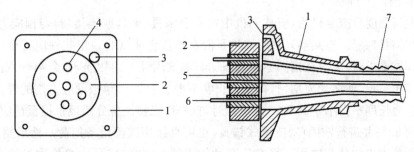

1—喇叭形铸铁垫板；2—锚具；3—灌浆孔；4—锚板；5—夹片；6—钢绞线；7—预留孔道用的波纹管

图 6-6　XM 型锚具

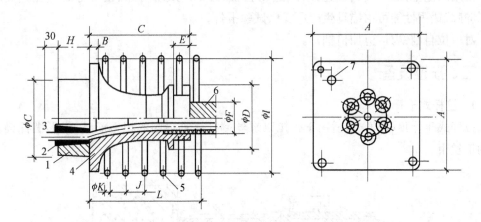

1—锚板；2—夹片；3—钢绞线；4—喇叭形铸铁垫板；5—弹簧圈；6—预留孔道用的波纹管；7—灌浆孔

图 6-7　QM 型锚具及配件

4. 锚具质量检验

预应力锚具、夹具和连接器，应有出厂合格证，进场时应按下列规定进行验收。

（1）验收批

在同种材料和同一生产条件下，锚具、夹具应以不超过 100 套组为一个验收批；连接器应以不超过 500 套组为一个验收批。

（2）外观检查

从每批中抽取 10%但不少于 10 套的锚具，检查其外观和尺寸。当有一套表面有裂纹或超过产品标准及设计图样规定尺寸的允许偏差时，应另取双倍数量的锚具重做检查，如仍有一套不符合要求，则不得使用或逐套检查，合格者方可使用。

（3）硬度检查

从每批中抽取 5%但不少于 5 套的锚具，对其中有硬度要求的零件做试验（多孔夹片式锚具的夹片，每套至少抽取 5 片）。每个零件测试 3 点，其硬度应在设计要求范围内。如有一个零件不合格时，应另取双倍数量的零件重做试验，如仍有一个零件不合格，则不得使用或逐个检查，合格者方可使用。

（4）静载锚固性能试验

在外观与硬度检查合格后，应从同批中抽 6 套锚具（夹具或连接器）与预应力筋组成 3 个预应力筋锚具（夹具、连接器）组装件，进行静载锚固性能试验。组装件应符合设计要求，当设计无具体要求时，不得在锚固零件上添加影响锚固性能的物质，如金刚砂、石墨等。预应力筋应等长平行，使之受力均匀，其受力长度不得小于 3 m（单根预应力筋的锚具组装件，预应力的受力长度不得小于 0.6 m）。试验时，首先用张拉设备分四级张拉至预应力筋标准抗压强度的 80％并进行锚固（对支承式锚具，也可直接用试验设备加荷），然后持荷 1 h，最后用试验设备逐步加荷至破坏。当有一套试件不符合要求，应另取双倍数量的锚具（夹具或连接器）重做试验，如仍有一套不合格，则该批锚具（夹具或连接器）为不合格品。

常用的定型锚具（夹具或连接器）进场验收时，如由质量可靠、信誉好的专业锚具厂生产，其静载锚固性能可由锚具生产厂提供试验报告。

对单位自制锚具，应加倍抽样。

二、张拉设备

1. 拉杆式千斤顶

拉杆式千斤顶（图 6-8）适用于张拉以螺丝端杆锚具锚固的粗钢筋、以锥形螺杆锚具锚固的钢丝束。

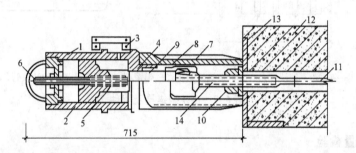

1—主缸；2—主缸活塞；3—主缸油嘴；4—副缸；5—副缸活塞；6—副缸油嘴；7—连接器；8—顶杆；9—拉杆；10—螺母；11—预应力筋；12—混凝土构件；13—预埋钢板；14—螺纹端杆

图 6-8　拉杆式千斤顶

拉杆式千斤顶张拉预应力筋的过程可分解如下：

（1）安装连接器与预应力的螺纹端杆相连，顶杆支撑在构件端部的预埋钢板上；

（2）张拉预应力筋：开动油泵，高压油进入主缸时，则推动主缸活塞向左移动，并带动拉杆和连接器及螺纹端杆同时向左移动，对预应力筋进行张拉；

（3）拧紧螺母进行锚固：待预应力筋达到张拉力时，拧紧预应力筋的螺母，将预应力筋锚固在构件的端部；

（4）油泵回油、退缸，完成张拉：开动油泵回油，则高压油进入副缸，推动副缸使主缸活塞和拉杆向右移动，使其恢复初始位置，至此完成一次张拉过程。

2. 双作用穿心式千斤顶

双作用穿心式千斤顶（图 6-9）由张拉油缸、顶压油缸、顶压活塞和回程弹簧等组成。双作用指张拉过程中张拉预应力筋和顶压锚具同时进行。

张拉前,首先将预应力筋穿过千斤顶固定在千斤顶尾部的工具锚上。张拉预应力筋时,A 油嘴进油,B 油嘴回油,顶压油缸和撑套连成一体,向右移动顶住锚环,张拉油缸、端盖与穿心套连成一体,带动工具锚向左移动。顶压锚固时,在保持张拉力稳定的条件下 A 油嘴稳压,B 油嘴进油,顶压活塞将夹片或锚塞推入锚环内。此时,张拉缸内油压会升高,应控制其升高值,使预应力筋应力不超过屈服强度。张拉油缸采用液压回程,此时,B 油嘴进油,A 油嘴回油,顶压活塞在弹簧力作用下回程复位。

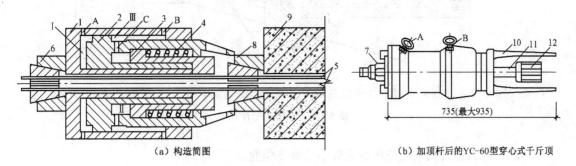

(a) 构造简图　　　　　　　　　　　　(b) 加顶杆后的 YC-60 型穿心式千斤顶

1—张拉油缸;2—顶压油缸(即张拉活塞);3—顶压活塞;4—弹簧;5—预应力筋;

6—工具式锚具;7—螺帽;8—工作锚具;9—混凝土构件;10—顶杆;11—拉杆;12—连接器

Ⅰ—张拉工作油室;Ⅱ—顶压工作油室;Ⅲ—张拉回程油室

A—张拉缸油嘴;B—顶压缸油嘴;C—油孔

图 6-9　双作用穿心式千斤顶构造简图

双作用穿心式千斤顶常用型号为 YC-60,公称张拉力为 600 kN,张拉行程为 150 mm,顶压力为 300 kN,顶压行程为 50 mm。这种千斤顶的适应性强,既可张拉用夹片锚具锚固的钢绞线束,也可张拉用钢质锥形锚具锚固的钢丝束。

3. 锥锚式千斤顶

锥锚式千斤顶(图 6-10)是一种具有张拉、顶压的双作用千斤顶,这种锚具适用于张拉以 KT-Z 型锚具锚固的钢筋束或钢绞线束及以钢质锥形锚具锚固的钢丝束。

4. 大孔径穿心式千斤顶

大孔径穿心式千斤顶又称为群锚千斤顶,是一种具有大穿心孔径的单作用千斤顶。千斤顶的前端安装顶压器(液压、弹簧)或限位板,尾部安装工具锚。限位板的作用是在钢绞线束张拉过程中限制工作锚夹片的外露长度,以保证在锚固时夹片内缩一致,并不大于预期值。工具锚是专用的,能多次使用,锚固后拆卸夹片方便。这种千斤顶的张拉力较大(1 000～10 000 kN)、构造简单、不漏顶、不顶错、操作方便,但要求锚具有良好的自锚性能,广泛应用于大吨位钢绞线束的张拉施工。

5. 前卡式千斤顶

前卡式千斤顶是一种多用途的预应力张拉设备,操作方便。其主要用于单孔张拉;又可用于多孔预紧、张拉和排障,并能适用于多种规格尺寸的高强钢丝束及钢绞线。该千斤顶体积小、重量轻、效率高。前卡式千斤顶因为是前卡式,所以钢绞线预留长度短(约

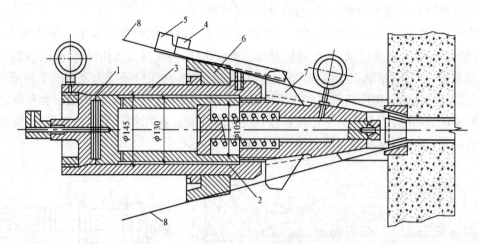

1—预应力筋；2—顶压头；3—副缸；4—副缸活塞；5—主缸；6—主缸活塞；7—主缸拉力弹簧；8—副缸压力弹簧

图 6-10　锥锚式千斤顶

260 mm)，尤其适合高空或空间位置较小的地方作业。

6. 千斤顶的标定

千斤顶在使用前需要进行标定。标定就是采用一定的方法测定千斤顶的实际张拉力与压力表读数之间的关系。标定千斤顶可采用试验机进行标定，也可采用测力计进行标定。千斤顶的标定期限不宜超过半年。

三、预应力筋制作

预应力筋的制作与所用的预应力钢材品种、锚(夹)具形式及生产工艺等有关。

1. 预应力钢丝束的下料长度

(1) 钢质锥形锚具、锥锚式千斤顶张拉时，钢丝的下料长度 L 为

两端张拉　　　　　　　　$L = l + 2(l_4 + l_5 + 80)$　　　　　　　(6-1)

一端张拉　　　　　　　　$L = l + 2(l_4 + 80) + l_5$　　　　　　　(6-2)

式中：l 为孔道长；l_4 为锚环厚度；l_5 为千斤顶分丝头至卡盘外端距离，对 YZ850 型千斤顶为 470 mm。

(2) 采用镦头锚具、拉杆式千斤顶在构件上张拉时，钢丝的下料长度 L 为

两端张拉　　　　　$L = l + 2a + 2b - (H - H_1) - \Delta L - c$　　　(6-3)

一端张拉　　　　　$L = l + 2a + 2b - 0.5(H - H_1) - \Delta L - c$　(6-4)

式中：a 为锚杯底部厚度或锚板厚度；b 为钢丝镦头留量，对 $A^P 5$ 钢丝取 10 mm；H 为锚杯高度；H_1 为螺母高度；ΔL 为钢丝束张拉伸长值，$\Delta L = \dfrac{FL}{E_s A_p}$；$c$ 为张拉时构件混凝土的弹性压缩量 $\left(c = \dfrac{FL}{E_c A_n}，曲线筋时可实测\right)$；$F$ 为平均张拉力；E_s、E_c 分别为预应力筋、混凝土的弹性模量；A_p、A_n 分别为预应力筋面积、构件净截面积(含非预应力筋换算面积 $a_E A_s$)。

（3）采用锥形螺杆锚具、以拉杆式千斤顶在构件上张拉时，钢丝束的下料长度 L 为

$$L = l + 2l_2 - 2l_1 + 2(l_6 + a_1) \tag{6-5}$$

式中：l_1 为锥形螺杆锚具的套筒长度与钢丝伸出套筒的长度之和；l_2 为螺母厚度与垫板厚度之和；l_6 为锥形螺杆锚具的套筒长度；a_1 为钢丝伸出套筒的长度，a_1 取 20 mm。

2. 钢筋束或钢绞线束的下料长度

当采用夹片式锚具、以穿心式千斤顶在构件上张拉时，钢筋束或钢绞线束的下料长度 L 为

两端张拉　　　　　　$L = l + 2(l_7 + l_8 + l_9 + 100)$ （6-6）

一端张拉　　　　　　$L = l + 2(l_7 + 100) + l_8 + l_9$ （6-7）

式中：l_7 为夹片式工作锚厚度；l_8 为穿心式千斤顶长度；l_9 为夹片式工具锚厚度。

3. 下料

采用镦头锚具时，同束钢丝应等长下料，其极差不应大于 $L/5\,000$（L 为钢丝设计长度），且不应大于 5 mm。当成组张拉长度不大于 10 m 的钢丝时，同组钢丝的极差不得大于 2 mm。钢丝下料宜采用限位下料法。钢丝切断后的端面应与母材垂直，以保证镦头质量。

钢丝束镦头锚具的张拉端应扩孔，以便钢丝穿入孔道后伸出固定端一定长度进行镦头。扩大孔长度：一般为 500 mm，两端张拉时另一端宜取 100 mm。

钢丝编束与张拉端锚具安装可同时进行。钢丝的一端先穿入锚杯镦头，另一端用细铁丝将内外圈钢丝按锚杯处相同的顺序分别进行编扎，然后将整束钢丝的端头扎紧，并沿钢丝束的整个长度适当编扎几道。

采用钢质锥形锚具时，钢丝下料方法同钢绞线束。

钢绞线在出厂前经过低温回火处理，因此在进场后无须预拉。钢绞线下料前应在切口两侧各 50 mm 处用 20 号铁丝绑扎牢固，以免切割后松散。钢绞线的切割，宜采用砂轮锯和切断机，也可用氧乙炔焰，不得采用电弧切割，以免影响材质。用砂轮锯，切割机下料具有操作方便、效率高、切口规则、无毛头等优点，尤其适合现场使用。

四、施工工艺

后张法施工步骤是先制作构件，预留孔道，待构件混凝土达到规定的强度后，在孔道内穿放预应力筋，张拉预应力筋并锚固，最后进行孔道灌浆。

1. 孔道留设

孔道留设是后张法有粘结预应力施工中的关键工序。预应力筋的孔道形状有直线、曲线和折线三种。孔道的直径与布置，主要根据预应力混凝土构件或结构的受力性能，并参考预应力筋张拉锚固体系特点与尺寸确定。

对粗钢筋，孔道的直径应比预应力筋直径、钢筋对焊接头处外径或需穿过孔道的锚具或连接器外径大 10～15 mm。

对钢丝或钢绞线，孔道的直径应比预应力束外径或锚具外径大 5～10 mm，且孔道面积应大于预应力筋面积的 2 倍。

　　预应力筋孔道之间的净距不应小于 50 mm,孔道至构件边缘的净距不应小于 40 mm,凡需要起拱的构件,预留孔道宜随构件同时起拱。

　　预应力筋的孔道可采用钢管抽芯、胶管抽芯和预埋波纹管等方法成型。对孔道成型的基本要求是:孔道的尺寸与位置应正确,孔道应平顺,接头不漏浆,端部预埋钢板应垂直于孔道中心线等。孔道成型的质量,对孔道摩阻损失的影响较大,应严格把关。

　　(1) 钢管抽芯法

　　钢管抽芯用于直线孔道。钢管表面必须圆滑,预埋前应除锈、刷油,如用弯曲的钢管,转动时会沿孔道方向产生裂缝,甚至塌陷。钢管在构件中用钢筋井字架(图 6-11)固定位置,井字架每隔 1.0～1.5 m 一个,与钢筋骨架扎牢。两根钢管接头处可用 0.5 mm 厚铁皮做成的套管连接(图 6-12),套管内表面要与钢管外表面紧密贴合,以防漏浆堵塞孔道。钢管一端钻 16 mm 的小孔,以备插入钢筋棒,转动钢管。抽管前每隔 10～15 min 应转管一次,如发现表面混凝土产生裂纹,应用抹子压实抹平。

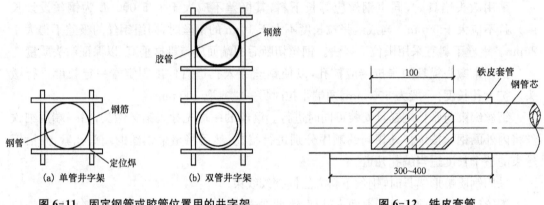

　　图 6-11　固定钢管或胶管位置用的井字架　　　　　　图 6-12　铁皮套管

　　抽管时间与水泥的品种、气温和养护条件有关。抽管宜在混凝土初凝之后、终凝以前进行,以用手指按压混凝土表面不显指纹时为宜。抽管过早,会造成坍孔事故;太晚,混凝土与钢管粘结牢固,抽管困难,甚至抽不出来。常温下抽管时间约在混凝土灌注后 3～5 h,抽管顺序宜先上后下。抽管方法可采用人工卷扬机。抽管时必须速度均匀、边抽边转,并与孔道保持在一直线上,抽管后,应及时检查孔道情况,并做好孔道清理工作,防止以后穿筋困难。

　　采用钢丝束镦头锚具时,张拉端的扩大孔也可采用钢管抽芯成型(图 6-13)。留孔时应注意端部扩大孔应与中间孔道同心。抽管时先抽中间钢管,后抽扩孔钢管,以免碰坏扩孔部分并保持孔道清洁和尺寸准确。

　　(2) 胶管抽芯法

　　采用胶管抽芯法留孔时,一般采用 5～7 层帆布夹层胶管、壁厚 6～7 mm 的普通橡胶管、钢丝网橡胶管,可用于直线、曲线或折线孔道。使用前,

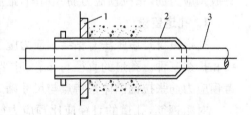

1—预埋钢板;2—端部扩大孔的钢管;
3—中间孔成型

图 6-13　张拉端扩大孔用钢管抽芯成型

把胶管一头密封,勿使其漏水漏气。密封的方法是将胶管一端外表面削去1～3层胶皮及帆布,然后将外表面带有螺纹的钢管(钢管一端用铁板或密封焊牢)插入胶管端头孔内,再用20号铁丝在胶管外表面密缠牢固,将铁丝头用锡焊牢(图6-14);胶管另一端接上阀门,其接法与密封基本相同(图6-15)。

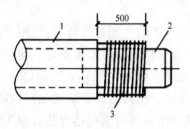
1—胶管;2—钢管堵头;3—20号铁丝

图6-14 胶管封端

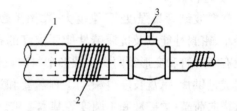
1—胶管;2—20号铁丝密扎;3—阀门

图6-15 胶管与阀门连接

短构件留孔时可用一根胶管对弯后穿入两个平行孔道。长构件留孔,必要时可将两根胶管用铁皮套管接长使用,套管长度以400～500 mm为宜,内径应比胶管外径大2～3 mm。固定胶管位置用的钢筋井字架,一般每隔600 mm放置一个,并与钢筋骨架扎牢。胶管在灌注混凝土前,需充水(或充气)加压到0.5～0.8 N/mm²,此时胶皮管直径可增大约3 mm。浇捣混凝土时,振动棒不要碰胶管,并应经常检查水压表的压力是否正常,如有变化必须补压。

抽管前,先放水降压,待胶管断面缩小与混凝土自行脱离即可抽管。抽管时间比抽钢管略迟。抽管顺序一般为先上后下、先曲后直。

在没有充气或充水设备的单位或地区,也可在胶皮管内塞满细钢筋,能起到同样的效果。

(3) 预埋波纹管法

① 金属波纹管

波纹管亦称螺旋管,按照每两个相邻的折叠咬口之间凸出部(即波纹)的数量分为单波与双波;按照截面形状分为圆管和扁管;按照表面处理情况分为镀锌管和不镀锌管。

金属波纹管是由薄钢带(厚0.3～0.4 mm)经压波后卷成的,它具有重量轻、刚度好、弯折方便、连接简单、摩阻系数较小、与混凝土粘结良好等优点,可做成各种形状的孔道。镀锌双波纹管是后张法预应力筋孔道成型用的理想材料。

对波纹管的基本要求:一是在外荷载的作用下,有抵抗变形的能力;二是在浇筑混凝土过程中,水泥浆不得渗入管内。

波纹管的连接,采用大一号同型号波纹管。接头的长度:当管径为40～65 mm时取200 mm;当管径为70～85 mm时,取250 mm;当管径为90～105 mm时,取300 mm。用塑料热塑或密封胶带封裹接口部位。

波纹管的安装,应根据预应力筋的曲线坐标在箍筋上画线,以波纹管底为准。波纹管的固定可采用井字架,圆形金属波纹管钢筋支架的间距宜为1.0～1.2 m,扁波纹管的间距不宜大于1.0 mm。钢筋支架应焊在箍筋上,箍筋下面要用垫块垫实。波纹管安装就位后,必须用铁丝将波纹管与钢筋支架扎牢,以防浇筑混凝土时波纹管上浮而引起重量事故。

波纹管安装时接头位置宜错开,就位过程中应尽量避免波纹管反复弯曲,以防止管壁破损开裂,同时还应防止电焊火花灼伤管壁。

灌浆孔与波纹管的连接,其做法是在波纹管上开洞,覆盖海绵垫片与带嘴的塑料弧形压板,并用铁丝扎牢,再将增强塑料管插在嘴上,将其引出梁顶面 400~500 mm。

② 塑料波纹管

塑料波纹管具强度高、刚度大、摩擦系数小、不导电和防腐性能好等特点,宜用于曲率半径小、密封性能以及抗疲劳性能要求高的孔道,配合真空辅助灌浆效果更好。塑料波纹管也有圆形管和变形管两类。圆形塑料波纹管的供货长度一般为 6 m、8 m、10 m;变形波纹管可成盘供货,每盘长度可根据工程需要和运输情况而定。塑料波纹管应满足环向刚度、局部横向荷载、柔韧性和不圆度等基本要求。塑料波纹管的连接可采用熔焊法或专用塑料套管接头。

2. 预应力筋的穿入

预应力筋穿入预留孔道的方法可分为先穿筋法和后穿筋法。

先穿筋法是在浇筑混凝土之前穿筋。采用该方法施工较为方便,但穿筋占用工期,预应力筋的自重引起波纹管摆动会增大孔道摩擦损失,预应力筋端部保护不当会生锈。

后穿筋法是在浇筑混凝土后穿筋。采用后穿筋法可在混凝土养护期间内进行穿筋工作,不占用工期。穿筋后即进行张拉,预应力筋不易生锈,但穿筋较为费力。

钢丝束应整束穿入孔道,钢绞线可整束穿入孔道或单根穿入孔道。穿束可采用人工穿入,当预应力筋较长穿筋困难时,也可采用卷扬机和穿筋机进行穿筋。

3. 预应力筋的张拉

张拉预应力筋时,构架混凝土的强度应按设计规定,如设计无规定则不宜低于混凝土设计强度等级的 75%。现浇结构张拉预应力筋时的混凝土最小龄期:对后张楼板不宜小于 5 天,对后张框架不宜小于 7 天。

对于拼装预应力构架,其拼缝处混凝土或砂浆强度如无设计要求时,不宜低于块体混凝土设计强度等级的 40%,且不低于 15 MPa。后张法构件为了搬运需要,可提前施加一部分预应力,使构件建立较低的预应力值以承受自重荷载。但此时混凝土的立方体强度不应低于设计强度等级的 60%。

根据预应力混凝土结构特点、预应力筋形状与长度,以及施工方法的不同,预应力筋的张拉方式有以下几种。

(1) 张拉端

后张预应力筋应根据设计和专项施工方案的要求采用一端或两端张拉。采用两端张拉时,宜两端同时张拉,也可一端先张拉锚固,另一端补张拉。当设计无具体要求时应符合下列规定:

① 有粘结预应力筋长度不大于 20 m 时,可一端张拉;大于 20 m 时,宜两端张拉;预应力筋为直线可延长至 35 m。

② 无粘结预应力筋长度不大于 40 m 时,可一端张拉;大于 40 m 时,宜两端张拉。

③ 现浇预应力混凝土楼盖,宜先张拉楼板、次梁的预应力筋,后张拉主梁的预应力筋。

（2）分批张拉

分批张拉是指对配有多束预应力筋的构件或结构分批进行张拉的方式。因为后批预应力筋张拉所产生的混凝土弹性变形对先批张拉的预应力筋造成预应力的影响，所以先批张拉的预应力筋张拉力应调整该影响值或将影响值统一考虑到每根预应力筋的张拉力内。

《混凝土结构设计规范》（GB 50010—2010）第 10.2.6 条指出，后张法构件的预应力钢筋采用分批张拉时，应考虑后张拉钢筋所产生的混凝土弹性压缩（或伸长）对先批张拉钢筋的影响，将先批张拉钢筋的张拉控制应力 σ_{con} 增加（或减少）$a_E \sigma_{pci}$，此处 σ_{pci} 为后批张拉钢筋在先批张拉钢筋重心处产生的混凝土法向应力，a_E 为预应力筋弹性模量与钢筋混凝土弹性模量之比。所以，先批张拉的预应力筋张拉力应调整或补张（对使应力减小的情况，但小于张拉应力限值）。

后批预加力在先批筋重心处产生的混凝土法向应力（根据《混凝土结构设计规范》（GB 50010—2010））公式为

$$\sigma_{pci} = N_{p2}/A_n \pm N_{p2}\, y_{pn2}\, y_{pn1}/I_n \tag{6-8}$$

式中：N_{p2} 为后批预加力；A_n 为净截面积＝混凝土截面积＋非预筋折算混凝土截面积；y_{pn2} 为后批筋重心到净截面重心轴距离；y_{pn1} 为先批筋重心到净截面重心轴距离；I_n 为净截面惯性矩。

图 6-16 展示了预应力混凝土屋架下弦杆预应力筋的张拉顺序。钢丝束的长度不大于 30 m，采用一端张拉方式。图 6-16（a）预应力筋为两束，用两台千斤顶分别设置在构件两端对称张拉，一次完成。图 6-16（b）预应力筋为四束，需要分两批张拉，用两台千斤顶先分别张拉对角线上的两束，再张拉另两束。分批张拉引起的预应力损失，应统一增加到张拉力内。

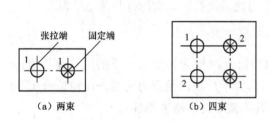

（a）两束　　　　　（b）四束

图 6-16　屋架下弦杆预应力筋的张拉顺序

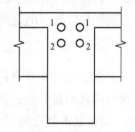

图 6-17　框架梁预应力筋的张拉顺序

图 6-17 展示了双跨预应力混凝土框架梁钢绞线束的张拉顺序。钢绞线束为双跨曲线筋，长度达 40 m，采用两段张拉方式。图中四束钢绞线分为两批张拉，两台千斤顶分别设置在梁的两端，按左右对称各张拉一束，待两批四束均进行一端张拉后，再分批在另一端补张拉。这种张拉顺序，还可减少先批张拉预应力筋的弹性收缩损失。

（3）平卧重叠构件张拉

后张法预应力混凝土屋架等构件一般在施工现场平卧重叠制作，重叠层数为 3～4 层。预应力筋张拉时宜先上后下逐层进行。由于叠层之间的摩擦力、粘结力与咬合力会减小下层构件在预应力筋张拉时混凝土的弹性压缩变形。预应力筋锚固后，叠层之间的阻力逐渐减小,直至上层构件起吊后完全消失,这段时间会增加下层构件混凝土的弹性压缩变形,从而引起预应力损失。

为了减小上下层之间因摩擦损失引起的预应力损失,可逐层加大张拉力。根据有关单位试验研究与大量工程实践,得出不同预应力筋与不同隔离层的平卧重叠构件逐层增加的张拉力百分数,如表 6-1 所示。

表 6-1　平卧重叠浇筑构件逐层增加的张拉力百分数

预应力筋类别	隔离剂类别	逐层增加的张拉力百分数			
		顶层	第二层	第三层	底层
高强钢丝束	Ⅰ	0	1.0	2.0	3.0
	Ⅱ	0	1.5	3.0	4.0
	Ⅲ	0	2.0	3.5	5.0
Ⅱ级冷拉钢筋	Ⅰ		2.0	4.0	6.0
	Ⅱ	1.0	3.0	6.0	9.0
	Ⅲ	2.0	4.0	7.0	10.0

注:第Ⅰ类隔离剂:塑料薄膜、油纸;第Ⅱ类隔离剂:废机油、滑石粉、纸筋灰、石灰水废机油、柴油石亮膏;第Ⅲ类隔离剂:废机油、石灰水、石灰水滑石灰。

(4) 张拉伸长值的校核

预应力筋张拉时,通过实际伸长值与计算伸长值的校核,可以综合反映张拉力是否足够,校核油压表是否失灵、孔道摩擦损失是否偏大、预应力筋是否有异常现象等。因此,对张拉伸长值的校核,要引起重视。

预应力筋张拉伸长值的量测,应在建立初应力之后进行。其实际伸长值 ΔL 为

$$\Delta L = \Delta L_1 + \Delta L_2 - A - B - C \qquad (6\text{-}9)$$

式中:ΔL_1 为从初应力至最大张拉力之间的实测伸长值;ΔL_2 为初应力以下的推算伸长值;A 为张拉过程中锚具楔紧引起的预应力筋内缩值;B 为千斤顶内预应力筋的张拉伸长值;C 为施加应力时,后张法混凝土构件的弹性压缩值(其值微小时可略去不计)。

关于初应力以下的推算伸长值 ΔL_2,可根据弹性范围内张拉力与伸长值成正比的关系,用计算法或图解法确定。

采用图解法时(图 6-18),以伸长值为横坐标、张拉力为纵坐标,将各级张拉力的实测伸长值标在图上,绘成张拉力与伸长值的关系线 CAB,然后延长此线与横坐标交于点 O',则 OO' 段即为推算伸长值。此法以实测伸长值为依据,比计算法准确。

根据规范规定(详见本章第四节),如实际伸

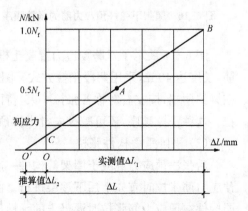

图 6-18　预应力筋实际伸长值图解

长值与计算伸长值相比的偏差超出限值,应暂停张拉,在采取措施予以调整后,方可继续张拉。

此外,在锚固时应检查张拉端预应力筋内的内缩值,以免由于锚固引起的预应力损失超过设计值。如果实测的预应力筋内缩值大于规定值,则应改善操作工艺,更换锚具或采取超张拉办法弥补。

计算伸长值:

① 直线筋

$$\Delta L = \frac{FL}{A_p E_s} \tag{6-10}$$

式中:F 为张拉端拉力;A_p 为预应力筋截面积;E_s 为预应力筋弹性模量;L 为预应力筋长度。

② 曲线筋

$$\Delta L = \int_0^{L_T} \frac{F e^{-(Kx+\mu\theta)}}{A_p E_s} \mathrm{d}x = \int_0^{L_T} \frac{F e^{-(Kx+\frac{\mu}{R})x}}{A_p E_s} \mathrm{d}x$$

$$= \frac{1}{-\left(K+\frac{\mu}{R}\right)} e^{-(Kx+\frac{\mu}{R})x} \Bigg|_0^{L_T} = \frac{FL_T}{A_p E_s}\left[\frac{1-e^{-(KL_T+\mu\theta_1)}}{KL_T+\mu\theta_1}\right] \tag{6-11}$$

式中:L_T 为张拉端到锚固端的孔道长度;K 为每米孔道局部偏差摩擦系数;x 为张拉端到计算截面的孔道长度,近似取该段孔道在纵轴上的投影长度(孔道曲线近似为圆,$\theta=x/R$ $=L_T/R=\theta_1$,张);μ 为孔道摩擦系数;θ、θ_1 分别为张拉端到计算截面 x、L_T 孔道切线夹角(弧度)。

近似地,将孔道摩擦损失指数曲线简化为直线[即 $1-e^{-(KL_T+\mu\theta)}$ 简化为 $KL_T+\mu\theta$],两端张拉的平均张拉力取张拉端拉力与孔道中央张拉力的平均值,则

$$\Delta L = \frac{FL_T}{A_p E_s}\left[1-\frac{KL_T+\mu\theta}{2}\right]$$

4. 灌浆及封锚

后张法有粘结预应力筋张拉完毕并经检查合格后,应尽早进行孔道灌浆,孔道内水泥浆应饱满、密实。

后张法预应力筋锚固后的外露多余长度,宜采用机械方法切割,也可采用氧乙炔焰切割;其外露长度不宜小于预应力筋直径的 1.5 倍,且不应小于 30 mm。

孔道灌浆前应进行下列准备:

(1)应确认孔道、排气兼泌水管及灌浆孔畅通;对预埋管成型孔道,可采用压缩空气清孔。

(2)应采用水泥浆、水泥砂浆等材料封闭端部锚具缝隙,也可采用封锚罩封闭外露锚具。

(3)采用真空灌浆,应确认孔道系统的密封性。

配制水泥浆用的水泥、水及外加剂除应符合国家现行有关标准的规定外,还应符合下列规定:

(1) 宜采用普通硅酸盐水泥或矿酸盐水泥。

(2) 拌和用水和掺加的外加剂中,不应含有对预应力筋或水泥有害的成分。

(3) 外加剂应与水泥做配合比试验并确定掺量。

灌浆用水泥浆应符合下列规定:

(1) 采用普通灌浆工艺时,稠度宜控制在 12～20 s;采用真空灌浆工艺时,稠度宜控制在 18～25 s。

(2) 水灰比不应大于 0.45。

(3) 3 h 自由泌水率宜为 0,且不应大于 1%,泌水应在 24 h 内全部被水泥浆吸收。

(4) 24 h 自由膨胀率。采用普通灌浆工艺时不应大于 6%;采用真空灌浆工艺时不应大于 3%。

(5) 水泥浆中氯离子含量不应超过水泥重量的 0.06%。

(6) 28 d 标准养护的边长为 70.7 mm 的立方体水泥浆试块,抗压强度不应低于 30 MPa。

(7) 稠度、泌水率及自由膨胀率的试验方法应符合现行国家标准《预应力孔道灌浆剂》(GB/T 25182—2010)的规定。

说明:①一组水泥浆试块由 6 个试块组成。②抗压强度为一组试块的平均值。当一组试块中抗压强度最大值或最小值与平均值相差超过 20%时,应取中间 4 个试块强度的平均值。

灌浆用水泥浆的制备及使用应符合下列规定:

(1) 水泥浆宜采用高速搅拌机进行搅拌,搅拌时间不应超过 5 min。

(2) 水泥浆使用前应经筛孔尺寸不大于 1.2 mm×1.2 mm 的筛网过滤。

(3) 搅拌后不能在短时间内灌入孔道的水泥浆,应保持缓慢搅动。

(4) 水泥浆应在初凝前灌入孔道,搅拌后至灌浆完毕的时间不宜超过 30 min。

灌浆施工应符合下列规定:

(1) 宜先灌注下层孔道,后灌注上层孔道。

(2) 灌浆应连续进行,直至排气管排除的浆体稠度与注浆孔处相同且无气泡后,再顺浆体流动方向依次封闭排气孔;全部出浆口封闭后,宜继续加压 0.5～0.7 MPa,并应稳压 1～2 min 后封闭灌浆口。

(3) 当泌水较大时,宜进行二次灌浆或对泌水孔进行重力补浆。

(4) 因故中途停止灌浆时,应用压力水将未灌注完孔道内已注入的水泥浆冲洗干净。

真空辅助灌浆,是在孔道一端用真空泵抽真空,另一端用灌浆泵灌浆,孔道抽真空负压宜稳定保持为 0.08～0.10 MPa。

孔道灌浆应填写灌浆记录。

外露锚具及预应力筋应按设计要求采取可靠的封锚保护措施,如钢筋网混凝土。

第三节　后张法无粘结预应力混凝土施工

无粘结预应力在国外发展较早,目前在我国建筑工程中也广泛使用,主要应用在预应力混凝土楼板结构中,而在预应力混凝土梁内很少采用。在后张法有粘结预应力混凝土中,预应力钢筋与混凝土通过灌浆相互间存在粘结力,在使用荷载作用下,构件的预应力筋与混凝土不会产生纵向的相对滑动。而后张法无粘结预应力筋由预应力钢筋、涂料层和护套层组成,预应力钢筋与周围混凝土不存在粘结,在使用荷载作用下,构件的预应力筋与混凝土可以相对滑动。

无粘结预应力混凝土的施工方法为:将无粘结预应力筋同普通钢筋一样按设计要求在模板内安装好,然后浇筑混凝土,待混凝土达到设计要求强度后,进行预应力筋的张拉锚固。无粘结预应力工艺的特点是不需要预留孔道和灌浆,施工简单,张拉时摩阻力小,预应力筋易弯成曲线形状,适合直线或曲线配筋的结构。

一、无粘结预应力筋的布置与构造

1. 楼面结构形式

无粘结预应力混凝土现浇楼板有以下形式:单向平板、无柱帽双向平板、带柱帽双向平板、梁支承双向平板、密肋板、扁梁等。

2. 预应力筋布置

(1)多跨单向平板

无粘结预应力筋采用纵向多波连续曲线配筋方式。曲线筋的形式与板承受的荷载形式及活荷载与恒荷载的比值等因素有关。

(2)多跨双向平板

无粘结预应力筋在纵横两方向均采用多波连续曲线配筋方式,在均布荷载作用下其配筋形式有以下几种。

① 按柱上板带与跨中板带布筋。在垂直荷载作用下,通过柱内或靠近柱边的无粘结预应力筋远比远离柱边的无粘结预应力筋分担的抗弯承受能力多。对长宽比不超过 1.33 的板,在柱上板带内配置 60%～75% 的无粘结筋,其余分布在跨中板带。这种布筋方式的缺点是穿筋、编网和定位给施工带来不便。

② 一向带状集中布筋,另一向均匀分散布筋。预应力混凝土双向平板的抗弯承受能力主要取决于板在每一方向上的预应力筋的总量,与预应力筋的配筋形式关系较小。因此,可将无粘结预应力筋在一个方向上沿柱轴线呈带状集中布置在宽度为 1.0～1.25 m 的范围内,而在另一方向上采取均匀分散布置的方式。这种布筋方式可产生具有双向预应力的单向板效果。平板中的带状预应力筋起到了支承梁的作用。这种布筋方式避免了无粘结预应力筋的编网工作,易于保证无粘结预应力筋的施工质量,便于施工。

③ 多跨双向密肋板。在多跨双向密肋板中,每根肋内部布置无粘结预应力筋,柱间采用双向无粘结预应力扁梁。在这类板中,也有仅在一个方向的肋内布置预应力筋的做法。

3. 细部构造

(1) 一般规定

① 无粘结预应力筋保护层的最小厚度,考虑耐火要求,应符合有关规定。

② 无粘结预应力筋的间距,对均布荷载作用下的板,一般为 250~500 mm;其最大间距不得超过板厚的 6 倍,且不宜大于 1.0 m。各种布筋方式每一方向穿过柱的无粘结预应力筋的数量不得少于 2 根。

③ 对无粘结预应力混凝土平板,混凝土平均预压应力不宜小于 1.0 N/mm²,也不宜大于 3.5 N/mm²。在裂缝控制较严的情况下,平均预压应力值应小于 1.4 N/mm²。

对抵抗收缩与温度变形的预应力筋,混凝土平均预压应力不宜小于 0.7 N/mm²。

在双向平板中,当平均预压应力不大于 0.86 N/mm²时,一般不会因弹性压缩或混凝土徐变而产生过大的尺寸变化。

④ 在单向板体系中,非预应力钢筋的配筋率不应小于 0.2%,且其直径不应小于 8 mm,间距不应大于 20 mm。

在等厚的双向板体系中,正弯矩区每一方向的非预应力筋配筋率不应小于 0.15%,且其直径不应小于 6 mm,间距不应大于 200 mm。在柱边的负弯矩区每一方向的非预应力筋配筋率不应小于 0.075%,且每一方向至少应设置 4 根直径不小于 A16 的钢筋,间距不应大于 300 mm,伸出柱边长度至少为支座每边净跨的 1/6。

⑤ 在双向平板边缘和拐角处,应设置暗圈梁或设置钢筋混凝土边梁。暗圈梁的纵向钢筋直径不应小于 12 mm,且不应小于 4 根;箍筋直径不应小于 6 mm,间距不应大于 250 mm。

⑥ 在双向平板中,增强板柱节点抗冲切力可采取以下办法解决:

a. 节点处局部加厚或加柱帽;

b. 节点处板内设置双向暗梁;

c. 节点处板内设置双向型钢剪力架。

(2) 锚固区构造

① 在平板中单根无粘结预应力筋的张拉端可设在边梁或墙体外侧,有凸出式和凹入式两种做法。前者利用外包钢筋混凝土圈梁封裹,后者利用掺膨胀剂的砂浆封口。承压钢板的参考尺寸为 80 mm×80 mm×12 mm 或 90 mm×90 mm×12 mm,根据预应力筋规格与锚固区混凝土强度确定。螺旋筋为 A6 钢筋,螺旋直径为 70 mm,可直接点焊在承压钢板上。

② 在梁中成束布置的无粘结预应力筋,宜在张拉端分散为单根布置,承压钢板上预应力筋的间距为 60~70 mm。当一块钢板上预应力筋根数较多时,宜采用钢筋网片。网片采用 A6~A8 钢筋 4~6 片。

③ 无粘结预应力筋的固定端可利用镦头锚板或挤压锚具采取内埋式做法。

对多根无粘结预应力筋,为避免内埋式固定端拉力集中使混凝土开裂,可采取错开位置锚固。

④ 当无粘结预应力筋搭接铺设,分段张拉时,预应力筋的张拉端设在板面的凹槽处,其

固定端埋设在板内。在预应力筋搭接处，由于无粘结筋的有效高度降低而影响截面的抗弯能力，可增加非预应力钢筋补足。

（3）减少约束影响的措施

在后张楼板中，如平均预压应力约为 1 N/mm²，则一般不会因楼板弹性缩短和混凝土收缩、徐变而产生大的变形，无须采取特别的构造措施来减少约束力。然而，当建筑物的尺寸或施工缝间的尺寸变得很大，或板支承于刚性构件上时，如不采取有效的构造措施，将会产生很大的约束力，仍要当心。

① 合理布置和设计支承构件：如将抗侧力构件布置在结构位移中心不动点附近，使产生的约束作用减为最小；采用相对细长的柔性柱可以使约束力减小；需要时应在柱中配置附加钢筋承担约束作用产生的附加弯矩。

② 当板在施工缝之间的长度超过 50 m 时，可采用后浇带或临时施工缝将结构分段。在后浇带中应有预应力筋与非预应力筋通过使结构达到连续。

③ 对平面外形不规则的板，宜划分为平面规则单元，使各部分能独立变形，减少约束。

（4）板上开洞

① 当板上需要设置不大的空洞时，可将板内无粘结预应力筋在两侧绕开洞处铺设。无粘结预应力筋距洞边不宜小于 150 mm，洞边应配置构造钢筋。

② 当板上需要设置较大的空洞时，若需要在洞口处中断一些预应力筋，宜采用"限制裂缝"的中断方式，而不采用"助生裂缝"的中断方式。

③ 对大空洞，为控制孔角裂缝，应配置适量的斜钢筋，并将其配置在靠近板的上、下保护层。在有些情况下，为将孔边的荷载传到板中去，需沿开孔周边配置附加的构造钢筋成暗梁，利用孔边的无粘结预应力筋和附加普通钢筋承担孔边荷载。另外，在单向板和双向板中，孔洞宜设置在跨中区域，以减少开孔对墙或柱附近抗剪能力的不利影响。

二、无粘结预应力混凝土的施工顺序

1. 超高层建筑预应力楼板

这类建筑多数采用筒体结构，其平面形状接近方形，每层面积小（1 000 m² 以下），层数特别多（30 层以上），多数为标准层。根据这一特点，预应力楼板的施工顺序如下。

（1）逐层浇筑、逐层张拉

标准层施工周期：内筒提前施工，不计工期；外筒柱施工 1～2 天，楼板支模 2～2.5 天，钢筋与预应力筋铺设 1.5～2 天，混凝土浇筑 1 天等共计 5.5～7.5 天；预应力筋张拉安排在混凝土浇筑后第五天进行，即上层楼板混凝土浇筑前 1 天进行，不占工期。

这种方案的优点是可减少外筒柱的约束力，并减少支模层数，但受预应力筋张拉制约，对加快施工速度有些影响。

（2）数层浇筑、顺向张拉

这种方案的优点是无须等待预应力筋张拉，如普通混凝土结构一样，可加快施工速度；但缺点是支模层数增多，模板耗用量大。采用早拆模板体系，即先拆模板而保留支柱，拆模强度仅为混凝土立方强度的 50%，只要一层模板、三层支柱就可满足快速施工需要。

这种方案虽然在大多数中间层由于上下层张拉的相互影响而最终达到同样的效果,但该层板刚张拉时达不到预期的压力,对施工阶段的抗裂有些影响。

2. 多层大面积预应力楼板

在多层轻工业厂房及大型公共建筑中,无粘结预应力楼板的面积有时会很大(达到10 000 m²),且不设伸缩缝。根据这一特点,从施工顺序来看,采用"逐层浇筑、逐层张拉"方案,还要采用分段流水的施工方法。

沿预应力筋方向布置的剪力墙,会阻碍板中预应力的建立。施工中为消除这一影响,可对剪力墙采取三面留施工缝,与柱和楼板脱开,待楼板预应力筋张拉完毕后,再补浇施工缝处的混凝土的措施。

三、无粘结预应力混凝土楼板施工

1. 无粘结预应力筋的铺设与固定

(1) 铺设顺序

在单向板中,无粘结预应力筋的铺设比较简单,与非预应力筋铺设基本相同。

在双向板中,无粘结预应力筋需要配置成两个方向的悬垂曲线。无粘结筋相互穿插,施工操作较为困难,必须事先编出无粘结筋的铺设顺序;其方法是将各个无粘结筋各搭接点的标高标出,对各搭接点相应的两个标高分别进行比较,若一个方向某一无粘结筋的各点标高均分别低于与其相交的各筋相应点标高时,则此筋可先放置。按此规律编出全部无粘结筋的铺设顺序。

无粘结预应力筋的铺设,通常在底部钢筋铺设后进行。水电管线一般宜在无粘结筋铺设后进行,且不得将无粘结筋的竖向位置抬高或压低。支座处负弯矩钢筋通常在最后铺设。

(2) 就位固定

无粘结预应力筋应严格按设计要求的曲线形状就位并固定牢靠。

无粘结筋的垂直位置,宜用支撑钢筋或钢筋马凳控制,其间距为 1～2 m。无粘结筋的水平位置应保持顺直。

在双向连续平板中,各无粘结筋曲线高度的控制点用铁马凳垫好并扎牢。在支座部分,无粘结筋可直接绑扎在梁或墙的顶部钢筋上。在跨中部分,无粘结筋可直接绑扎在板的底部钢筋上。

(3) 张拉端固定

张拉端模板应按施工图中规定的无粘结预应力筋的位置钻孔。张拉端的承压板应用钉子固定在端模板上或用点焊固定在钢筋上。

无粘结预应力曲线筋或折线筋末端的切线与承压板互相垂直,曲线段的起始点至张拉锚固点应有不小于 300 mm 的直线段。

当张拉端采用凹入式做法时,可采用塑料或泡沫穴模(图 6-19)等形成凹口。

无粘结预应力筋铺设固定完毕后,应进行隐蔽工程验收,当确认合格后,方可浇筑混凝土。混凝土浇筑时,严禁踏压撞碰无粘结预应力筋、支撑钢筋及端部预埋件;张拉端与固定

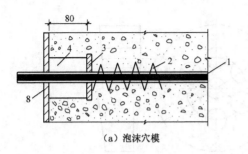

（a）泡沫穴模

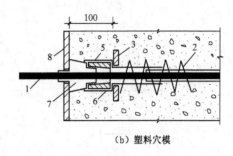

（b）塑料穴模

1—无粘结预应力筋；2—螺旋钢筋；3—承压钢板；4—泡沫穴模；5—锚环；6—带杯口的塑料套管；7—塑料穴模；8—模板

图 6-19　无粘结预应力筋张拉端凹口做法

端混凝土必须振捣密实。

2. 无粘结预应力筋的张拉与锚固

无粘结预应力筋张拉前，应清理承压板面，并检查承压板后面的混凝土质量。如有空鼓现象，应在无粘结预应力筋张拉前修补。

无粘结预应力混凝土楼盖结构的张拉顺序，宜先张拉楼板，后张拉楼面梁。板中的无粘结筋，可依次张拉。梁中的无粘结筋宜对称张拉。

板中的无粘结筋一般采用前卡式千斤顶单根张拉，并用单孔夹片锚具锚固。

当无粘结曲线预应力筋的长度超过 25 cm 时，宜采取两端张拉。当筋长超过 60 cm 时，宜采取分段张拉。如遇到摩擦损失较大，则宜先松动一次再张拉。

在梁板顶面或墙壁侧面的斜槽内张拉无粘结预应力筋时，宜采用变角张拉装置。

变角张拉装置由顶压器、变角块、千斤顶等组成（图 6-20）；其关键部位是变角块。变角块可以是整体的或分块的。前者仅适用于某一特定工程，后者通用性强。分块式变角块的搭接，采用阶梯形定位方式（图 6-21）。每一变角块的变角量为 5°，通过叠加不同数量的变角块，可以满足 5°～60°的变角要求。变角块与顶压器和千斤顶的连接，都要一个过渡块。如顶压器重新设计，则可省去过渡块。安装变角块时要求注意块与块之间的槽口连接，一定要保证变角轴线向结构外侧弯转。

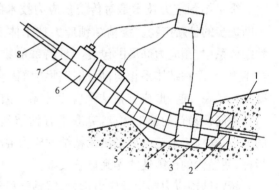

1—凹口；2—锚垫板；3—锚具；4—液压顶压器；5—变角块；
6—千斤顶；7—工具锚；8—预应力筋；9—液压泵

图 6-20　变角张拉装置

无粘结预应力筋张拉伸长值校核与有粘结预应力筋相同；对超长无粘结筋来说，由于张拉初期的阻力大，初期拉力以下的伸长值比常规推算伸长值偏小，应通过试验修正。

3. 锚固区防腐蚀处理

无粘结预应力筋张拉完毕后，应及时对锚固区进行保护。

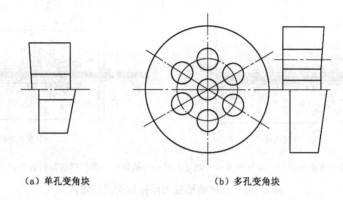

（a）单孔变角块　　　　　　　　（b）多孔变角块

图 6-21　变角块

无粘结预应力筋的锚固区,必须有严格的密封保护措施,严防水汽进入锈蚀预应力筋。

无粘结预应力筋锚固后的外露长度不应小于 30 mm,多余部分宜采用手提砂轮锯切割,但不得采用电弧切割。

在锚具与承压板表面涂防水涂料。为了使无粘结筋端头全封闭,在锚具端头涂防腐润滑油脂后,罩上封端塑料盖帽。

对凹入锚固区,锚具表面经上述处理后,再用微胀混凝土或低收缩防水砂浆密封。

第四节　后张法缓粘结预应力混凝土施工简述

缓粘结预应力技术是对传统预应力技术的又一次重大革新,是预应力技术不断发展、不断进步的创新产物。缓粘结预应力技术体系是无粘结和有粘结两种体系的结合。在缓粘结体系中,预应力筋周围包裹一种特殊的物质,前期预应力筋与这种特殊物质几乎没有粘结力,与无粘结体系相同;后期特种物质固化,固化后强度高于混凝土,将预应力筋与混凝土粘结在一起,形成有粘结预应力体系。因此缓粘结的最大特点是:秉承了无粘结预应力技术简便易行的施工优点,克服了有粘结预应力技术施工工艺复杂、节点使用条件受限的弊端,其施工工艺与后张法无粘结预应力混凝土完全一致,简单的施工工艺、优良的力学指标,使结构的抗震性能得到显著改善。

缓粘结预应力筋由预应力钢材、缓粘结材料和塑料护套组成。预应力钢材宜采用钢绞线,特别是应优先选用多股大直径的钢绞线;缓粘结材料由树脂粘结剂和其他材料混合而成,具有延迟凝固性能的特点;塑料护套应带有纵横向外肋,以增强预应力筋与混凝土的粘结力。

缓粘结材料的黏度会随时间、温度等因素逐步变化,其摩擦因数 μ 值缓慢增大。试验表明:缓粘结预应力筋前期摩阻较小且增大缓慢,后期的摩阻会急剧增加形成突变。因此,把握张拉时间显得特别重要,缓粘结预应力筋必须在摩阻力发生突变前张拉。试验表明:龄期 6 个月的缓粘结预应力筋,合适的张拉时间应在 50 d 以内。

缓粘结预应力技术研究大约持续了 20 年,日本从 1987 年开始研制缓粘结预应力钢筋,并于 1996 年开始应用于桥梁的横向预应力部位,2001 年应用于桥梁的纵向预应力部位。我国于 1995 年左右开始研究缓粘结预应力技术,主要的材料形式为缓凝砂浆,采用手工涂抹和缠绕的方法现场制作,没有开展大批量的生产和工程应用。21 世纪初,我国开始研制以树脂为缓粘介质的缓粘结预应力钢筋,并在天津某工程项目中试点应用。

第五节 电张法预应力混凝土施工简述

电张法是利用钢筋热胀冷缩原理来张拉预应力筋的。施工时,将低电压、强电流通过钢筋,由于钢筋有一定电阻,致使钢筋温度升高而产生纵向伸长,待伸长至规定长度时,切断电流立即加以锚固,钢筋冷却时便建立预应力。

电张法一般用于后张法,在后张法中可在预留孔道中张拉预应力筋,也可在预应力表面涂以热塑料涂料(硫黄砂浆、沥青)后直接浇筑于混凝土中,然后通电张拉。用波纹管或其他金属管道做预留孔道的结构,不得用电张法张拉。

用电张法张拉预应力筋,设备简单,张拉速度快;可避免摩擦损失,张拉曲线形钢筋或高空进行张拉更有优越性。

电张法是以钢筋的伸长值来控制预应力值的,此值的控制不如千斤顶张拉时应力控制法精确,当材质掌握不准时会直接影响预应力值的准确性。故成批生产时应用千斤顶进行抽样校核,对理论电张伸长值加以修正后再进行施工。因此,电张法不宜用于抗裂要求较高的构件。

电张法施工,钢筋伸长值是控制预应力的依据。钢筋伸长率是指控制应力和电张后钢筋弹性模量的比值,计算中还须考虑钢筋的长度,电热后产生的塑性变形及锚具、台座或钢模等的附加伸长值等多种因素。

由于电张法施加预应力时,预应力值较难准确控制,且施工中电能消耗量大,故目前已经很少采用。

第六节 预应力混凝土施工安全注意事项

预应力混凝土施工有一系列安全问题,如张拉钢筋时断裂伤人、电张时触电伤人等。因此,应注意以下技术环节。

(1) 高压液压泵和千斤顶,应符合产品说明书的要求。机具设备及仪表,应由专人使用管理,并定期维护与检验。

(2) 张拉设备的测定期限,不宜超过半年。当遇下列情况之一时,应对张拉设备重新测定:千斤顶经拆卸与修理;千斤顶久置后重新使用;压力计受过碰撞或出现过失灵,更换压力计;张拉中预应力筋发生多根筋破断事故或张拉伸长值误差较大。

(3) 预应力筋的一次伸长值不应超过设备的最大张拉行程。

(4) 操作千斤顶和测量伸长值的人员,应站在千斤顶侧面操作,严格遵守操作规程。液压泵开动过程中,不得擅自离开岗位。如需离开,必须把液压阀门全部松开或切断电路。

（5）钢丝束镦头锚固体系在张拉过程中应随时拧上螺母，保证安全；锚固时如遇钢丝束偏长或偏短，应增加螺母或用连接器解决。

（6）负荷时严禁拆换液压管或压力计。

（7）机壳必须接地，经检查线路绝缘确属可靠后方可试运转。

（8）锚、夹具应有出厂合格证，并经进场检查合格。

（9）螺纹端杆与预应力筋的焊接应在冷拉前进行，冷拉时螺母应位于螺纹端杆的端部，经冷拉后螺纹端杆不得发生塑性变形。

（10）帮条锚具的帮条应与预应力筋同级别，帮条按 120°等分，帮条与衬板接触的截面在一个垂直面上。

（11）施焊时严禁将地线搭在预应力筋上，且严禁在预应力筋上引弧。

（12）锚具的预紧力应取张拉力的 120%～130%。顶紧锚塞时用力不要过猛，以免钢丝断裂。

（13）切断钢丝时应在生产线中间，然后再在剩余段的中点切断。

（14）台座两端、千斤顶后面应设防护设施，并在台座长度方向每隔 4～5 m 设一个防护架。台座、预应力筋两端严禁站人，更不准进入台座。操作千斤顶的人员应站在千斤顶的侧面，不操作时应松开全部液压阀门或切断电路。

（15）预应力筋放张应缓慢，防止冲击。用乙炔或电弧切割时应采取隔热措施，以防烧伤构件端部混凝土。

（16）锥锚式千斤顶张拉钢丝束时，先应使千斤顶张拉缸进油至压力计略启动后，检查并调整使每根钢丝的松紧一致，然后再打紧楔块。

（17）电张时做好钢筋的绝缘处理。先试张拉，检查电压、电流、电压降是否符合要求。电冷却 12 h 后，将预应力筋、螺母、垫层、预埋铁板相互焊牢。电张构件两端应设防护设施。操作人员必须穿绝缘鞋，戴绝缘手套，操作时站在构件侧面。电张时发生碰火现象应立即停电处理后方可继续。电张中应经常检查和测量电压、电流、电压降、温度、通电时间等，如通电时间较长，混凝土发热、钢筋伸长缓慢或不再伸长，应立即停电，待钢筋冷却后再加大电流进行。冷拉钢筋电热张拉的重复张拉次数不应超过 3 次。采用预埋金属管孔道的不得电张。孔道灌浆须在钢筋冷却后进行。

第七节　预应力混凝土施工常用质量标准

一、一般规定

（1）后张法预应力工程的施工应由相应资质等级的预应力专业施工单位承担。

（2）预应力筋张拉机具设备及仪表应定期维护和校验。张拉设备应配套标定，并配套使用。张拉设备的标定期限不应超过半年。当使用过程中出现反常现象时或千斤顶检修后，应重新标定。张拉设备标定时，千斤顶活塞的运行方向应与实际张拉工作状态一致；压力计的精度不应低于 1.5 级，标定张拉设备的试验机或测力精度不应低于±2%。

（3）在浇筑混凝土之前，应进行预应力隐蔽工程验收，其内容包括以下部分：

① 预应力筋的品种、规格、数量、位置等。

② 预应力筋锚具和连接器的品种、规格、数量、位置等。

③ 预留孔道的规格、数量、位置、形状及灌浆孔、排气兼泌水管等。

④ 锚固区局部加强构造等。

二、原材料

1. 主控项目

（1）预应力筋进场时，应按国家标准《预应力混凝土用钢绞线》（GB/T 5224—2014）等的规定抽取试件做力学性能试验，其质量必须符合有关标准的规定。

检查数量：按进场的批次和产品的抽样检验方案确定。

检验方法：检查产品合格证、出厂检验报告和进场复检报告。

（2）无粘结预应力的涂包质量应符合无粘结预应力钢绞线标准的规定。

检查数量：每 60 吨为一批，每批抽取一组试件。

检验方法：检查产品合格证、出厂检验报告和进场复检报告。当有工程经验并经观察认为质量有保证时，可不做油脂用量和护套厚道的进场复检。

（3）预应力筋用锚具、夹具和连接器应按设计要求采用，其性能应符合现行国家标准《预应力筋用锚具、夹具和连接器》（GB/T 14370—2015）等的规定。

检查数量：按进场复检报告。对于锚具用量较少的一般工程，如供货方提供有效的试验报告，可不做静载锚固性能试验。

（4）孔道灌浆用水泥应采用普通硅酸盐水泥，其质量应符合现行《混凝土结构工程施工质量验收规范》（GB 50204—2015）的规定。孔道灌浆用外加剂的质量应符合现行《混凝土结构工程施工质量验收规范》的规定。

检查数量：按进场批次和产品的抽样检验方案确定。

检验方法：检查产品合格证、出厂检验报告和进场复检报告。对于孔道灌浆用水泥和外加剂用量较少的一般工程，当有可靠依据时，可不做材料性能的进场复检。

2. 一般项目

（1）预应力筋使用前应进行外观检查，其质量应符合下列要求：

① 有粘结预应力筋展开后应平顺，不得有弯折，表面不应有裂缝、小刺、机械损伤、氧化铁皮和油污等。

② 无粘结预应力筋护套应光滑、无裂缝、无明显褶皱。

检查数量：全数检查。

检验方法：观察。无粘结预应力护套轻微破损者应外包防水塑料胶带修复，严重破损者不得使用。

（2）预应力筋用锚具、夹具和连接器，使用前应进行外观检查，其表面应无污物、锈蚀、机械损伤和裂纹。

检查数量：全数检查。

检验方法:观察。

(3) 预应力混凝土用金属螺旋管的尺寸和性能应符合国家现行标准《预应力混凝土用金属波纹管》(JG 225—2007)的规定。

检查数量:按进场批次和产品的抽样检验方案确定。

检验方法:检查产品合格证、出厂检验报告和进场复检报告。对于金属螺旋管用量较少的一般工程,当有可靠依据时,可不做径向刚度、抗渗漏性能的进场复检。

(4) 预应力混凝土用金属螺旋管,在使用前应进行外观检查,其表面应清洁,无锈蚀,不应有油污、孔洞和不规则的褶皱,咬口不应有开裂和脱扣。

检查数量:全数检查。

检验方法:观察。

三、制作与安装

1. 主控项目

(1) 预应力筋安装时,其品种、级别、规格数量必须符合设计要求。

检查数量:全数检查。

检验方法:观察,钢直尺检查。

(2) 先张法预应力混凝土施工时应选用非油质类模板隔离剂,并应避免沾污预应力筋。

检查数量:全数检查。

检验方法:观察。

(3) 施工过程中应避免电火花损伤预应力筋;受损伤的预应力筋应予以更换。

检查数量:全数检查。

检验方法:观察。

2. 一般项目

(1) 预应力筋下料应符合下列要求:

① 预应力筋应采用砂轮锯或切断机切断,不得采用电弧切割。

② 当钢丝束两端采用镦头锚具时,同一束中各根钢丝长度的极差不应大于钢丝长度的1/5 000,且不应大于 5 mm。当成组张拉长度不大于 10 m 的钢丝时,同组钢丝长度的极差不得大于 2 mm。

检查数量:每工作班抽查预应力筋总数的 3%,且不少于 3 束。

检验方法:观察,钢直尺检查。

(2) 预应力筋端部锚具的制作质量应符合下列要求:

① 挤压锚具制作时压力计液压应符合操作说明书的规定,挤压后预应力筋外端应露出挤压套筒 1~5 mm。

② 钢绞线压花锚成型时,表面应清洁、无油污,梨形头尺寸和直线长度应符合设计要求。

③ 钢丝镦头的强度不得低于钢丝强度标注值的 98%。

检查数量:对挤压锚,每工件班抽查 5%,且不应少于 5 件;对压花锚,每工件班抽查 3

件;对钢丝镦头强度,每批钢丝检查 6 个镦头试件。

检验方法:观察,钢直尺检查,检查镦头强度试验报告。

(3) 后张法有粘结预应力筋预留孔道的规格、数量、位置和形状,除应符合设计要求外,还应符合下列规定:

① 预留孔道的定位应牢固,浇筑混凝土时不应出现移位和变形。

② 孔道应平顺,端部的预埋锚垫板应垂直于孔道中心线。

③ 成孔用管道应密封良好,接头应严密且不得漏浆。

④ 灌浆孔的间距:对预埋金属螺旋管不宜大于 30 m;对抽芯成形孔道不宜大于 12 m。

⑤ 在曲线孔道的曲线波峰部位应设置排气兼泌水管,必要时可在最低点设置排水孔。

⑥ 灌浆孔及泌水管的孔径应能保证浆液畅通。

检查数量:全数检查。

检验方法:观察,钢直尺检查。

(4) 预应力筋束形控制点的竖向位置偏差应符合表 6-2 的规定。

表 6-2　束形控制点的竖向位置允许偏差

截面高(厚)度/mm	$h\leqslant300$	$300<h\leqslant1\,500$	$h>1\,500$
允许偏差/mm	±5	±10	±15

检查数量:同一检验批内,抽查各类构件中预应力筋总数的 5%,且各类型构件均不少于 5 束,每束不应少于 5 处。

检查方法:钢直尺检查。束形控制点的竖向位置偏差合格点率应达到 90% 及以上,且不得有超过表 6-2 中数值 1.5 倍的尺寸偏差。

(5) 无粘结预应力筋的铺设除应符合上一条的规定外,还应符合下列要求:

① 无粘结预应力筋的定位应牢固,浇筑混凝土时不应出现移位和变形;

② 端部的预埋锚垫板应垂直于预应力筋;

③ 内埋式固定端垫板不应重叠,锚具与垫板应贴紧;

④ 无粘结预应力筋成束布置时应能保证混凝土密实并能裹住预应力筋;

⑤ 无粘结预应力筋的护套应完整,局部破损处应用防水胶带缠绕紧密。

检查数量:全数检查。

检验方法:观察。

(6) 浇筑混凝土前穿入孔道的后张有粘结预应力筋,宜采取防止锈蚀的措施。

检查数量:全数检查。

检验方法:观察。

四、张拉和放张

1. 主控项目

(1) 预应力筋张拉或放张时,混凝土强度应符合设计要求;当设计无具体要求时,不应低于设计的混凝土立方体抗压强度标准值的 75%。

检查数量：全数检查。

检验方法：检查同条件养护试件试验报告。

(2) 预应力筋的张拉力、张拉或放张顺序及张拉工艺应符合设计及施工技术方案的要求，并应符合下列规定：

① 当施工需要超张拉时，最大张拉应力不应大于国家现行标准《混凝土结构设计规范》(GB 50010—2010)的规定。

② 张拉工艺应能保证同一束中各根预应力筋的应力均匀一致。

③ 后张法施工中，当预应力筋是逐根或逐束张拉时，应保证各阶段不出现对结构不利的应力状态；同时宜考虑后批张拉预应力筋所产生的结构构件的弹性压缩对先批张拉预应力筋的影响，以确定张拉力。

④ 先张法预应力筋放张时，宜缓慢放松锚固装置，使各根预应力筋同时缓慢放松。

⑤ 应校核预应力筋的伸长值。实际伸长值与设计计算理论伸长值的相对允许偏差为 $\pm 6\%$。

检查数量：全数检查。

检验方法：检查张拉记录。

(3) 预应力筋张拉锚固后实际建立的预应力值与工程设计规定检验值的相对允许偏差为 $\pm 5\%$。

检查数量：对先张法施工，每工作班抽查预应力筋总数的 1%，且不少于 3 根；对后张法施工，同一检验批内，抽查预应力筋总数的 3%，且不少于 5 束。

检验方法：对先张法施工，检查预应力筋应力监测记录；对后张法施工，检查见证张拉记录。

(4) 张拉工程中应避免预应力筋断裂或滑脱。当发生断裂或滑脱时，必须符合下列规定：

① 对后张法预应力构件，断裂或滑脱的数量严禁超过同一截面预应力筋总根数的 3%，且每束钢丝不得超过一根；对多跨双向连续板，其同一截面应按每跨计算。

② 对先张法预应力构件，在浇筑混凝土前发生断裂或滑脱的预应力筋必须予以更换。

检查数量：全数检查。

检验方法：观察，检查张拉记录。

2. 一般项目

(1) 锚固阶段张拉端预应力筋的内缩量应符合设计要求；当设计无具体要求时，应符合规范的规定。

检查数量：每工件班抽查预应力筋总数的 3%，且不少于 3 束。

检验方法：钢直尺检查。

(2) 先张法预应力筋张拉后与设计位置的偏差不得大于 5 mm，且不得大于构件截面短边变长的 4%。

检查数量：每工件班抽查预应力筋总数的 3%，且不少于 3 束。

检验方法：钢直尺检查。

五、灌浆及封锚

1. 主控项目

（1）后张法有粘结预应力筋张拉后应尽早进行孔道灌浆，孔道内水泥浆应饱满、密实。

检查数量：全数检查。

检验方法：观察，检查灌浆记录。

（2）锚具的封闭保护应符合设计要求。当设计无具体要求时，应符合下列规定：

① 应采取防止锚具腐蚀和遭受机械损伤的有效措施。

② 凸出式锚固端锚具的保护层厚度不应小于 50 mm。

③ 外露预应力筋的保护层厚度：处于正常环境时，不应小于 20 mm；处于易受腐蚀的环境时，不应小于 50 mm。

检查数量：同一检验批内，抽查预应力筋总数的 5%，且不少于 5 束。

检验方法：观察，钢直尺检查。

2. 一般项目

（1）后张法预应力筋锚固后的外露部分宜采用机械方法切割；其外露长度不宜小于预应力筋直径的 1.5 倍，且不宜小于 30 mm。

检查数量：同一检验批内，抽查预应力筋总数的 3%，且不少于 5 束。

检验方法：观察，钢直尺检查。

（2）灌浆用水泥浆的水灰比不应大于 0.45，搅拌 3 h 后泌水率不宜小于 2%，且不应大于 3%。泌水应能在 24 h 内全部重新被水泥浆吸收。

检查数量：同一配合比检查一次。

检验方法：检查水泥浆性能试验报告。

（3）灌浆用水泥浆的抗压强度不应小于 30 N/mm²。

检查数量：每工作班留置一组棱长为 70.7 mm 的立方体试件。

检验方法：检查水泥浆试件强度试验报告。一组试件由 6 个试件组成，试件应标准养护 28 天；抗压强度为一组试件的平均值，当一组试件中抗压强度最大值或最小值与平均值相差超过 20% 时，应取中间 4 个试件强度的平均值。

本章小结

本章内容主要介绍了先张法预应力混凝土、后张法有粘结预应力混凝土、后张法无粘结预应力混凝土的施工工艺，简要介绍了后张法缓粘结预应力混凝土和电张法等。

复习思考题

一、填空题

1. 在预应力混凝土结构中，一般要求混凝土的强度等级不低于（　　　　）。当采用碳素钢丝、钢绞线、热处理钢筋作预应力筋时,混凝土的强度等级不宜低于(　　　)。

2. 后张法预应力混凝土施工,构件生产中预留孔道的方法有(　　)、(　　)和(　　)三种。

3. 预应力混凝土结构根据张拉顺序方法可分为(　　　)和(　　　)。

4. 后张法有粘结预应力混凝土直线布筋时,张拉长度的计算公式为(　　　)。

二、选择题

1. 预应力混凝土梁是在构件的(　　　)预先施加压应力而成。

A. 受压区　　　　　　B. 受拉区　　　　　C. 中心线处　　　　D. 中性轴处

2. 后张法施工较先张法的优点是(　　　)。

A. 不需要台座,不受地点限制　　　　　B. 工序少

C. 工艺简单　　　　　　　　　　　　　D. 锚具可重复利用

3. 有粘结预应力混凝土的施工流程是(　　　)。

A. 孔道灌浆→张拉钢筋→浇筑混凝土　　B. 张拉钢筋→浇筑混凝土→孔道灌浆

C. 浇筑混凝土→张拉钢筋→孔道灌浆　　D. 浇筑混凝土→孔道灌浆→张拉钢筋

4. 目前国内常用的锚具有(　　　)。

A. 螺丝端杆锚具　　　　　　　　　　　B. 锥形锚具

C. 镦头锚具　　　　　　　　　　　　　D. 后张自锚锚具

5. 曲线孔道灌浆施工时,灌满浆的标志是(　　　)。

A. 自高点灌入,低处流出浆　　　　　　B. 自高点灌入,低处流出浆持续 1 min

C. 自最低点灌入,高点流出浆与气泡　　D. 自最低点灌入,高点流出浓浆

三、简答题

1. 什么是先张法预应力混凝土?

2. 什么是后张法预应力混凝土?

3. 先张法和后张法的主要区别是什么?

4. 有粘结和无粘结的主要区别是什么?

5. 预应力混凝土结构中的预应力损失包括哪些项目?

第七章 结构安装工程

知识目标

　　了解吊具与索具的类型、结构、技术性能等内容,熟悉桅杆式、自行式、塔式起重机的类型、结构、技术性能等;掌握单层结构的吊装、安装方案;熟悉钢结构单层工业厂房的制作安装的一般规定,掌握钢结构单层工业厂房的安装;熟悉钢结构安装工程质量要求及安全措施。

技能目标

　　能够正确选用索具、起重机械等设备;能够进行单层厂房结构的安装设计。

第一节 索 具 设 备

一、吊具

　　在构件吊装过程中,常用的吊具有吊钩、吊索、卡环和横吊梁等。

1. 吊钩

　　起重吊钩常用优质碳素钢材锻造后经退火处理而成,吊钩表面应光滑,不得有剥裂、刻痕、锐角、裂缝等缺陷的存在,且不准对磨损或有裂缝的吊钩进行补焊修理。吊钩在钩挂吊索时要将吊索挂至钩底;直接钩在吊环中时,不能使吊钩硬别或歪扭,以免吊钩产生变形或使吊索脱钩。

2. 吊索

　　吊索又称千斤绳,主要用于绑扎构件以便起吊,分为环形吊索和开口吊索两种,如图 7-1(a)所示。吊索是用钢丝绳做成的,因此,钢丝绳的允许拉力即为吊索的允许拉力。在工作中,吊索拉力不应超过其允许拉力。

3. 卡环

　　卡环又称卸甲(由弯环和销子两部分组成),主要用于吊索之间或吊索与构件吊环之间的连接,分为螺栓式卡环和活络式卡环两种,如图 7-1(b)所示。

4. 横吊梁

　　横吊梁又称铁扁担,常用的形式有钢板横吊梁和钢管横吊梁两种,分别如图 7-1(c)(d)所示。

　　采用直吊法吊柱时,用钢板横吊梁,可使柱直立,垂直入杯;吊装屋架时,用钢管横吊梁,可减小吊索对构件的横向压力并减少索具高度。

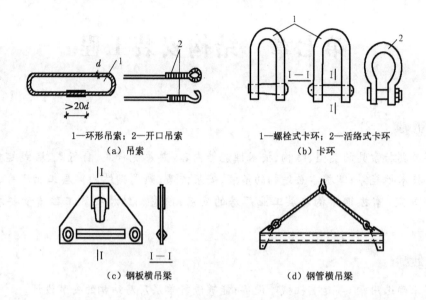

1—环形吊索；2—开口吊索　　　　　　1—螺栓式卡环；2—活络式卡环
　　　　（a）吊索　　　　　　　　　　　　　　（b）卡环

　　　（c）钢板横吊梁　　　　　　　　　（d）钢管横吊梁

图 7-1　吊具

二、索具

1. 钢丝绳

钢丝绳是吊装工艺中的主要绳索，具有强度高、韧性好、耐磨等特点。同时，钢丝绳被磨损后，外表面产生许多毛刺，易被发现，从而防止了事故的发生。

常用的钢丝绳是用直径相同的光面钢丝捻成股，再由 6 股芯捻成绳。在吊装结构中所用的钢丝绳，一般有 6×19+1、6×37+1、6×61+1 三种。前面的 6 表示 6 股，后面的数据表示每股分别由 19 根、37 根或 61 根钢丝捻成。

2. 滑轮组

所谓滑轮组，即由一定数量的定滑轮和动滑轮组成，并由绕过它们的绳索联系成为整体，从而达到省力和改变力的方向的目的，如图 7-2 所示。

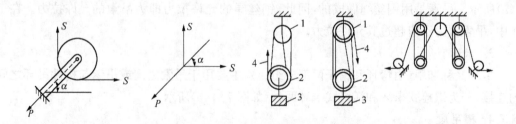

1—定滑轮；2—动滑轮；3—重物；4—绳索引出

图 7-2　滑轮组及受力示意图

3. 卷扬机

结构安装中的卷扬机,有手动和电动两种类型,其中,电动卷扬机又分为慢速和快速两种类型。慢速卷扬机(JJM 型)主要用于吊装结构、冷拉钢筋和张拉预应力筋;快速卷扬机(JJK 型)主要用于垂直运输和水平运输以及打桩。

另外,卷扬机在使用过程中必须用地锚予以固定,以防止工作时产生滑动或倾覆。根据受力大小,卷扬机有四种固定方法,如图 7-3 所示。

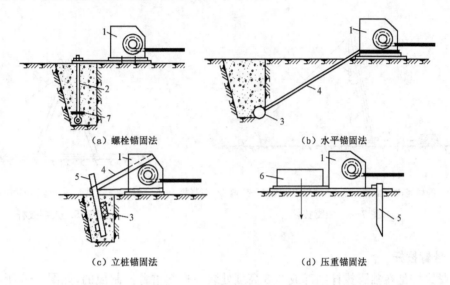

(a) 螺栓锚固法　　　　　　　　　　(b) 水平锚固法

(c) 立桩锚固法　　　　　　　　　　(d) 压重锚固法

1—卷扬机;2—地脚螺栓;3—横木;4—拉索;5—木桩;6—压重;7—压板

图 7-3　卷扬机的固定方法

第二节　起重机械

一、桅杆式起重机

桅杆式起重机又称拔杆或把杆,是最简单的起重设备,常用的桅杆式起重机有独脚拔杆、人字拔杆、悬臂拔杆和牵缆式桅杆起重机等。这类起重机具有制作简单、装拆方便、起重量大、受施工场地限制小的特点。但这类起重机需设较多的缆风绳,移动困难。另外,其起重半径小,灵活性差。因此,桅杆式起重机一般多用于构件较重、吊装工程比较集中、施工场地狭窄,而又缺乏其他合适的大型起重机械的情况。

1. 独脚拔杆

独脚拔杆由拔杆、起重滑轮组、卷扬机、缆风绳和锚碇等组成,如图 7-4 所示。其中,缆风绳数量一般为 6～12 根,最少不得少于 4 根。使用时,拔杆应保持不大于 10°的倾角,以便吊装构件时不致撞击拔杆。拔杆底部要设置拖子以便移动。拔杆的稳定主要依靠缆风绳,绳的一端固定在桅杆顶端,另一端固定在锚碇上,缆风绳与地面的夹角一般取 30°～45°,角度过大对拔杆会产生较大的压力。

2. 人字拔杆

人字拔杆一般是由两根圆木或两根钢管用钢丝绳绑扎或铁件铰接而成。人字拔杆底部设有拉杆或拉绳以平衡水平推力,两杆夹角一般为30°左右。为保证起重时拔杆底部的稳固,须在一根拔杆底部装一导向滑轮,起重索通过它连接到卷扬机上,再用另一根钢丝绳连接到锚碇上,如图7-5所示。人字拔杆的优点是侧向稳定性比独脚拔杆好,所用缆风绳数量少;缺点是构件起吊后的活动范围小。

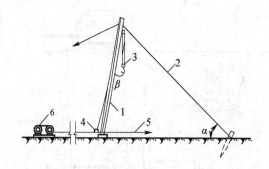 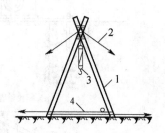

1—拔杆;2—缆风绳;3—起重滑轮组;4—导向装置;5—拉索;6—卷扬机　　1—拔杆;2—缆风绳;3—起重滑轮组;4—拉索

图 7-4　独脚拔杆　　　　　　　　　　　　图 7-5　人字拔杆

3. 悬臂拔杆

悬臂拔杆是在独脚拔杆中部或2/3高度处装一根起重臂而制成的,如图7-6所示。它的特点是起重高度和起重半径较大,起重臂摆动角度也大。但这种起重机的起重量较小,多用于轻型构件的吊装。起重臂也可装在井架上,成为井架拔杆。

4. 牵缆式桅杆起重机

牵缆式桅杆起重机是在独脚拔杆下部装一根起重臂而制成的,如图7-7所示。这种起重机的起重臂可以起伏,机身可回转360°,可以在起重半径范围内把构件吊到任何位置。用圆木制作的桅杆,高度可达25 m,起重量达10 t左右;用角钢焊接组成的格构式桅杆,高度可达80 m,起重量可达600 t。

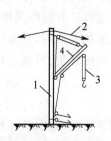 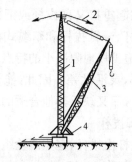

1—拔杆;2—缆风绳;3—起重滑轮组;4—回轮盘　　　　1—拔杆;2—缆风绳;3—起重臂;4—回轮盘

图 7-6　悬臂拔杆　　　　　　　　　　　图 7-7　牵缆式桅杆起重机

二、自行式起重机

1. 履带式起重机

履带式起重机是一种通用的起重机械,它由行走装置、回转机构、机身及起重臂等组成,如图 7-8 所示。行走装置为链式履带,可减少对地面的压力;回转机构为装在底盘上的转盘,可使机身回转;机身内部有动力装置、卷扬机及操纵系统;起重臂用角钢焊接组成的格构式杆件接长,其顶端设有两套滑轮组(起重滑轮组及变幅滑轮组),钢丝绳通过滑轮组连接到机身内部的卷扬机上。

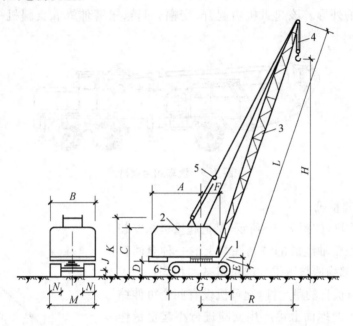

1—底盘;2—机棚;3—起重臂;4—起重滑轮组;5—变幅滑轮组;6—履带

图 7-8　履带式起重机

履带式起重机具有较大的起重能力和工作速度,在平整坚实的道路上还可持荷行走;但其行走时速度较慢,且履带对路面的破坏性较大,故当进行长距离转移时,须用平板拖车运输。常用的履带式起重机的起重量为 10～50 t,目前,最大的起重量达 300 t,最大起重高度可达 135 m。履带式起重机广泛应用于单层工业厂房、陆地桥梁等结构安装工程以及其他吊装工程。

履带式起重机的主要技术性能参数是起重量 Q、起重半径 R 和起重高度 H。起重量 Q 是指起重机安全工作所允许的最大起重物的质量,一般不包括吊钩的质量;起重半径 R 是指起重机回转中心至吊钩的水平距离;起重高度 H 是指起重吊钩中心至停机面的距离。

起重量 Q、起重半径 R 和起重高度 H 这三个参数之间存在相互制约的关系,且与起重臂的长度 L 和仰角 α 有关。当臂长一定时,随着起重臂仰角 α 的增大,起重量 Q 增大,起重半径 R 减小,起重高度 H 增大;当起重臂仰角 α 一定时,随着起重臂 L 的增大,起重量 Q 减小,起重半径 R 增大,起重高度 H 增大。

2. 汽车式起重机

　　汽车式起重机是把起重机构安装在普通载重汽车或专用汽车底盘上的一种自行杆式起重机。汽车式起重机的优点是行驶速度快、转移迅速、对地面破坏小,因此特别适用于流动性大、经常变换地点的作业;其缺点是不能负荷行驶,行驶时的转弯半径大,安装作业时稳定性差。为增加汽车式起重机的稳定性,设有可伸缩的支腿,起重时支腿落地。

　　目前,常用的汽车式起重机多为液压伸缩臂汽车起重机,液压伸缩臂一般有 2～4 节,最下(最外)一节为基本臂,吊臂内装有液压伸缩机构控制其伸缩。如图 7-9 所示为汽车式起重机的外形。该起重机由起升、变幅、回转、吊臂伸缩和支腿机构等组成,全为液压传动。

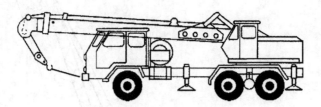

图 7-9　汽车式起重机

3. 轮胎式起重机

　　轮胎式起重机,如图 7-10 所示,是把起重机构安装在加重型轮胎和轮轴组成的特制底盘上的一种全回转式起重机,其上部构造与履带式起重机基本相同。为了保证安装作业时机身的稳定性,起重机设有四个可伸缩的支腿。在平坦的地面上可不用支腿进行小起重量作业及吊物低速行驶。

　　与汽车式起重机相比,其优点有:轮距较宽、稳定性好、车身短、转弯半径小、可在 360°范围内工作。但其行驶时对路面要求较高,行驶速度较汽车式起重机慢,不适用于在松软泥泞的地面上工作。

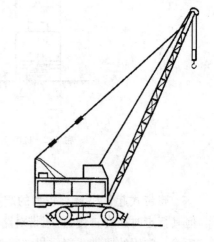

图 7-10　轮胎式起重机

三、塔式起重机

　　塔式起重机具有竖直的塔身,其起重臂安装在塔身顶部与塔身组成"T"形,使塔式起重机具有较大的工作空间。它的安装位置能靠近施工的建筑物,有效工作幅度较其他类型起重机大。塔式起重机种类繁多,广泛应用于多层及高层建筑工程施工中。

　　塔式起重机按起重能力可分为:

　　(1) 轻型塔式起重机:起重量为 0.5～3 t,一般用于六层以下民用建筑施工。

　　(2) 中型塔式起重机:起重量为 3～15 t,适用于一般工业建筑与高层民用建筑施工。

　　(3) 重型塔式起重机:起重量为 20～40 t,一般用于大型工业厂房的施工和高炉等设备的吊装。

塔式起重机按构造性能可分为轨道式、爬升式、附着式和固定式四种。

1. 轨道式塔式起重机

轨道式塔式起重机是一种在轨道上行驶的自行式塔式起重机。其中,有的只能在直线轨道上行驶,有的可沿"L"形或"U"形轨道行驶。作业范围在两倍幅度的宽度和走行线长度的矩形面积内,并可负荷行驶。QT₁-6 型塔式起重机如图 7-11 所示。

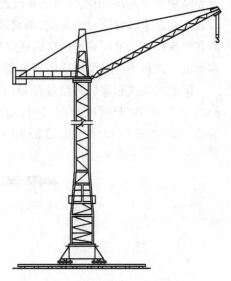

QT₁-6 型塔式起重机是塔顶回转式中型塔式起重机,由底座、塔身、起重臂、塔顶及平衡重物等组成。此起重机的最大起重力矩为 510 kN・m,最大起重量为 6 t,最大起重高度为 40.60 m,最大起重半径为 20 m。其特点是能转弯行驶,可根据需要适当增加塔身节数以增加起重高度,故适用面较广。但其重心高,对整机稳定及塔身受力不利,装拆费工时。

图 7-11　QT₁-6 型塔式起重机

2. 爬升式塔式起重机

爬升式塔式起重机是自升式塔式起重机的一种,它由底座、套架、塔身、塔顶、行车式起重臂、平衡臂等组成。它安装在高层装配式结构的框架梁或电梯间结构上,每安装 1~2 层楼的构件,便靠一套爬升设备使塔身沿建筑物向上爬升一次。这类起重机主要用于高层(10 层及以上)框架结构安装及高层建筑施工,其特点是机身小、重量轻、安装简单、不占用建筑物外围空间,适用于现场狭窄的高层建筑结构安装。但是,采用这种起重机施工,将增加建筑物的造价,造成司机的视野不良,需要一套辅助设备用于起重机拆卸。

目前,常用的爬升式塔式起重机型号主要有 QT₅-4/40 型、QT₃-4 型,也可用 QT₁-6 型轨道式塔式起重机改装成为爬升式起重机。爬升式塔式起重机的性能见表 7-1。

表 7-1　爬升式塔式起重机的性能

型号	起重量/t	幅度/m	起重高度/m	一次爬升高度/m
QT₅-4/40	4	2~11	110	8.6
	2~4	11~20		
QT₃-4	4	2.2~14	80	8.87
	3	15~20		

3. 附着式塔式起重机

附着式塔式起重机是固定在建筑物近旁钢筋混凝土基础上的自升式塔式起重机。随着建筑物的升高,利用液压自升系统逐步将塔顶顶升、塔身接高。为了保证塔身的稳定,附着式塔式起重机每隔一定高度,即将塔身与建筑物用锚固装置水平连接起来,使起重机依附在建筑物上。锚固装置由套装在塔身上的锚固环、附着杆及固定在建筑结构上的锚固支座构成。这种塔身起重机适用于高层建筑施工。

附着式塔式起重机的型号有 QT$_4$-10 型(起重量为 3～10 t)、ZT-1200(起重量为 4～8 t)、ZT-10 型(起重量为 3～6 t)、QT$_1$-4 型(起重量为 1.6～4 t)、QT(B)-3～5 型(起重量为 3～5 t)。图 7-12 所示为 QT$_4$-10 型附着式塔式起重机。

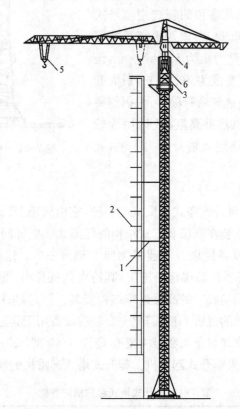

1—撑杆;2—建筑物;3—标准节;4—操纵室;5—起重小车;6—顶升套架

图 7-12　QT$_4$-10 型附着式塔式起重机

4. 固定式塔式起重机

固定式塔式起重机指的是固定在基础上或支承在基座上只能原地工作的起重机。固定式塔式起重机可以进行岸与船之间的装卸作业,其工作效率高、作业稳定性好、运转灵活,是内河湖泊理想的装卸设备,特别适用于码头的大量装卸作业。用户可选择配置吊钩或抓斗。采用吊钩或抓斗进行工作,可全工作幅度带载装卸,如钢材、袋货、木材等。当采用多肢专用吊钩时,可一次吊多件货物;当配电磁吸盘时,可吊废钢。图 7-13 所示为固定式塔式起重机。

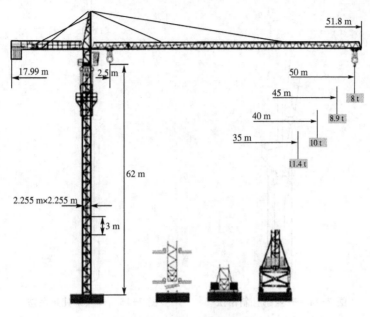

图 7-13　固定式塔式起重机

第三节　钢筋混凝土排架结构单层工业厂房结构吊装

一、单层结构的吊装

单层工业厂房的构件种类繁杂,重量大,且长度不一;其吊装工艺过程主要有绑扎、起吊、对位、临时固定、校正、最后固定等。

1. 柱子的吊装

(1) 柱的绑扎。吊装柱的方法,按吊起后柱身是否垂直,分为直吊法和斜吊法两种。对柱子的绑扎,要避免空中脱钩,并尽量用活络式卡环。为了避免吊索磨损柱子的表面,一般在吊索与柱子之间垫以麻袋等物。常用的绑扎方法有:

① 一点绑扎斜吊法。如图 7-14 所示,这种绑扎方法不需要翻动柱身,但要求柱子的抗弯能力满足吊装要求;由于吊索在柱的一侧,起重钩可能低于柱顶,所以起重高度相对较小,就位较困难,需辅以人工插入杯口。

② 一点绑扎直吊法。当柱子的宽度方向抗弯能力不足时,可在吊装前,先将柱子翻身后再吊起。这时,柱子在起吊时的抗弯能力强,但要求起重机的起重高度和起重臂长都比斜吊法大。此方法起吊后柱身呈直立状态,便于垂直插入杯口,如图 7-15 所示。

③ 两点绑扎法。当柱身较长时,若采用一点绑扎法,则柱的抗弯能力不足,可采用两点绑扎起吊。绑扎点位置,应选在使下绑扎点至柱重心的距离小于上绑扎点至柱重心的距离的地方,以保证将柱起吊后能自行旋转直立,如图 7-16 所示。

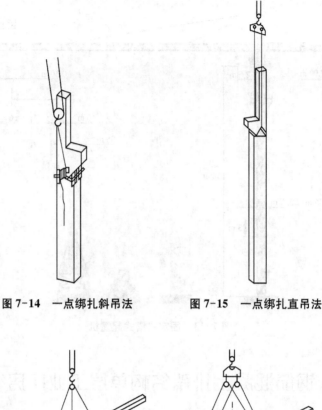

图 7-14　一点绑扎斜吊法　　　　图 7-15　一点绑扎直吊法

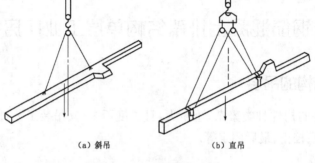

（a）斜吊　　　　　　　　（b）直吊

图 7-16　柱的两点绑扎法

（2）柱的起吊。柱的起吊方法有旋转法和滑行法两种。根据柱子的重量、长度，起重机的性能和施工现场条件，又可分为单机起吊和双机起吊两种方法。

①单机起吊。

a. 单机吊装旋转法。这种方法是起重机一边起钩，一边回转起重杆，使柱子绕柱脚旋转而起吊，直至插入杯口。

采用单机吊装旋转法，要使绑扎点、柱脚中心与基础杯口中心三点同弧。在起吊柱子时，柱脚应尽量靠近基础，以提高生产效率，如图 7-17 所示。采用旋转法吊装时，柱在吊装过程中所受振动较小，生产率高，但对起重机的机动性要求较高。

b. 单机吊装滑行法。采用这种方法吊装时，柱的绑扎点宜靠近基础，且须绑扎点、基础杯口中心两点同弧。这样，起重臂不动，起重钩及柱顶上升，柱脚沿地面向基础滑行，直至把柱竖直。为减小滑行时柱脚与地面的摩擦力，可在柱脚下设置托木、滚筒或铺设滑行道等。

滑行法与旋转法相比，前者柱身受振动大，耗费滑行材料多。只有当柱子较重、柱身较长、起重机的回转半径不够,或施工现场狭窄以及使用拔杆式起重机时才采用滑行法,如图7-18 所示。

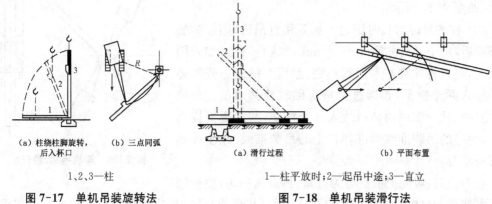

| （a）柱绕柱脚旋转,
后入杯口 | （b）三点同弧 | （a）滑行过程 | （b）平面布置 |

1、2、3—柱

1—柱平放时;2—起吊中途;3—直立

图 7-17　单机吊装旋转法　　　　　　　　**图 7-18　单机吊装滑行法**

② 双机起吊。

a. 双机抬吊旋转法。对于重型柱子,一台起重机吊不起来,可采用两台起重机抬吊,如图 7-19 所示。其中,图 7-19(a)所示为两点绑扎的柱,一台起重机抬上吊点,另一台起重机抬下吊点;图 7-19(b)所示为将柱平行抬起离开地面 $D+300$ mm;图 7-19(c)所示为上吊点的起重机将柱上部逐渐提升,下吊点不需要提升;图 7-19(d)所示为两台起重机将柱抬成垂直并在杯口就位。

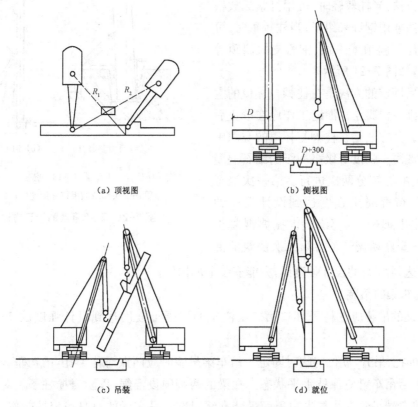

（a）顶视图　　　　　　　　　　　　　　　　（b）侧视图

（c）吊装　　　　　　　　　　　　　　　　（d）就位

图 7-19　双机抬吊旋转法

b. 双机抬吊滑行法。柱为一点绑扎,且绑扎点靠近基础,起重机在柱基的两侧,两台起重机在柱的同一绑扎点抬吊,如图 7-20 所示。

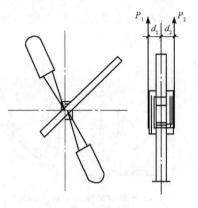

图 7-20 双机抬吊滑行法

(3) 柱的对位与临时固定。如采用直吊法,则柱脚插入杯口后,应于悬离杯底 30～50 mm 处进行对位;如采用斜吊法,则须将柱脚基本送到杯底,然后在吊索一侧的杯口中插入两个楔子,再通过起重机回转使其对位。对位时,应先从柱子四周向杯口放入 8 个楔块,并用撬棍拨动柱脚,使柱的吊装准线对准杯口上的吊装准线,并使柱基本保持垂直。

柱对位后,应先把楔块略为打紧,再放松吊钩,检查柱沉至杯底后的对中情况。若符合要求,即可将楔块打紧,然后起重钩便可脱钩。吊装重型柱或细长柱时,除须按上述进行临时固定外,必要时还应增设缆风绳拉锚。

(4) 柱的校正。柱的校正包括平面位置、标高和垂直度三个方面。由于柱的标高校正在基础抄平时已完成,平面位置在对位过程中也已完成,因此,柱的校正主要是指垂直度的校正。

柱垂直度的校正是指用两台经纬仪从柱相邻两边检查柱吊装准线的垂直度。柱垂直度的校正方法:当柱较轻时,可用打紧或放松楔块的方法或用钢钎来纠正;当柱较重时,可用螺旋千斤顶斜顶或平顶、钢管支撑斜顶等方法纠正,如图 7-21 所示。

柱最后固定的方法是在柱脚与杯口的空隙中浇筑细石混凝土。灌缝工作应在校正后立即进行。其方法是在柱脚与杯口的空隙中浇筑比柱混凝土强度等级高一级的细石混凝土,混凝土的浇筑分两次进行。第一次浇至楔子底面,待混凝土强度达到设计强度的 25% 后,拔出楔子,全部浇满。振捣混凝土时,注意不要碰动楔子。待第二次浇筑的混凝土强度达到 75% 的设计强度后,方能安装上部构件。

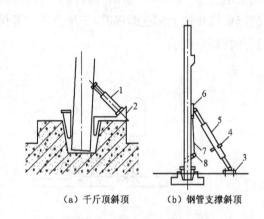

(a) 千斤顶斜顶　　(b) 钢管支撑斜顶

1—螺旋千斤顶;2—千斤顶支座;3—底板;4—转动手柄;
5—钢管;6—头部摩擦板;7—钢丝绳;8—卡环

图 7-21 柱垂直度的校正方法

2. 吊车梁的吊装

吊车梁的吊装应在柱子杯口第二次浇筑的混凝土强度达到设计强度的 75% 时方可进行。

(1) 绑扎、吊升、就位与临时固定。吊车梁吊装时应两点对称绑扎,吊钩垂线对准梁的重心,起吊后吊车梁应保持水平状态。在梁的两端须设溜绳,以防碰撞柱子。对位时应缓慢降钩,将梁端吊装准线与牛腿顶面吊装准线对准。吊车梁的自身稳定性较好,用垫铁垫平后,起重机即可脱钩,一般不需采用临时固定措施。当梁高与底宽之比大于 4 时,为防止吊车梁倾倒,可用铁丝将梁临时绑在柱子上,如图 7-22 所示。

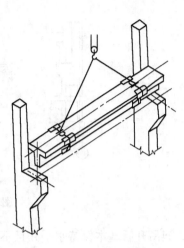

（2）校正和最后固定。吊车梁的校正工作一般应在厂房结构校正和固定后进行,以免屋架安装时引起柱子变位,而使吊车梁产生新的误差。对较重的吊车梁,由于脱钩后校正困难,可边吊边校,但屋架固定后要复查一次。校正包括标高、垂直度和平面位置三个方面。标高的校正已在基础杯底调整时基本完成,如仍有误差,可在铺轨时在吊车梁顶面抹一层砂浆来找平。平面位置的校正主要检查吊车梁纵轴线和跨距是否符合要求（纵向位置校正已在对位时完成）。垂直度用锤球检查,偏差应在 5 mm 以内,可在支座处加铁片垫平。吊车梁平面位置的校正方法,通常用通线法或平移轴线法。

图 7-22　吊车梁的吊装

① 通线法。通线法是指根据柱的定位轴线,在厂房跨端地面定出吊车梁的安装轴线位置并打入木桩。用钢尺检查两列吊车梁的轨距是否符合要求,然后用经纬仪将厂房两端的四根吊车梁位置校正。在校正后的柱列两端吊车梁上设支架（高约 200 mm）,拉钢丝通线并悬挂悬物拉紧。检查并拨正各吊车梁的中心线,如图 7-23 所示。

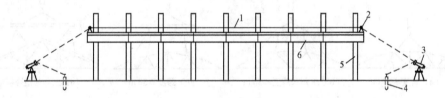

1—通线;2—支架;3—经纬仪;4—木桩;5—柱;6—吊车梁

图 7-23　通线法校正吊车梁示意图

② 平移轴线法。在柱列边设置经纬仪,逐根将杯口上柱的吊装中心线投影到吊车梁顶面处的柱身上,并做出标志。若柱安装中心线到定位轴线的距离为 a,则标志到吊车梁定位轴线的距离应为 $\lambda - a$（λ 为柱定位轴线到吊车梁定位轴线之间的距离,一般 $\lambda = 750$ mm）。可据此来逐根拨正吊车梁的吊装中心线,并检查两列吊车梁之间的距离是否符合要求,如图 7-24 所示。

3. 屋架的吊装

钢筋混凝土屋架有三角形屋架、梯形屋架、拱形屋架、多腹杆折线形屋架和组合屋架等。中小型单层工业厂房屋架的跨度为 12～24 m,质量为 3～10 t。钢筋混凝土屋架如在施工现场浇筑,则在屋架安装前应将屋架扶直、排放。

（1）屋架的绑扎。屋架的绑扎点应选在上弦节点处,左右对称,并高于屋架重心,使屋

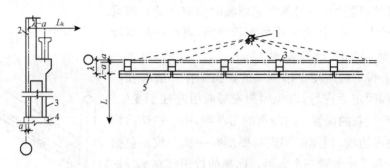

1—经纬仪;2—标志;3—柱;4—柱基础;5—吊车梁

图 7-24　平移轴线法校正吊车梁示意图

架吊升后基本保持水平并且不晃动、不倾倒,如图 7-25 所示。在屋架两端应加溜绳,以控制屋架转动。屋架吊点的数目及位置与屋架的形式和跨度有关,一般由设计确定,其选择方式应符合设计要求。一般钢筋混凝土屋架跨度小于或等于 18 m 时,两点绑扎;屋架跨度大于 18 m 且小于 30 m 时,用两根吊索,四点绑扎;屋架跨度大于或等于 30 m 时,为了降低屋架的起吊高度,应采用横吊梁(又称铁扁担),降低吊索高度。绑扎时吊索与水平面的夹角不宜小于 45°,以免屋架承受过大的横向压力。必要时,为了降低屋架的起吊高度及减少屋架所受的横向压力,可采用横吊梁。横吊梁应经过设计计算,以确保施工安全。

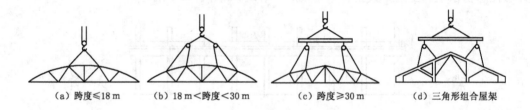

(a) 跨度≤18 m　　(b) 18 m<跨度<30 m　　(c) 跨度≥30 m　　(d) 三角形组合屋架

图 7-25　屋架绑扎方法

钢屋架的纵向刚度差,在翻身扶直与安装时,应绑扎几道杉木杆,作为临时加固措施,防止侧向变形。

(2)屋架的扶直与就位。扶直屋架时,由于起重机与屋架相对位置的不同,可分为正向扶直与反向扶直。

① 正向扶直。起重机位于屋架下弦杆一边,吊钩对准屋架上弦中点,收紧吊钩后略起臂使屋架脱模,接着升臂并同时升钩,使屋架以下弦为轴心缓缓转为直立状态,如图 7-26(a)所示。

② 反向扶直。起重机位于屋架上弦一边,吊钩对准屋架上弦中点,然后升钩,降臂使屋架下弦转动而直立,如图 7-26(b)所示。

两种扶直方法的不同点为:扶直过程中,前者边升钩边起臂,后者则边升钩边降臂。因为升臂较降臂易操作,且较安全,所以在现场预制平面布置中应尽量采用正向扶直方法。

扶直时,先将吊钩对准屋架平面中心,收紧吊钩后,起重臂稍抬起使屋架脱模。若叠浇

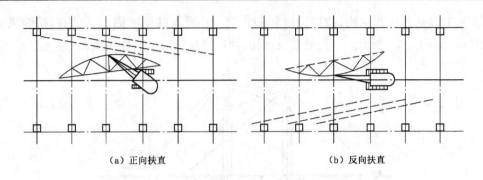

（a）正向扶直　　　　　　　　　（b）反向扶直

图 7-26　屋架的扶直

的屋架间有严重粘结时,应先用撬杠撬或钢钎凿等方法,使其上、下分开,不能硬拉,以免造成屋架损坏,因为屋架的侧向刚度很差。另外,为防止屋架在扶直过程中突然下滑而损坏,须在屋架两端搭井字架或枕木垛,以便在屋架由平卧转为竖立后将屋架搁置其上。

屋架扶直后应吊往柱边就位,用铁丝或木杆将屋架与已安装的柱子绑牢,以保持稳定。屋架就位位置应在预制时事先加以考虑,以便确定屋架的两端朝向及预埋件位置。当与屋架预制位置在起重机开行路线同一侧时,称为同侧就位,如图 7-26(a)所示;当与屋架预制位置分别在起重机开行路线各一侧时,称为异侧就位,如图 7-26(b)所示。采用哪种方法,应视施工现场条件而定。

（3）屋架的吊升、对位与临时固定。屋架的吊升方法有单机吊装和双机抬吊,双机抬吊仅在屋架重量较大或一台起重机的吊装能力不能满足吊装要求的情况下采用。

单机吊装屋架时,先将屋架吊离地面 300 mm,再将屋架吊至吊装位置的下方,升钩将屋架吊至超过柱顶 300 mm,最后将屋架缓降至柱顶,进行对位。屋架对位应以建筑物的定位轴线为准,对位前应事先将建筑物轴线用经纬仪投放在柱顶面上。对位以后,立即临时固定,然后起重机脱钩。

双机抬吊时,应将屋架立于跨中。起吊时,一机在前,一机在后,两机共同将屋架吊离地面约 1.5 m,后机将屋架从起重臂一侧转向另一侧(调挡),然后同时升钩将屋架吊起,并送到安装位置,如图 7-27 所示。

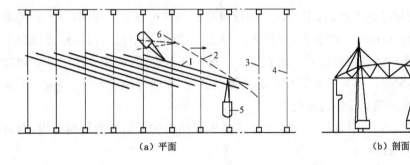

（a）平面　　　　　　　　　（b）剖面

1—起吊时屋架位置;2—侧转后屋架位置;3、4—屋架就位;5、6—起重机

图 7-27　双机抬吊安装屋架

屋架对位后是单片结构,侧向刚度较差。第一榀屋架的临时固定,可用四根缆风绳从两边拉牢,如图7-28所示。若先吊装抗风柱,则可将屋架与抗风柱连接。

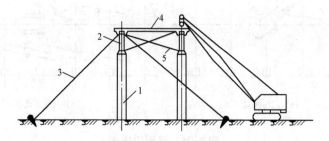

1—柱子;2—屋架;3—缆风绳;4—工具式支撑;5—屋架垂直支撑

图7-28　屋架的临时固定

第二榀屋架以及其后各榀屋架可用屋架校正器(工具式支撑),临时固定在前一榀屋架上,如图7-29所示。每榀屋架至少用两个屋架校正器。

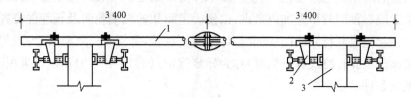

1—钢管;2—撑脚;3—屋架上弦

图7-29　屋架校正器

(4) 屋架的校正与最后固定。屋架的校正内容是检查并校正其垂直度,用经纬仪或锤球检查,用屋架校正器或缆风绳校正。

用经纬仪检查屋架垂直度时,在屋架上弦安装三个卡尺(一个安装在屋架中央,两个安装在屋架两端),自屋架上弦几何中心线量出500 mm,在卡尺上做出标志。然后,在距屋架中线500 mm处的地面上,设一台经纬仪,用其检查三个卡尺上的标志是否在同一垂直面上。

用锤球检查屋架垂直度时,卡尺标志的设置与经纬仪检查方法相同,标志距屋架几何中心线的距离取300 mm。在两端卡尺标志之间连一通线,从中央卡尺的标志处向下挂锤球,检查三个卡尺的标志是否在同一垂直面上。施工规范规定,屋架上弦中部对通过两支座中心的垂直面偏差不得大于$h/250$(h为屋架高度)。如超过偏差允许值,应用工具式支撑加以纠正,并在屋架端部垫入薄钢片。

屋架校正完毕,立即用电弧焊固定。要求在屋架两端的不同侧面同时施焊,以防因焊缝收缩而导致屋架倾斜。

二、单层结构的安装方案

结构安装工程施工方案应着重解决结构吊装方法、起重机的选择、开行路线、停机位置及构件的平面布置等。

1. 结构吊装方法

结构吊装方法主要有分件吊装法和综合吊装法两种。

（1）分件吊装法。分件吊装法是指起重机开行一次，只吊装一种或几种构件。通常分三次开行吊装完全部构件：第一次吊装柱，并逐一进行校正和最后固定；第二次吊装吊车梁、连系梁及柱间支撑等；第三次以节间为单位吊装屋架、天窗架和屋面板等构件。

分件吊装法的优点是每次吊装同类构件，索具不需经常更换，且操作程序相同；吊装速度快，校正有充分时间，构件可分批进场，供应单一，平面布置比较容易，现场不致拥挤；可根据不同构件选用不同性能的起重机或同一类型起重机选用不同的起重臂，以充分发挥机械效能。其缺点是不能为后续工程及早提供工作面，起重机开行路线较长。

（2）综合吊装法。综合吊装法是指起重机在车间内的一次开行中，分节间吊装各种类型的构件。具体做法是：先吊装 46 根柱子，立即加以校正和固定，接着吊装吊车梁、连系梁、屋架、屋面板等构件。吊装完一个节间的所有构件后，转入吊装下一个节间。综合吊装法的优点是起重机开行路线短，停机点位置少，可为后续工作创造工作面，有利于组织立体交叉、平行流水作业，以加快工程进度；其缺点是要同时吊装各种类型构件，不能充分发挥起重机的效能，造成构件供应紧张、平面布置复杂、校正困难。

2. 起重机的选择

起重机的选择包括起重机类型的选择、起重机型号的选择和起重机数量的计算。

（1）起重机类型的选择。起重机类型的选择应根据其结构形式及构件的尺寸、重量、安装高度、吊装方法和现有起重设备的条件来确定。中小型厂房一般采用自行杆式起重机；重型厂房跨度大、构件重、安装高度大，厂房内设备安装往往要同结构吊装同时进行，因此，一般选用大型自行杆式起重机或重型塔式起重机与其他起重机械配合使用；多层装配式结构可采用轨道式塔式起重机；高层装配式结构可采用爬升式、附着式塔式起重机。

（2）起重机型号的选择。起重机型号的选择原则是：所选起重机的三个参数，即起重量 Q、起重高度 H 和工作幅度（回转半径）R 均须满足结构吊装要求。

① 起重量。起重机的起重量必须满足式（7-1）的要求，即

$$Q \geqslant Q_1 + Q_2 \tag{7-1}$$

式中：Q 为起重机的起重量(t)；Q_1 为构件的重量(t)；Q_2 为索具的重量(t)。

② 起重高度。起重机的起重高度必须满足所吊构件的高度要求，如图 7-30 所示，即

$$H \geqslant h_1 + h_2 + h_3 + h_4 \tag{7-2}$$

式中：H 为起重机的起重高度(m)，即从停机面至吊钩的垂直距离；h_1 为安装支座表面高度(m)，从停机面算起；h_2 为安装间隙，应不小于 0.3 m；h_3 为绑扎点至构件吊起后底面的距离(m)；h_4 为索具高度(m)，自绑扎点至吊钩面，应不小于 1 m。

③ 起重回转半径。起重回转半径的确定可从以下两种情况考虑：

a. 当起重机可以不受限制地开到构件安装位置附近安装时，在计算起重量和起重高度后，便可查阅起重机的起重性能表或性能曲线来选择起重机型号及起重臂长，从而查得在

起重量和起重高度下相应的起重回转半径。

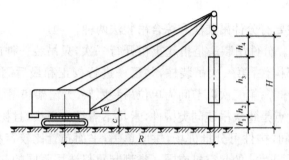

图 7-30　起重机起重高度计算简图

b. 当起重机不能直接开到构件安装位置附近安装构件时,应根据起重量、起重高度和起重回转半径三个参数,查阅起重机性能表或性能曲线来选择起重机型号及起重臂长。

(3) 起重机数量的选择。起重机数量可按下式计算

$$N = \frac{1}{TCK} \sum \frac{Q_i}{P_i} \tag{7-3}$$

式中:N 为起重机台数;T 为工期(d);C 为每天工作班数;K 为时间利用系数,一般情况下取 0.8~0.9;Q_i 为每种构件的安装工程量(件或 t);P_i 为起重机相应的产量定额(件/台班或 t/台班)。

另外,在确定起重机数量时还应考虑构件装卸和就位工作的需要。

3. 起重机的开行路线和停机位置

起重机的开行路线和停机位置与起重机的性能、构件尺寸及重量、构件的平面布置、构件的供应方式和安装方法等因素有关。

采用分件吊装时,起重机的开行路线有以下两种:

(1) 柱吊装时,起重机的开行路线有跨边开行和跨中开行两种,如图 7-31 所示。

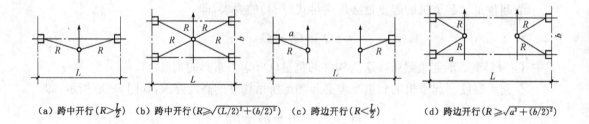

(a) 跨中开行$(R>\frac{l}{2})$　(b) 跨中开行$(R\geqslant\sqrt{(L/2)^2+(b/2)^2})$　(c) 跨边开行$(R<\frac{l}{2})$　(d) 跨边开行$(R\geqslant\sqrt{a^2+(b/2)^2})$

图 7-31　吊装柱时,起重机的开行路线和停机位置

如果柱子布置在跨内:

当起重半径 $R>L/2$(L 为厂房跨度)时,起重机在跨中开行,每个停机点可吊两根柱,如图 7-31(a)所示。

当起重半径 $R \geqslant \sqrt{(L/2)^2 + (b/2)^2}$（$b$ 为柱距）时，起重机在跨中开行，每个停机点可吊四根柱，如图 7-31(b)所示。

当起重半径 $R < L/2$ 时，起重机在跨内靠边开行，每个停机点只吊一根柱，如图 7-31(c)所示。

当起重半径 $R \geqslant \sqrt{a^2 + (b/2)^2}$ 时（a 为开行路线到跨边的距离），起重机在跨内靠边开行，每个停机点可吊两根柱，如图 7-31(d)所示。

如果柱子布置在跨外，起重机在跨外开行，每个停机点可吊 12 根柱。

(2) 屋架扶直就位及屋盖系统吊装时，起重机在跨中开行。如图 7-32 所示是单跨厂房采用分件吊装法时，起重机的开行路线和停机位置图。起重机从Ⓐ轴线进场，沿跨外开行吊装Ⓐ列柱，再沿Ⓑ轴线跨内开行吊装Ⓑ列柱，然后转到Ⓐ轴线扶直屋架并将其就位，再转到Ⓑ轴线吊装Ⓑ列吊车梁、连系梁，随后转到Ⓐ轴线吊装Ⓐ列吊车梁、连系梁，最后转到跨中吊装屋盖系统。

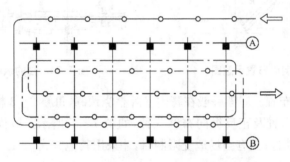

图 7-32　起重机的开行路线和停机位置

当单层厂房面积大或具有多跨结构时，为加快进度，可将建筑物划分为若干段，选用多台起重机同时作业。每台起重机可以独立作业，完成一个区段的全部吊装工作，也可选用不同性能的起重机协同作业，有的专门吊柱，有的专门吊屋盖系统结构，组织大流水施工。

4. 构件的平面布置

当起重机型号及结构吊装方案确定之后，即可根据起重机性能、构件制作及吊装方法，并结合施工现场情况确定构件的平面布置。

(1) 构件平面布置的要求。

① 每跨的构件宜布置在本跨内，如场地狭窄、布置有困难时，也可布置在跨外便于安装的地方。

② 构件的布置应便于支模和浇筑混凝土。对预应力构件应留有抽管，以及穿筋的操作场地。

③ 构件的布置要满足安装工艺的要求，尽可能在起重机的工作半径内，以减少起重机"跑吊"的距离及起重杆的起伏次数。

④ 构件的布置应保证起重机、运输车辆的道路畅通。起重机回转时，机身不得与构件相碰。

⑤ 构件的布置要注意安装时的朝向,避免在空中调向,影响进度和安全。

⑥ 构件应布置在坚实地基上。在新填土上布置时,土要夯实,并采取一定措施,防止下沉而影响构件质量。

(2)柱的预制布置。柱的预制布置分为斜向布置和纵向布置两种。

① 柱的斜向布置。如柱采用旋转法起吊,应按三点共弧斜向布置,如图 7-33 所示。

② 柱的纵向布置。当柱采用滑行法吊装时,可以纵向布置。预制柱的位置与厂房纵轴线相平行。若柱长小于 12 m,为节约模板与场地,两柱可叠浇,排成一行;若柱长大于 12 m,则可叠浇,排成两行。在柱吊装时,起重机宜停在两柱基的中间,每停机一次可吊装两根柱,如图 7-34 所示。

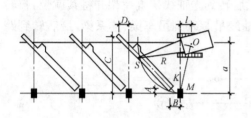

图 7-33　柱的斜向布置示意图

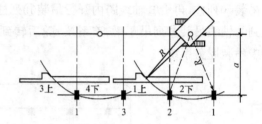

图 7-34　柱的纵向布置示意图

(3)屋架的预制布置。屋架一般在跨内平卧叠浇预制,每叠 2~3 榀。布置方式有正面斜向布置、正反斜向布置及正反纵向布置三种,如图 7-35 所示。应优先采用正面斜向布置,以便于屋架扶直就位;只有当场地受限制时,才采用其他方式。

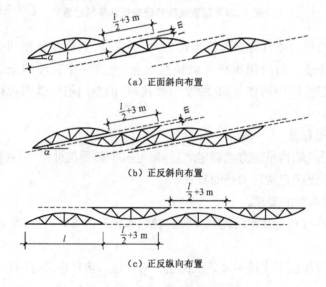

(a)正面斜向布置

(b)正反斜向布置

(c)正反纵向布置

图 7-35　屋架预制布置示意图

屋架正面斜向布置时,下弦与厂房纵轴线的夹角 α 为 $10°\sim20°$。预应力屋架的两端应留出 $l/2+3$ m 的距离(l 为屋架跨度)作为抽管、穿筋的操作场地;如一端抽管时,应留出 $l+3$ m 的距离。用胶皮管作预留孔时,可适当缩短。每两垛屋架之间要留 1 m 左右的空隙,以便支模和浇筑混凝土。

屋架平卧预制时还应考虑屋架扶直就位的要求和扶直的先后次序,先扶直的放在上层并按轴编号。对于屋架两端朝向及预埋件位置,也要做出标记。

(4)吊车梁的预制布置。当吊车梁安排在现场预制时,可靠近柱基顺纵向轴线或略做倾斜布置,也可插在柱子的空隙中预制。如具有运输条件,也可在场外集中预制。

(5)屋架的扶直就位。屋架扶直后应立即进行就位。按就位位置的不同,可分为同侧就位和异侧就位两种,如图 7-36 所示。同侧就位时,屋架的预制位置与就位位置均在起重机开行路线的同一边;异侧就位时,须将屋架由预制的一边转至起重机开行路线的另一边,此时,屋架两端的朝向已有变动。因此,在预制屋架时,对屋架的就位位置应事先加以考虑,以便确定屋架两端的朝向及预埋件的位置。

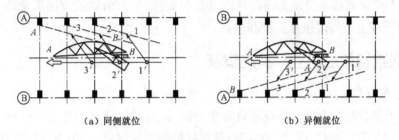

（a）同侧就位　　　　　　　　　（b）异侧就位

图 7-36　屋架就位示意图

(6)吊车梁、连系梁、屋面板的就位。单层工业厂房除柱和屋架等大构件在现场预制外,其他如吊车梁、连系梁、屋面板等均在构件厂或附近露天预制场制作,运到现场吊装施工。

构件运到现场后,应按施工组织设计所规定的位置,按编号及构件吊装顺序进行就位或集中堆放。梁式构件的叠放不宜超过 2 层,大型屋面板的叠放不宜超过 8 层。

吊车梁、连系梁的就位位置,一般在其吊装位置的柱列附近,跨内跨外均可,从运输车上直接吊至设计位置。

根据起重机吊屋面板时所需的起重半径,当屋面板在跨内排放时,应后退 3~4 个节间开始排放;若在跨外排放,应向后退 1~2 个节间开始排放。此外,也可根据具体条件采取随吊随运的方法。

第四节　钢结构单层工业厂房的制作安装

单层钢结构工程以单层工业厂房结构安装最为典型。钢结构单层工业厂房一般由柱、柱间支撑、吊车梁、制动梁(桁架)、托架、屋架、天窗架、上下弦支撑、檩条及墙体骨架等构件组成。柱基通常采用钢筋混凝土阶梯或独立基础。

一、一般规定

(1)单层工业厂房安装前,应按变形缝或空间刚度单元等划分成一个或若干个检验批。

地下钢结构可按不同地下层划分检验批。

(2) 钢结构安装检验批应在进场验收和焊接连接、紧固件连接、制作等分项工程验收合格的基础上进行验收。

(3) 安装的测量校正、高强度螺栓安装、负温度下施工及焊接工艺等,应在安装前进行工艺试验或评定,并应在此基础上制定相应的施工工艺或方案。

(4) 安装偏差的检测,应在结构形成空间刚度单元并连接固定后进行。

(5) 安装时,必须控制屋面、楼面、平台等的施工荷载和冰雪荷载等,严禁超过桁架、楼面板、屋面板、平台铺板等的承载能力。

(6) 在形成空间刚度单元后,应及时对柱底板和基础顶面的空隙进行细石混凝土、灌浆料等二次浇灌。

(7) 吊车梁或直接承受动力荷载的梁及其拉翼缘、吊车桁架或直接承受动力荷载的桁架及其受拉弦杆上不得焊接悬挂物和卡具。

二、钢结构单层工业厂房的安装

1. 钢柱的安装

(1) 柱子安装前应设置标高观测点和中心线标志,并且要与土建工程一致。标高观测点的设置应以牛腿(肩梁)支承面为基准,设在柱的便于观测处;无牛腿(肩梁)柱,应以顶端与桁架连接的最后一个安装孔中心为基准。

(2) 中心线标志的设置应符合下列规定:在柱底板的上表面行线方向设一个中心标志,列线方向两侧各设一个中心标志。在柱身表面的行线和列线方向各设一个中心线,每条中心线在柱底部、中部(牛腿或肩梁部)和顶部各设一处中心标志。

双牛腿(肩梁)柱在行线方向的两个柱身表面分别设中心标志。

(3) 多节柱安装时,宜将柱组装后再整体吊装。

(4) 钢柱安装就位后需要调整时,校正应符合下列规定:应排除阳光侧面照射所引起的偏差。应根据气温(季节)控制柱垂直度偏差:气温接近当地年平均气温时(春、秋季),柱垂直度偏差应控制在"0"附近;气温高于或低于当地平均气温时,应以每个伸缩段(两伸缩缝间)设柱间支撑的柱子为基准。垂直度校正接近至"0"时,行线方向连跨应以与屋架刚性连接的两柱为基准。此时,当气温高于平均气温(夏季)时,其他柱应倾向基准点相反方向;气温低于平均气温(冬期)时,其他柱应倾向基准点方向。柱的倾斜值应根据施工时的气温和构件跨度与基准的距离而定。

(5) 柱子安装的允许偏差应符合相关要求。

(6) 屋架、吊车梁安装后,进行总体调整,然后固定连接。固定连接后还应进行复测,超差的应进行调整。

(7) 对长细比较大的柱子,吊装后应增加临时固定措施。

(8) 柱子支承的安装应在柱子校正后进行,只有在确保柱子垂直度的情况下,才可安装柱间支承,且支承不得弯曲。

(9) 单层钢结构的安装中,柱子安装的允许偏差应符合表7-2的规定。

表 7-2　单层钢结构中柱子安装的允许偏差

项目		允许偏差/mm	图例	检验方法
柱脚底座中心线对定位轴线的偏移		±5.0		用吊线和钢尺检查
柱基准点标高	有吊车梁的柱	+3.0 −5.0		用水准仪检查
	无吊车梁的柱	+5.0 −8.0		
弯曲矢高		$H/1\,200$,且不应大于±15.0		用经纬仪或拉线和钢尺检查
柱轴线垂直度	单层柱 $H\leqslant10$ m	$\pm H/1\,000$		用经纬仪或吊线和钢尺检查
	单层柱 $H>10$ m	$\pm H/1\,000$,且不应大于±25.0		
	多节柱 单节柱	$H/1\,000$,且不应大于±10.0		
	多节柱 柱全高	±35.0		

2. 钢吊车梁的安装

（1）测量准备。用水准仪测出每根钢柱上标高观测点在柱子校正后的标高实际变化值,做好实际测量标记。根据各钢柱上搁置吊车梁的牛腿面的实际标高值,以标高值为基准,得出各钢柱上搁置吊车梁的牛腿面的实际标高差。根据各个标高差值和吊车梁的实际高差来加工不同厚度的钢垫板,同一牛腿面上的钢垫板应分成两块加工。吊装吊车梁前,将垫板点焊在牛腿面上。

在进行安装之前,应将吊车梁的分中标记引至吊车梁的端头,以利于吊装时按柱牛腿的定位轴线临时定位。

（2）吊装。钢吊车梁吊装须在柱子最后固定、柱间支承安装完毕后进行。吊装时,一般利用梁上的工具式吊耳作为吊点或捆绑法进行吊装。

在屋盖吊装前安装吊车梁,可采用单机吊和双机抬吊等吊装方法。

在屋盖吊装后安装吊车梁,最佳的吊装方法是利用屋架端头或柱顶拴滑轮组来吊装,或用短臂起重机或独脚拔杆起重机吊装。

(3)吊车梁的校正。钢吊车梁的校正包括标高调整、纵横轴线调整和垂直度调整。钢吊车梁的校正必须在结构形成刚度单元以后才能进行。

纵、横轴线校正:柱子安装后,应及时将柱间支撑安装好形成排架,用经纬仪在柱子纵向侧端部把柱基控制轴线引到牛腿顶部的水平位置,定出正确轴线距吊车梁中心线的距离,在吊车梁顶面中心线拉一通长钢丝(也可用经纬仪),逐根将梁端部调整到位。为方便调整位移,吊车梁下翼缘一端为正圆孔,另一端为椭圆孔,用千斤顶和手拉葫芦进行轴线位移,将铁楔再次调整、垫实。

当两排吊车梁纵、横轴线无误时,复查吊车梁跨距。

吊车梁的标高和垂直度的校正可通过对钢垫板的调整来实现。吊车梁的垂直度校正应和吊车梁轴线的校正同时进行。

(4)根据《钢结构工程施工质量验收规范》(GB 50205—2001)的规定,钢吊车梁安装的允许偏差见表7-3。

表 7-3　钢吊车梁安装的允许偏差

项目		允许偏差/mm	图例	检验方法
梁的跨中垂直度 Δ		$\pm H/500$		用吊线和钢尺检查
侧向弯曲矢高		$l/1\,500$,且应不大于 ±10.0		
垂直上拱矢高		±10.0		
两端支座中心位移 Δ	安装在钢柱上时,对牛腿中心的偏移	±5.0		用拉线和钢尺检查
	安装在混凝土柱上时,对定位轴线的偏移	±5.0		
吊车梁支座加劲板中心与柱子承压加劲板中心的偏移 Δ_1		$\pm t/2$		用吊线和钢尺检查

（续表）

项目		允许偏差/mm	图例	检验方法
同跨间内同一横截面吊车梁顶面高差 Δ	支座处	±10.0	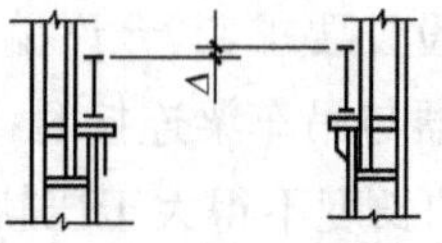	用经纬仪、水准仪和钢尺检查
	其他处	±15.0		
同跨间内同一横截面下挂式吊车梁底面高差 Δ		±10.0	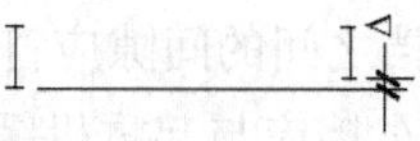	
同列相邻两柱间吊车梁顶面高差 Δ		±l/15.0,且不应大于±10.0	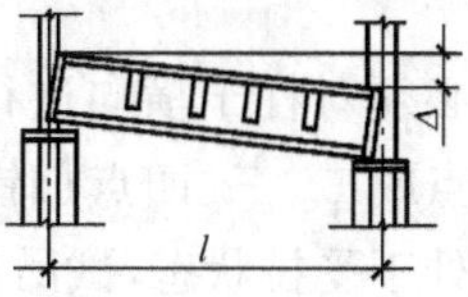	用水准仪和钢尺检查
相邻两吊车梁接头部位 Δ	中心错位	±3.0	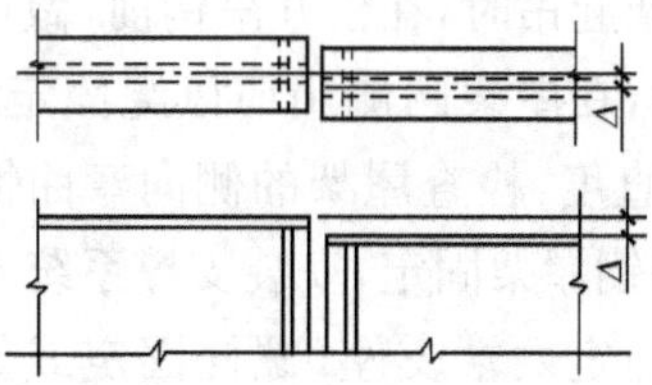	用钢尺检查
	上承式顶面高差	±1.0		
	下承式底面高差	±1.0		
同跨间任一截面的吊车梁中心跨距 Δ		±10.0	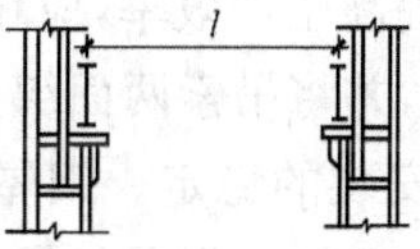	用经纬仪和光电测距仪检查;跨度小时,可用钢尺检查
轨道中心对吊车梁腹板轴线的偏移 Δ		±t/2	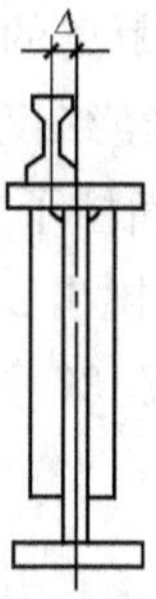	用吊线和钢尺检查

3. 吊车轨道的安装

（1）吊车轨道的安装应在吊车梁安装符合规定后进行。

（2）吊车轨道的规格和技术条件应符合设计要求和国家现行相关标准的规定,如有变形,经矫正后方可安装。

（3）在吊车梁顶面上弹放墨线的安装基准线,也可在吊车梁顶面上拉设钢线,作为轨道安装基准线。

（4）轨道接头采用鱼尾板连接时，要做到：

① 轨道接头应顶紧，间隙不应大于 3 mm；接头错位不应大于 1 mm。

② 伸缩缝应符合设计要求，其允许偏差为 ±3 mm。

③ 轨道采用压轨器与吊车梁连接时，要做到：压轨器与吊车梁上翼应密贴，其间隙不得大于 0.5 mm，有间隙的长度不得大于压轨器长度的 1/2；压轨器固定螺栓紧固后，螺纹露长不应少于两倍螺距。

（5）轨道端头与车挡之间的间隙应符合设计要求，当设计无要求时，应根据温度留出轨道自由膨胀的间隙。两车挡应与起重机缓冲器同时接触。

4. 钢屋架的安装

钢屋架吊安装前，必须对柱子横向进行复测和复校。钢屋架的侧向刚度较差，安装前需要加固。单机吊（一点或二、三、四点加铁扁担办法）要加固下弦，双机抬吊要加固上弦。吊装时，保证屋架下弦处于受拉状态，试吊至距地面 50 cm 处，检查无误后再继续起吊。

屋架的绑扎点必须绑扎在屋架节点上，以防构件在吊点处产生弯曲变形。其吊装流程如下：第一榀钢屋架起吊时，在松开吊钩前，做初步校正，对准屋架基座中心线和定位轴线，进行就位。就位后，在屋架两侧用缆风绳固定。如果端部有挡风柱，校正后可用挡风柱固定，调整屋架的垂直度，检查屋架的侧向弯曲情况。第二榀屋架起吊就位后，不要松钩，用绳索临时与第一榀钢屋架固定，安装支撑系统及部分檩条，每坡用一个屋架间调整器，进行屋架垂直度校正，固定两端支座（螺栓固定或焊接），安装垂直支撑和水平支撑，检查无误后，成为样板间，以此类推。

为减少高空作业，提高生产效率，应在地面上将天窗架预先拼装在屋架上，并将吊索两面绑扎，把天窗架夹在中间，以保证整体安装的稳定。钢屋架垂直度校正法如下：在屋架下弦一侧拉一根通长钢丝，同时在屋架上弦中心线引出一个同等距离的标尺，用线坠或经纬仪进行校正。也可用一台经纬仪，将其放在柱顶一侧，与轴线平移 a 距离，在对面柱子上同样有一距离为 a 的点，从屋架中线处标尺挑出 a 距离，三点在一条线上，即可使屋架垂直，如图 7-37 所示，图中还可将线坠和通长钢丝换成钢丝绳。

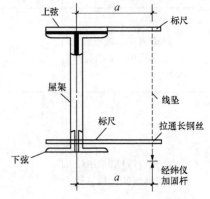

图 7-37　钢屋架垂直校正示意图

5. 维护系统结构的安装

墙面檩条等构件的安装，应在主体结构调整定位后进行，可用拉杆螺栓调整墙面檩条的平直度。

6. 钢平台、钢梯及栏杆的安装

（1）钢平台、钢梯、栏杆的安装，应符合设计要求及相关规定。

（2）平台钢弧应铺设平整，与支撑梁密贴，表面应有防滑措施，栏杆的安装应牢固可靠，扶手转角应光滑。

第五节　结构安装工程质量要求及安全措施

一、结构安装工程质量要求

1. 预制构件施工质量验收标准

1) 主控项目

(1) 预制构件的质量应符合《混凝土结构工程施工质量验收规范》(GB 50204—2015)现行国家相关标准的规定和设计的要求。

检查数量：全数检查。

检验方法：检查质量证明文件或质量验收记录。

(2) 混凝土预制构件专业企业生产的预制构件进场时，预制构件结构性能检验应符合下列规定：

① 梁板类简支受弯预制构件进场时应进行结构性能检验，并应符合下列规定：

a. 结构性能检验应符合国家现行相关标准的有关规定及设计的要求，检验要求和试验方法应符合相关规范的规定。

b. 钢筋混凝土构件和允许出现裂缝的预应力混凝土构件应进行承载力、挠度和裂缝宽度检验；不允许出现裂缝的预应力混凝土构件应进行承载力、挠度和抗裂检验。

c. 对大型构件及有可靠应用经验的构件，可只进行裂缝宽度、抗裂和挠度检验。

d. 对使用数量较少的构件，当能提供可靠依据时，可不进行结构性能检验。

② 对其他预制构件，除设计有专门要求外，进场时可不做结构性能检验。

③ 对进场时不做结构性能检验的预制构件，应采取下列措施：

a. 施工单位或监理单位代表应驻厂监督生产过程。

b. 当无驻厂监督时，预制构件进场时应对其主要受力钢筋数量、规格、间距、保护层厚度及混凝土强度等进行实体检验。

检查数量：同一类型预制构件不超过 1 000 个为一批，每批随机抽取 1 个构件进行结构性能检验。

检验方法：检查结构性能检验报告或实体检验报告。

说明："同类型"是指同一钢种、同一混凝土强度等级、同一生产工艺和同一结构形式。抽取预制构件时，宜从设计荷载最大、受力最不利或生产数量最多的预制构件中抽取。

(3) 预制构件的外观质量不应有严重缺陷，且不应有影响结构性能和安装、使用功能的尺寸偏差。

检查数量：全数检查。

检验方法：观察，尺量；检查处理记录。

(4) 预制构件上的预埋件、预留插筋、预埋管线等的规格和数量以及预留孔、预留洞的数量应符合设计要求。

检查数量:全数检查。

检验方法:观察。

2)一般项目

(1)预制构件应有标志。

检查数量:全数检查。

检验方法:观察。

(2)预制构件的外观质量不应有一般缺陷。

检查数量:全数检查。

检验方法:观察,检查处理记录。

(3)预制构件尺寸偏差及检验方法应符合表 7-4 的规定;设计有专门规定时,还应符合设计要求。施工过程中临时使用的预埋件,其中心线位置的允许偏差可取表 7-4 中规定数值的 2 倍。

检查数量:同一类型的构件不超过 100 个为一批,每批应抽查构件数量的 5%,且不应少于 3 个。

表 7-4　预制构件尺寸允许偏差及检验方法

项目			允许偏差/mm	检验方法
长度	楼板、梁、柱、桁架	<12 m	±5	尺量
		≥12 m 且<18 m	±10	
		≥18 m	±20	
	墙板		±4	
宽度、高(厚)度	楼板、梁、柱、桁架		±5	尺量一端及中部,取其中偏差绝对值较大处
	墙板		±4	
表面平整度	楼板、梁、柱、墙板内表面		±5	2 m 靠尺和塞尺量测
	墙板外表面		±3	
侧向弯曲	楼板、梁、柱		±L/750 且≤20	拉线、直尺量测最大侧向弯曲处
	墙板、桁架		±L/1 000 且≤20	
翘曲	楼板		±L/750	调平尺在两端量测
	墙板		±L/1 000	
对角线	楼板		±10	尺量两个对角线
	墙板		±5	
预留孔	中心线位置		±5	尺量
	孔尺寸		±5	
预留洞	中心线位置		±10	尺量
	洞口尺寸、深度		±10	

(续表)

项目		允许偏差/mm	检验方法
预埋件	预埋板中心线位置	±5	尺量
	预埋板与混凝土面平面高差	0，-5	
	预埋螺栓	±2	
	预埋螺栓外露长度	+10，-5	
	预埋套筒、螺母中心线位置	±2	
	预埋套筒、螺母与混凝土面平面高差	±5	
预留插筋	中心线位置	±5	尺量
	外露长度	+10，-5	
键槽	中心线位置	±5	尺量
	长度、宽度	±5	
	深度	±10	

注：(1) L 为构件长度，单位为 mm；(2) 检查中心线、螺栓和孔道位置偏差时，应沿纵、横两个方向量测，并取其中偏差较大值。

（4）预制构件的粗糙面的质量及键槽的数量应符合设计要求。

检查数量：全数检查。

检验方法：观察。

2. 装配式结构施工质量验收标准

1）主控项目

（1）预制构件临时固定措施应符合施工方案的要求。

检查数量：全数检查。

检验方法：观察。

（2）钢筋采用套筒灌浆连接时，灌浆应饱满、密实，其材料及连接质量应符合国家现行行业标准《钢筋套筒灌浆连接应用技术规程》（JGJ 355—2015）的规定。

检查数量：按现行行业标准《钢筋套筒灌浆连接应用技术规程》（JGJ 355—2015）的规定确定。

检验方法：检查质量证明文件、灌浆记录及相关检验报告。

（3）钢筋采用焊接连接时，其接头质量应符合现行行业标准《钢筋焊接及验收规程》（JGJ 18—2012）的规定。

检查数量：按现行行业标准《钢筋焊接及验收规程》（JGJ 18—2012）的相关规定确定。

检验方法：检查质量证明文件及平行加工试件的检验报告。

（4）钢筋采用机械连接时，其接头质量应符合现行行业标准《钢筋机械连接技术规程》（JGJ 107—2010）的规定。

检查数量：按现行行业标准《钢筋机械连接技术规程》（JGJ 107—2010）的规定确定。

检验方法：检查质量证明文件、施工记录及平行加工试件的检验报告。

(5) 预制构件采用焊接、螺栓连接等连接方式时,其材料性能及施工质量应符合现行国家标准《钢结构工程施工质量验收规范》(GB 50205—2001)和《钢筋焊接及验收规程》(JGJ 18—2012)的相关规定。

检查数量:按现行国家标准《钢结构工程施工质量验收规范》(GB 50205—2001)和现行行业标准《钢筋焊接及验收规程》(JGJ 18—2012)的规定确定。

检验方法:检查施工记录及平行加工试件的检验报告。

(6) 装配式结构采用现浇混凝土连接构件时,构件连接处后浇混凝土的强度应符合设计要求。

检查数量:对同一配合比混凝土,取样与试件留置应符合下列规定:

① 每拌制 100 盘且不超过 100 m³ 时,取样不得少于一次;

② 每工作班拌制不足 100 盘时,取样不得少于一次;

③ 连续浇筑超过 1 000 m³ 时,每 200 m³ 取样不得少于一次;

④ 每一楼层取样不得少于一次;

⑤ 每次取样应至少留置一组试件。

检验方法:检查混凝土强度试验报告。

(7) 装配式结构施工后,其外观质量不应有严重缺陷,且不应有影响结构性能和安装、使用功能的尺寸偏差。

检查数量:全数检查。

检验方法:观察,量测;检查处理记录。

2) 一般项目

(1) 装配式结构施工后,其外观质量不应有一般缺陷。

检查数量:全数检查。

检验方法:观察,检查处理记录。

(2) 装配式结构施工后,预制构件位置、尺寸偏差及检验方法应符合设计要求;当设计无具体要求时,应符合相关规范的规定。预制构件与现浇结构连接部位的表面平整度应符合表 7-5 的规定。

检查数量:按楼层、结构缝或施工段划分检验批。同一检验批内,对梁、柱和独立基础,应抽查构件数量的 10%,且不应少于 3 件;对墙和板,应按有代表性的自然间抽查 10%,且不应少于 3 间;对大空间结构,墙可按相邻轴线间高度 5 m 左右划分检查面,板可按纵、横轴线划分检查面,抽查 10%,且均不应少于 3 面。

表 7-5 装配式结构构件位置和尺寸允许偏差及检验方法

项目		允许偏差/mm	检验方法
构件轴线位置	竖向构件(柱、墙板、桁架)	±8	经纬仪及尺量
	水平构件(梁、楼板)	±5	
标高	梁、柱、墙板、楼板底面或顶面	±5	水准仪或拉线、尺量

(续表)

项目			允许偏差/mm	检验方法
构件垂直度	柱、墙板安装后的高度	≤6 m	±5	经纬仪或吊线、尺量
		>6 m	±10	
构件倾斜度	梁、桁架		±5	经纬仪或吊线、尺量
相邻构件平整度	梁、楼板底面	外露	±3	2 m靠尺和塞尺量测
		不外露	±5	
	柱、墙板	外露	±5	
		不外露	±8	
构件搁置长度	梁、板		±10	尺量
支座、支垫中心位置	板、梁、柱、墙板、桁架		±10	尺量
墙板接缝宽度			±5	尺量

二、结构安装工程安全措施

1. 防止起重机事故

(1) 起重机的行驶道路必须平坦、坚实,所经区域有地下墓坑和松软土层时要及时处理。

(2) 应避免起重机超载。

(3) 当所要起吊的重物不在起重机起重臂顶的正下方时,应禁止起吊。

(4) 绑扎物件的吊索须经过计算,绑扎方法应正确、牢靠。

(5) 禁止在六级及六级以上大风的情况下进行吊装作业。

(6) 起重吊装指挥人员须持证上岗,驾驶员在作业时应严格按规定操作。

(7) 严禁起吊重物长时间在空中悬挂。

(8) 起重机的吊钩和吊环严禁补焊。

2. 防止高空坠落

(1) 在高空作业时应正确使用安全带。

(2) 在雨天、雪天进行高处作业时必须采取可靠的防滑、防寒和防冻措施。

(3) 登高用的梯子必须牢固,如需接长使用,必须有可靠的连接措施。

(4) 从事屋架和梁类构件安装时必须搭设牢固、可靠的操作台。

3. 防止高空坠物

(1) 高处作业使用的工具、零件等不可随意向下丢掷。

(2) 在高处焊接时应采取相应措施,防止火花坠落伤人。

(3) 地面操作人员应尽量避免在高空作业的正下方停留和通过。

(4) 设置吊装禁区,禁止与吊装作业无关的人员入内。

4. 防止触电

(1) 现场电气线路、设备应由专人负责,严禁非电工人员随意拆改。

(2) 起重机械不得靠近架空输电线路作业。

(3) 现场各种电线接头、开关应装入开关箱内,用后加锁。

(4) 各种用电机械必须有良好的接地或接零。

(5) 在雨天或潮湿地点作业的人员,应穿戴绝缘鞋和绝缘手套。

本章小结

本章主要介绍了索具设备、起重机械、钢筋混凝土排架结构单层工业厂房结构吊装、钢结构单层工业厂房的制作安装、结构安装工程质量要求及安全措施等内容。索具设备包括吊具、索具等内容。起重机械着重介绍了桅杆式起重机、自行式起重机、塔式起重机等。钢筋混凝土排架结构单层工业厂房结构吊装包括单层结构的吊装、单层结构安装方案等。结构安装施工前的准备工作是安装工作顺利进行的关键。钢结构单层工业厂房的制作安装包括一般规定、钢结构单层工业厂房的安装等内容。另外,本章还着重介绍了结构安装工程质量要求及安全措施,它是确保工程质量的基本保证。

复习思考题

一、填空题

1. 在构件吊装过程中,常用的吊具有(　　　)、吊索、卡环和横吊梁等。

2. 在工作中,吊索拉力不应超过其(　　　)。

3. 横吊梁又称铁扁担,常用形式有(　　　)和钢管横吊梁两种。

4. 塔式起重机按构造性能可分为(　　　)、爬升式、附着式和固定式四种。

5. 爬升式塔式起重机是自升式塔式起重机的一种,它由(　　)、(　　)、塔身、塔顶、行车式起重臂、平衡臂等部分组成。

二、单选题

1. 可用于构件较重、吊装工程比较集中、施工场地狭窄的起重机械是(　　　)。

A. 桅杆式起重机　　　　　　　　　B. 履带式起重机

C. 汽车式起重机　　　　　　　　　D. 轮胎式起重机

2. (　　　)底部设有拉杆或拉绳以平衡水平推力,两杆夹角一般为 30°左右。

A. 悬臂拔杆　　　　　　　　　　　B. 人字拔杆

C. 独脚拔杆　　　　　　　　　　　D. 牵缆式起重机

3. (　　　)具有较大的起重能力和工作速度,在平整坚实的道路上还可持荷行走。

A. 履带式起重机　　　　　　　　　B. 轨道式塔式起重机

C. 汽车式起重机　　　　　　　　　D. 轮胎式起重机

4. (　　　)是用于高层(10 层)框架结构安装及高层建筑施工的起重机。

A. 轨道式塔式起重机　　　　　　　　B. 附着式塔式起重机

C. 爬升式塔式起重机　　　　　　　　D. 桅杆式起重机

三、简答题

1. 悬臂拔杆有哪些特点?

2. 塔式起重机按起重能力分为哪几种?

3. 爬升式塔式起重机有什么特点?

4. 两点绑扎法有哪些内容?

第八章 屋面工程

了解卷材防水屋面的各种原材料的特性及其施工工艺;掌握防水混凝土结构施工和卷材防水层施工;了解细部的防水构造,掌握细部的施工方法。

能够组织屋面防水施工;能够编制防水工程施工方案。

第一节 屋面防水工程

屋面防水工程是房屋建筑的一项重要工程,其施工质量的好坏,不仅关系建筑物的使用寿命,而且直接影响人民生产活动和生活的正常进行。目前,常用的屋面防水做法有卷材防水屋面、涂膜防水屋面和刚性防水屋面。屋面工程应根据建筑物的性质、重要程度、使用功能要求以及防水层合理使用年限,按不同等级进行设防,并应符合表 8-1 的要求。

表 8-1 屋面防水等级和设防要求

项目	层面防水等级			
	Ⅰ	Ⅱ	Ⅲ	Ⅳ
建筑物类别	特别重要或对防水有特殊要求的建筑	重要的建筑和高层建筑	一般的建筑	非永久的建筑
防水层合理使用年限	25 年	15 年	10 年	5 年
防水层使用材料	宜选用合成高分子防水卷材、高聚物改防水卷材、高聚物改性沥青防水卷材、金属板材、合成高分子防水涂料、细石混凝土等材料	宜选用合成高分子防水卷材、高聚物改防水卷材、高聚物改性沥青防水卷材、金属板材、合成高分子防水涂料、高聚物改防水涂料、细石混凝土、平瓦、油毡瓦等材料	宜选用三毡四油沥青防水卷材、高聚物改性沥青防水卷材、合成高分子防水卷材、金属板材、高聚物改性沥青防水涂料、合成高分子防水涂料、细石混凝土、平瓦、油毡瓦等材料	可选用二毡三油沥青防水卷材、高聚物改性沥青防水涂料等
设防要求	三道或三道以上防水设防	二道防水设防	一道防水设防	一道防水设防

一、卷材防水屋面

卷材防水屋面适用于防水等级为Ⅰ～Ⅳ级的屋面防水。卷材防水屋面是用胶结材料粘贴卷材铺设在结构基层上而形成防水层,防水的屋面构造如图 8-1 所示。

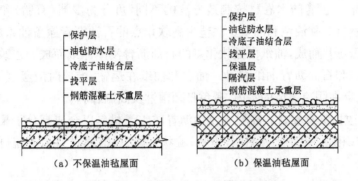

图 8-1　油毡屋面构造层次示意图

卷材防水屋面具有重量轻、防水性能好等优点,其防水层(卷材)的柔韧性好,能适应一定程度的结构振动和胀缩变形。所用卷材有传统的沥青防水卷材、高聚物改性沥青防水卷材和合成高分子防水卷材等三大类若干品种。

1. 防水材料

(1)基层处理剂。基层处理剂的选择应与所用卷材的材性相容。

常用的基层处理剂有用于沥青卷材防水屋面的冷底子油,它的作用是使沥青胶与水泥砂浆找平层更好地粘结,其配合比(质量比)一般为石油沥青 40%加柴油或者轻柴油 60%(俗称慢挥发性冷底子油),涂刷后 12～48 h 即可干燥;也可用快挥发性的冷底子油,配合比一般为石油沥青 30%加汽油 70%,涂刷后 5～10 h 就可干燥。

涂刷冷底子油的施工要求为:在找平层完全干燥后方可施工,待冷底子油干燥后,立即做油毡防水层,否则冷底子油粘灰尘后,应返工重刷。

用于高聚物改性沥青防水卷材屋面的基层处理剂是聚氨酯煤焦油系的二甲苯溶液、氯丁胶乳溶液、氯丁胶沥青乳液等。

用于合成高分子防水卷材屋面的基层处理剂,一般采用聚氨酯涂膜防水材料的甲料、乙料、二甲苯按 1∶1.5∶3 的比例配合搅拌,或者采用氯丁胶乳。

(2)胶粘剂。沥青卷材可选用玛蹄脂或纯沥青(不得用于保护层)作为胶粘剂。沥青常采用 10 号和 30 号建筑沥青以及 60 号道路石油沥青,一般不使用普通沥青。这是因为普通沥青含蜡量较多,降低了石油沥青的粘结力和耐热度。通常在熬化的沥青中掺入适当的滑石粉(一般为 20%～30%)或石棉粉(一般为 5%～15%)等填充材料拌和均匀,形成沥青胶(俗称玛蹄脂)。填入的填料可改善沥青胶的耐热度和柔韧性等性能。

高聚物改性沥青防水卷材可选用橡胶或再生橡胶改性沥青的汽油溶液或水乳液作胶粘剂,其粘结剪切强度应大于 0.05 MPa,粘结剥离强度应大于 8 N/10 mm。常用的胶粘剂为氯丁橡胶改性沥青胶粘剂。

合成高分子防水卷材可选用以氯丁橡胶和丁基酚醛树脂为主要成分的胶粘剂(如 404 胶等),或以氯丁橡胶乳液制成的胶粘剂,其粘结剥离强度不应小于 15 N/10 mm,其用量以 0.4~0.5 kg/m² 为宜。施工前应查明产品的使用要求,与相应的卷材配套使用。

(3) 卷材。

① 沥青卷材。沥青防水卷材按制造方法的不同,可分为浸渍(有胎)和辊压(无胎)两种。石油沥青卷材又称油毡和油纸。油毡由高软化点的石油沥青涂盖油纸的两面,再撒上一层滑石粉或云母片而成,油纸由低软化点的石油沥青浸渍原纸而成。建筑工程中常用的有石油沥青油毡和石油沥青油纸两种。油毡和油纸在运输、堆放时应竖直搁置,高度不宜超过两层;应储存在阴凉通风的室内,避免日晒雨淋及高温、高热。

② 高聚物改性沥青卷材。高聚物改性沥青防水卷材是以合成高分子聚合物改性沥青为涂盖层,纤维织物或纤维毡为胎体,粉状、粒状、片状或薄膜材料为覆盖材料制成的可卷曲的片状材料。

③ 合成高分子卷材。合成高分子防水卷材是以合成橡胶、合成树脂或两者的混合体为基料,加入适量的化学助剂和填充料等,经不同工序加工而成的可卷曲的片状防水材料;或把上述材料与合成纤维等复合,形成两层或两层以上的可卷曲的片状防水材料。

2. 高聚物改性沥青卷材防水屋面施工

(1) 找平层施工。找平层为基层(或保温层)与防水层之间的过渡层,一般采用 1:3 的水泥砂浆或 1:8 的沥青砂浆。找平层的厚度取决于结构基层的种类,水泥砂浆厚度一般为 5~30 mm,沥青砂浆厚度一般为 15~25 mm。找平层的质量直接影响防水层的铺贴质量。要求找平层表面平整,无松动、起壳和开裂现象,与基层粘结牢固,坡度应符合设计要求,一般檐沟纵向坡度不应小于 1‰,在水落口周围直径 500 mm 范围内坡度不应小于 5%。两个面相接处均应做成半径不小于 100 mm 的圆弧或斜面长度为 100~150 mm 的钝角。找平层宜设置分格缝,缝宽为 20 mm,分格缝宜留设在预制板支承边的拼缝处,缝间距为:采用水泥砂浆或细石混凝土时,不宜大于 6 m;采用沥青砂浆时,不宜大于 4 m。分格缝应嵌填密封材料,同时分格缝应附加 200~300 mm 宽的卷材。

(2) 喷涂基层处理剂。基层处理剂是为了增强防水材料与基层之间的粘结力,在防水层施工前,预先涂刷在基层上的稀质涂料。常用的基层处理剂有冷底子油及与高聚物改性沥青卷材和合成高分子卷材配套的底胶,它与卷材的材性相容,以免与卷材发生腐蚀或粘结不良。

基层处理剂可采用喷涂或涂刷的施工方法,喷涂应均匀一致,无露底。待基层处理剂干燥后,应及时铺贴卷材。喷涂时,应先用油漆刷对屋面节点、拐角、周边转角等细部进行涂刷,然后对大面积部位进行涂刷。

(3) 细部处理。主要包括以下几点:

① 天沟、檐沟部位。天沟、檐沟部位铺贴卷材时,应从沟底开始,纵向铺贴,如沟底过宽,纵向搭接缝宜留设在屋面或沟的两侧。卷材应由沟底翻上至沟外檐顶部,卷材收头应用水泥钉固定,并用密封材料封严。沟内卷材附加层在天沟、檐口与屋面交接处宜空铺,空铺的宽度不应小于 200 mm。

② 女儿墙泛水部位。当泛水墙体为砖墙时,卷材收头可直接铺压在女儿墙压顶下,压顶应做防水处理。也可在砖墙上预留凹槽,卷材收头端部应截齐压入凹槽内,用压条或垫片钉牢固定。最大钉距不应大于 900 mm,然后用密封材料将凹槽嵌填封严,凹槽上部的墙体也应抹水泥砂浆层做防水处理。当泛水墙体为混凝土时,卷材的收头可用金属压条钉牢,并用密封材料封固。需要注意的是,铺贴泛水处的卷材应采取满粘法,泛水高度不应小于 250 mm。

③ 变形缝部位。变形缝的泛水高度不应小于 250 mm,其卷材应铺贴到变形缝两侧砌体上面,并且缝内应填泡沫塑料,上部应填放衬垫材料,并用卷材封盖。变形缝顶部应加扣混凝土盖板或金属盖板,盖板的接缝处要用油膏嵌封严密。

④ 水落口部位。水落口杯上口的标高应设置在沟底的最低处,铺贴时,卷材贴入水落口杯内不应小于 50 mm,并涂刷防水涂料 1～2 遍,并且使水落口周围直径 500 mm 的范围内坡度不小于 5%。并应在基层与水落口接触处留宽 20 mm、深 20 mm 的凹槽,用密封材料嵌填密实。

⑤ 伸出屋面的管道。管子根部周围做成圆锥台,管道与找平层相接处留 20 mm × 20 mm 的凹槽,嵌填密封材料,并在卷材收头处用金属箍箍紧,密封材料封严。

⑥ 无组织排水。在排水檐口直径 800 mm 范围内卷材应采取满粘法,卷材收头压入预留的凹槽内,采用压条或带垫片钉子固定,最大钉距不应大于 900 mm,凹槽内用密封材料嵌填封严,并注意在檐口下端应抹出鹰嘴和滴水槽。

(4) 卷材铺贴。主要包括以下几点:

① 铺贴方向。卷材的铺设方向应根据屋面坡度和屋面是否有振动来确定,当屋面坡度小于 3% 时,卷材宜平行于屋脊铺贴;当屋面坡度为 3%～15% 时,卷材可平行或垂直于屋脊铺贴;当屋面坡度大于 15% 或屋面受振动时,卷材应垂直于屋脊铺贴。

② 搭接方法及要求。铺贴卷材采用搭接法,上、下层及相邻两幅卷材的搭接缝应错开。平行于屋脊的搭接应顺流水方向;垂直于屋脊的搭接应顺主导风向。叠层铺设的各层卷材,在天沟与屋面的连接处,应采用叉接法搭接,搭接缝应错开,接缝宜留在屋面或天沟侧面,不宜留在沟底,各种卷材搭接宽度应符合要求,如图 8-2 和表 8-2 所示。

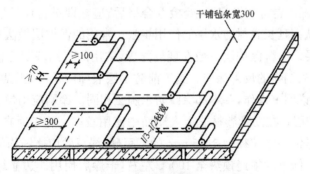

图 8-2　卷材水平铺贴搭接要求示意图

表 8-2　卷材搭接宽度　　　　　　　　　　　单位:mm

卷材类别		搭接宽度
合成高分子防水卷材	胶粘剂	80
	胶粘带	50
	单缝焊	60,有效焊接宽度不小于 25
	双缝焊	80,有效焊接宽度为 10×2＋空腔宽
高聚物改性沥青防水卷材	胶粘剂	100
	自粘	80

③ 铺贴方法

a. 冷粘法。将卷材放在弹出的基准线位置上,一般在基层上和卷材背面均涂刷胶粘剂,根据胶粘剂的性能,控制胶粘剂涂刷与卷材铺贴的间隔时间,边涂边将卷材滚动铺贴。胶粘剂应涂刮均匀,不漏底、不堆积。用压辊均匀用力滚压,排除空气,使卷材与基层紧密粘贴牢固。卷材搭接处用胶粘剂满涂封口,滚压粘贴牢固。接缝应用密封材料封严,宽度不应小于 10 mm。采用冷粘法施工时,应控制胶粘剂与卷材铺贴的间隔时间,以免影响粘贴力和粘结的牢固性。

b. 热熔法。将卷材放在弹出的基准线位置上,并用火焰加热烘烤卷材底面,加热器的喷嘴距卷材面的距离应适中,幅宽内加热应均匀,以卷材表面熔融至光亮黑色为准,不得过分加热卷材。滚动时应排除卷材与基层之间的空气,压实使之平展并粘贴牢固。卷材的搭接部位以均匀地溢出改性沥青为准。搭接部位必须把下层的卷材搭接边 PE 膜、铝膜或矿物粒清除干净。采用热熔法施工时,注意火焰加热器的喷嘴与卷材面的距离应保持适中,幅宽内加热应均匀,防止过分加热卷材。厚度小于 3 mm 的卷材,严禁采用热熔法施工。采用该方法施工时应在现场备有灭火器材,严禁烟火,易燃材料应有专人保存管理。

c. 自粘法。将卷材背面的隔离纸剥开撕掉,直接粘贴在弹出基准线的位置上,排除卷材下面的空气,滚压平整,粘贴牢固。低温施工时,立面、大坡面及搭接部位宜采用热风机加热,加热后随即粘贴牢固。接缝口用密封材料封严,宽度不应小于 10 mm。

(5) 保护层施工。卷材铺设完毕,经检查合格后,应立即进行保护层的施工,及时保护防水层免受损伤,从而延长卷材防水层的使用年限。常用的保护层做法有以下几种:

① 涂料保护层。涂料保护层一般在现场配置,常用的有铝基沥青悬浮液、丙烯酸浅色涂料或在涂料中掺入铝粉的反射涂料。施工前防水层表面应干净、无杂物。涂刷方法与用量按各种涂料使用说明书操作,基本和涂膜防水施工相同。涂刷应均匀、不漏涂。

② 绿豆砂保护层。在沥青卷材非上人屋面中使用较多。施工时在卷材表面涂刷最后一道沥青胶,趁热撒铺一层粒径为 3~5 mm 的绿豆砂,绿豆砂应撒铺均匀,全部嵌入沥青胶中。为了嵌入牢固,绿豆砂须经预热至 100 ℃ 左右,干燥后使用。边撒绿豆砂边扫铺均匀,并用软辊轻轻压实。

③ 细砂、云母或蛭石保护层。主要用于非上人屋面的涂膜防水层的保护层,使用前应先筛去粉料,砂可采用天然砂。当涂刷最后一道涂料时,应边涂刷边撒布细砂(或云母、蛭

石），同时用软胶辊反复轻轻滚压，使保护层牢固地粘结在涂层上。

④ 混凝土预制板保护层。混凝土预制板保护层的结合层可采用砂或水泥砂浆。混凝土板的铺砌必须平整，并满足排水要求。在砂结合层上铺砌块体时，砂层应洒水压实并刮平；板块对接铺砌，缝隙应一致，约 10 mm，砌完洒水轻拍压实。板缝先填砂一半高度，再用1∶2的水泥砂浆勾成凹缝。为防止砂流失，在保护层四周直径 500 mm 范围内，应改用低强度等级水泥砂浆做结合层。上人屋面的预制块体保护层，块体材料应按照楼地面工程质量要求选用，结合层应选用1∶2的水泥砂浆。

⑤ 水泥砂浆保护层。水泥砂浆保护层与防水层之间应设置隔离层。保护层用的水泥砂浆配合比一般为1∶2.5～1∶3（体积比）。保护层施工前，应根据结构情况每隔4～6 m用木模设置纵、横分格缝。铺设水泥砂浆时应随铺随拍实，并用刮尺刮平。排水坡度应符合设计要求。立面水泥砂浆保护层施工时，为使砂浆与防水层粘结牢固，可事先在防水层表面粘上砂粒或小豆石，然后再做保护层。

⑥ 细石混凝土保护层。施工前应在防水层上铺设隔离层，并按设计要求支设好分格缝木模，设计无要求时，每格面积不应大于 36 m²，分格缝宽度宜为 20 mm，一个分格内的混凝土应连续浇筑，不留施工缝。振捣宜采用铁辊压或人工拍实，以防破坏防水层。拍实后随即用刮尺按排水坡度刮平，初凝前用木抹子提浆抹平，初凝后及时取出分格缝木模，终凝前用铁抹子压光。细石混凝土保护层浇筑后应及时进行养护，养护时间不应少于 7 d。

二、涂膜防水屋面

涂膜防水屋面是在屋面基层上涂刷防水涂料，经固化后形成一层有一定厚度和弹性的整体涂膜，从而达到防水目的的一种防水屋面形式。防水涂料的特点：防水性能好，固化后无接缝；施工操作简便，可适应各种复杂的防水基面；与基面粘结强度高；温度适应性强；施工速度快，易于修补等。涂膜防水屋面构造如图 8-3 所示。

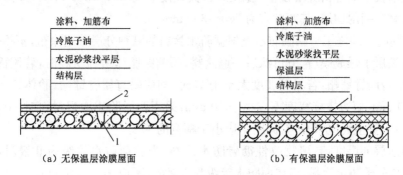

（a）无保温层涂膜屋面　　　　（b）有保温层涂膜屋面

1—细石混凝土；2—油膏嵌缝

图 8-3　涂膜防水屋面构造图

1. 材料要求

（1）进场防水涂料和胎体增强材料的抽样复验。

① 同一规格、品种的防水涂料，每 10 t 为一批，不足 10 t 者按一批进行抽样。胎体增强

材料,每 3 000 m² 为一批,不足 3 000 m² 者按一批进行抽样。

② 防水涂料和胎体增强材料的物理性能检验,全部指标达到标准规定时,即为合格。若有一项指标达不到要求,允许在受检产品中加倍取样进行该项复检;如复检结果仍不合格,则判定该产品为不合格产品。

(2) 防水涂料和胎体增强材料的储运、保管。

① 防水涂料包装容器必须密封,容器表面应标明涂料名称、生产厂名、执行标准号、生产日期和产品有效期,并分类存放。

② 反应型和水乳型涂料储运和保管的环境温度不宜低于 5 ℃。

③ 溶剂型涂料储运和保管的环境温度不宜低于 0 ℃,并不得日晒、碰撞和渗漏;保管环境应干燥、通风,并远离火源;仓库内应有消防设施。

④ 胎体增强材料储运、保管的环境应干燥、通风,并远离火源。

2. 涂膜防水屋面施工

(1) 基层清理。要求基层上应清理干净,无杂物和尘土,并保证基层干燥,这样方可施工。

(2) 喷涂基层处理剂。先将聚氨酯甲组分、乙组分和二甲苯以 1∶1.5∶2 的质量比配合并搅拌均匀,作为涂膜的基层处理剂。应先涂刷立面、阴阳角、增强涂抹部位,然后大面积涂刷。涂刷应均匀、不漏底,一般在常温下 4 h 后手触摸不粘时即可进行下一道工序的施工。

(3) 涂膜附加层。在天沟、檐沟、泛水等部位,应先用聚氨酯涂料甲、乙组分按 1∶1.5 的比例混合均匀,涂刷一次,再铺贴宽 300～500 m 的胎体增强材料,搭接缝 100 mm,施工时边铺贴平整、边涂刷聚氨酯涂料。

水落口周围与屋面交接处应先做密封处理,再铺贴两层有胎体增强材料的附加层。分格缝位置应沿找平层分格缝增设空铺附加层,其宽度宜为 200～300 mm。天沟、檐沟与屋面的交接处宜空铺附加层,其宽度宜为 200～300 mm。

(4) 涂膜防水层施工。涂膜防水应根据防水涂料的品种分层分遍涂布,不得一次涂成,应待先涂的涂层干燥成膜后,方可涂后一遍涂料;须铺贴胎体增强材料时,若屋面坡度小于 15%,则可平行屋脊铺贴,若屋面坡度大于 15% 时,则应垂直屋脊铺贴;胎体长边搭接宽度不应小于 50 mm,短边搭接宽度不应小于 70 mm;采用两层胎体增强材料时,上、下层不得相互垂直铺贴,搭接缝应错开,其间距不应小于幅宽的 1/3。

涂膜防水层的厚度:高聚物改性沥青防水涂料,当屋面防水等级为 Ⅱ 级时,不应小于 3 mm;合成高分子防水涂料,当屋面防水等级为 Ⅲ 级时,不应小于 1.5 mm。

施工要点:防水涂膜应分层分遍涂布,第一层一般不需要刷冷底子油,待先涂的涂层干燥成膜后,方可涂布下一遍涂料。在板端、板缝、檐口与屋面板交接处,先干铺一层宽度为 150～300 mm 的塑料薄膜缓冲层。铺贴玻璃丝布或毡片应采用搭接法,长边搭接宽度不应小于 70 mm,短边搭接宽度不应小于 100 mm,上、下两层及相邻两幅的搭接缝应错开 1/3 幅宽,但上、下两层不得互相垂直铺贴。

铺加衬布前,应先浇胶料并刮刷均匀,然后立即铺加衬布,再在胶料上面刮刷均匀,纤维不露白,用辊子滚压,排尽布下空气。

必须待上道涂层干燥后,方可进行后道涂料施工,干燥时间视当地温度和湿度而定,一般为 24 h。

(5) 涂膜保护层。

① 浅色涂料保护层。浅色涂料应在涂膜固化后进行,涂料层与防水层粘结牢固,厚薄涂刷均匀,不得漏涂。

② 整体保护层。宜采用水泥砂浆或细石混凝土作为保护层,铺设时,应注意设置分格缝,水泥砂浆为保护层分格面积宜为 1 m²,细石混凝土为保护层分格面积不宜大于 36 m²。

③ 块料保护层。块料保护层设置时,应在块料保护层与防水层之间设置隔离层。

④ 细砂、蛭石、云母保护层。应在最后一遍涂料涂刷后随即撒上细砂(或云母、蛭石),并用扫帚清扫均匀、轻拍粘牢。

三、刚性防水屋面

刚性防水屋面是指使用刚性防水材料做防水层的屋面,主要有普通细石混凝土防水屋面、补偿收缩混凝土防水屋面、块料刚性防水屋面、预应力混凝土防水屋面等。与卷材或涂膜防水屋面相比,刚性防水屋面所用的材料购置方便、价格便宜、耐久性好、维修方便,但刚性防水层材料的表观密度大、抗拉强度低、极限拉应力小,易受混凝土或砂浆的干湿变形以及温度变形和结构变位的影响而产生裂缝。主要适用于防水等级为Ⅲ级的屋面防水,也可用作Ⅰ、Ⅱ级屋面多道防水设防中的一道防水层,不适用于设有松散材料保温层的屋面,以及受较大振动或冲击和坡度大于 15% 的建筑屋面。刚性防水屋面的构造如图 8-4 所示。

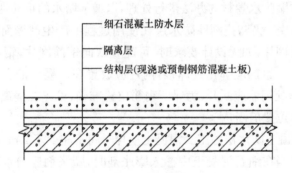

细石混凝土防水层

隔离层

结构层(现浇或预制钢筋混凝土板)

图 8-4　刚性防水屋面构造图

1. 材料要求

防水层的细石混凝土宜用普通硅酸盐水泥或硅酸盐水泥,当用矿渣硅酸盐水泥时应采取减少泌水性的措施。水泥强度等级不宜低于 32.5 级,不得使用火山灰质水泥。防水层的细石混凝土和砂浆中,粗集料的最大粒径不宜超过 15 mm,含泥量不应大于 1%;细集料应采用中砂或粗砂,含泥量不应大于 2%;拌和用水应采用不含有害物质的洁净水。混凝土水胶比不应大于 0.55,每立方米混凝土水泥的最小用量不应小于 330 kg,含砂率宜为 35%~40%,水胶比应为 1:(2~2.5),并宜掺入外加剂,混凝土强度不得低于 C20。普通细石混凝土、补偿收缩混凝土的自由膨胀率应为 0.05%～0.1%。块体刚性防水层使用的块体应无裂纹、无石灰颗粒、无灰浆泥面、无缺棱掉角,质地密实,表面平整。

2. 刚性防水屋面施工

(1) 基层处理。刚性防水屋面的结构层宜为整体现浇的钢筋混凝土板,应保证屋面的洁净,清除屋面上的杂物。当屋面结构采用装配式钢筋混凝土板时,应用强度等级不小于 C20 的细石混凝土灌缝,灌缝的细石混凝土宜掺膨胀剂。当屋面板板缝宽度大于 40 mm 或上窄下宽时,板缝内必须设置构造钢筋,板缝应进行密封处理。

(2) 隔离层施工。为了消除结构变形对防水层的不利影响,可将防水层和结构层完全脱离,在结构层和防水层之间增加一层厚度为 10～20 mm 的黏土砂浆,或者铺贴卷材隔离层。

① 黏土砂浆隔离层施工。将石灰膏:砂:黏土=1:2.4:3.6 的材料均匀拌和,铺抹 10～20 mm 厚,压平抹光。待砂浆基本干燥后,进行防水层施工。

② 卷材隔离层施工。用 1:3 的水泥砂浆找平结构层,在干燥的找平层上铺一层干细砂后,再在其上铺一层卷材隔离层,搭接缝用热沥青玛蹄脂封严。

(3) 分格缝的设置。为防止大面积的刚性防水层因温差、混凝土收缩等影响而产生裂缝,应按设计要求设置分格缝,其位置一般应设在结构应力变化较突出的部位,如结构层屋面板的支承端、屋面转折处、防水层与突出屋面结构的交接处,并应与板缝对齐。分格缝的纵、横间距一般不大于 6 m。

分格缝的一般做法是:在施工刚性防水层前,先在隔离层上定好分格缝位置,再安放分格条,然后按照分格板块浇筑混凝土,待混凝土初凝后,将分格条取出即可。分隔缝处可采用嵌填密封材料并加贴防水卷材的办法进行处理,以增强防水的可靠性。

(4) 铺设钢筋网片。为防止刚性防水层在使用过程中产生裂缝而影响防水效果,应按照设计要求设置钢筋网片,如无设计要求时,可配置双向钢筋网片,钢筋直径为 6～8 mm,间距为 100～200 mm。钢筋应绑扎或焊接,网片应放置在混凝土的上部,保护层厚度不应小于 10 mm。分格缝处钢筋应断开,为保证钢筋位置准确,可先在隔离层上铺满钢筋,绑扎成形后再按照分格缝位置剪断。

(5) 普通细石混凝土防水层施工。混凝土搅拌时间不应少于 2 min,混凝土运输过程中应防止漏浆和离析。当在细石混凝土中掺入膨胀剂时,膨胀剂应与水泥同时加入,混凝土搅拌时间不应少于 3 min。混凝土浇筑应按照先远后近、先高后低的原则进行,一个分格缝内的混凝土必须一次浇筑完毕,不得留施工缝。细石混凝土防水层厚度不应小于 40 mm。混凝土浇筑时,先用平板振动器振实,再用滚筒滚压至表面平整、泛浆,然后用铁抹子压实抹平,并确保防水层的设计厚度和排水坡度,抹压时严禁在表面洒水、加水泥浆或撒干水泥。待混凝土初凝收水后,应进行二次表面压光,或在终凝前三次压光成活,以提高其抗渗性。混凝土浇筑 12～24 h 后应进行养护,养护时间不应少于 14 d,养护初期屋面不得上人,施工时的气温宜为 5～35 ℃,以保证防水层的施工质量。

第二节　防水工程施工常用质量标准

一、术语

防水层合理使用年限:屋面防水层能满足正常使用要求的年限。

道防水设防:具有单独防水能力的一道防水层。

分格缝:在屋面找平层、刚性防水层、刚性保护层上预先留设的缝。

满粘法:铺贴防水卷材时,卷材与基层全部粘结的施工方法。

空铺法:铺设防水卷材时,卷材与基层在周边一定宽度内粘结,其余部分不粘结的施工方法。

点粘法:铺贴防水卷材时,卷材或打孔卷材与基层采用点状粘结的施工方法。

条粘法:铺贴防水卷材时,卷材与基层采用条状粘结的施工方法。

冷粘法:在常温下采用胶粘剂等材料进行卷材与基层、卷材与卷材间粘结的施工方法。

热熔法:采用火焰加热器熔化热熔型防水卷材底层的热熔胶进行粘结的施工方法。

自粘法:采用带有自粘胶的防水卷材进行粘结的施工方法。

热风焊接法:采用热空气焊枪进行防水卷材搭接粘合的施工方法。

倒置式屋面:将保温层设置在防水层上的屋面。

架空屋面:在屋面防水层上采用薄型制品架设一定高度的空间,起到隔热作用的屋面。

蓄水屋面:在屋面防水层上蓄一定高度的水,起到隔热作用的屋面。

种植屋面:在屋面防水层上铺以种植介质,并种植植物,起到隔热作用的屋面。

二、基本规定

(1)屋面工程应根据工种特点、地区自然条件等,按照屋面防水等级的设防要求,进行防水构造设计,重要部位应有详图;屋面保温层的厚度,应通过计算确定。

(2)屋面工程施工前,施工单位应进行图纸会审,并应编制屋面工程施工方案或技术措施。

(3)屋面工程施工时,应建立各道工序的自检、交接检和专职人员检查的"三检"制度,并有完整的检查记录。每道工序完成,应经监理单位(或建设单位)检查验收,合格后方可进行下道工序的施工。

(4)屋面工程的防水层应由经资质审查合格的防水专业队伍进行施工。作业人员应持有当地建设行政主管部门颁发的上岗证。

(5)屋面工程所采用的防水、保湿隔热材料应有产品合格证书和性能检测报告,材料的品种、规格、性能等应符合现行国家产品标准和设计要求。材料进场后,应按规范的规定抽样复验,并提出试验报告;不合格的材料,不得在屋面工程中使用。

(6)当下道工序或相邻工程施工时,对屋面已完成的部分应采取保护措施。

(7)伸出屋面的管道、设备或预埋件等,应在防水屋施工前安设完毕。屋面防水屋完工后,不得在其上凿孔打洞或重物冲击。

（8）屋面工程完工后,应按现行规范的有关规定对细部构造、接缝、保护层等进行外观检验,并应进行淋水或蓄水检验。淋水持续 2 h,蓄水时间不应小于 24 h。

（9）屋面的保温层和防水层严禁在雨天、雪天和五级风及其以上时施工。施工环境气温宜符合表 8-3 的要求。

表 8-3   屋面保温和防水层施工环境气温

项目	施工环境气温
粘结保温层	热沥青不低于 -10 ℃;水泥砂浆不低于 5 ℃
沥青防水卷材	不低于 5 ℃
高聚物改性沥青防水卷材	冷粘法不低于 5 ℃;热熔法不低于 -10 ℃
合成高分子防水卷材	冷粘法不低于 5 ℃;热风焊接法不低于 -10 ℃
高聚物改性沥青防水涂料	溶剂型不低于 -5 ℃;水溶型不低于 5 ℃
合成高分子防水涂料	溶剂型不低于 -5 ℃;水溶型不低于 5 ℃
刚性防水层	不低于 5 ℃

（10）屋面工程各子分部工程和分项工程的划分,应符合表 8-4 的要求。

表 8-4   屋面工程各子分部工程和分项工程的划分

分部工程	子分部工程	分项工程
屋面工程	卷材防水屋面	保温层,找平层,卷材防水层,细部构造
	涂膜防水屋面	保温层,找平层,涂膜防水层,细部构造
	刚性防水屋面	细石混凝土防水屋面,密封材料嵌缝,细部构造
	瓦屋面	平瓦屋面,油毡瓦屋面,金属板材屋面,细部构造
	隔热屋面	架空屋面,蓄水屋面,种植屋面

（11）屋面工程各分项工程的施工质量检验批量应符合下列规定:

① 卷材防水屋面、涂膜防水屋面、刚性防水屋面、瓦屋面和隔热屋面工程,应按屋面面积每 100 m² 抽查一处,每处 10 m²,且不得少于 3 处。

② 接缝密封防水,每 50 m 应抽查一处,每处 5 m,且不得少于 3 处。

③ 细部构造根据分项工程的内容,应全部进行检查。

三、卷材防水屋面工程

1. 屋面找平层

适用于防水层基层采用水泥砂浆、细石混凝土或沥青砂浆的整体找平层。

（1）找平层的厚度和技术要求应符合表8-5的规定。

表8-5　找平层的厚度和技术要求

类别	基层种类	厚度/mm	技术要求
水泥砂浆找平层	整体混凝土	15～20	（1：2.5）～（1：3）（水泥：砂）体积比，水泥强度等级不低于32.5级
	整体或板状材料保温层	20～25	
	装配式混凝土板,松散材料保温层	20～30	
细石混凝土找平层	松散材料保温层	30～35	混凝土强度等级不低于C20
沥青砂浆找平层	整体混凝土	15～20	1：8（沥青：砂）质量比
	装配式混凝土板,整体或板状材料保温层	20～25	

（2）找平层的基层采用装配式钢筋混凝土板时,应符合下列规定:板端、侧缝应用细石混凝土灌缝,其强度等级不应低于C20。板缝宽度大于40 mm或上窄下宽时,板缝内应设置构造钢筋。板端缝应进行密封处理。

（3）找平层的排水坡度应符合设计要求。平屋面采用结构找坡不应小于3％,采用材料找坡宜为2％;天沟、檐沟纵向找坡不应小于1％,沟底水落差不得超过200 mm。

（4）基层与突出屋面结构(女儿墙、山墙、天窗壁、变形缝、烟囱等)的交接处和基层的转角处,找平层均应做成圆弧形,圆弧半径应符合表8-6的要求。内部排水的水落口周围,找平层应做成略低的凹坑。

表8-6　转角处圆弧半径

卷材种类	圆弧半径/mm
沥青防水卷材	100～150
高聚物改性沥青防水卷材	50
合成高分子防水卷材	20

（5）找平层宜设分格缝,并嵌填密封材料。分格缝应留设在板端缝处,其纵横缝的最大间距为:水泥砂浆或细石混凝土找平层,不宜大于6 m;沥青砂浆找平层,不宜大于4 m。

（6）主控项目:找平层的材料质量及配合比,必须符合设计要求。检验方法:检查出厂合格证、质量检验报告和计量措施。

屋面(含天沟、檐沟)找平层的排水坡度,必须符合设计要求。检验方法:用水平仪(水平尺)、拉线和尺量检查。

（7）一般项目:基层与突出屋面结构的交接处和基层的转角处,均应做成圆弧形,且整齐平顺。检验方法:观察和尺量检查。

水泥砂浆、细石混凝土找平层应平整、压光,不得有酥松、起砂、起皮现象;沥青砂浆找平层不得有拌和不匀、蜂窝现象。检验方法:观察检查。

找平层分格缝的位置和间距应符合设计要求。检验方法:观察和尺量检查。

找平层表面平整度的允许偏差为 5 mm。检验方法:用 2 m 靠尺和楔形塞尺检查。

2. 屋面保温层

适用于松散、板状材料或整体现浇(喷)保温层。

(1)保温层应干燥,封闭式保温层的含水量应相当于该材料在当地自然风干状态下的平衡含水量。

(2)屋面保温层干燥有困难时,应采用排气措施。

(3)倒置式屋面应采用吸水率小、长期浸水不腐烂的保温材料。保温层上应用混凝土等块材、水泥砂浆或卵石做保护层;卵石保护层与保温层之间,应干铺一层无纺聚酯纤维布做隔离层。

(4)松散材料保温层施工应符合下列规定:铺设松散材料保温层的基层应平整、干燥和干净;保温层含水量应符合设计要求;松散保温材料应分层铺设并压实,压实的程度与厚度应经试验确定;保温层施工完成后,应及时进行找平层和防水层的施工;雨季施工时,保温层应采取遮盖措施。

(5)板状材料保温层施工应符合下列规定:板状材料保温层的基层应平整、干燥和干净;板状保温材料应紧靠在需保温的基层表面上,并应铺平垫稳;分层铺设的板块上下层接缝应相互错开;板间缝隙应采用同类材料嵌填密实;粘贴的板状保温材料应贴严、粘牢。

(6)整体现浇(喷)保温层施工应符合下列规定:沥青膨胀蛭石、沥青膨胀珍珠岩宜用机械搅拌,并应色泽一致,无沥青团;压实程度根据试验确定,其厚度应符合设计要求,表面应平整;硬质聚氨酯泡沫塑料应按配比准确计量,发泡厚度均匀一致。

(7)主控项目:保温材料的堆积密度或表观密度、导热系数以及板材的强度、吸水量,必须符合设计要求。检验方法:检查出厂合格证、质量检验报告和现场抽样复验报告。

保温层的含水量必须符合设计要求。检验方法:检查现场抽样检验报告。

(8)一般项目。保温层的铺设应符合下列要求:松散保温材料,分层铺设,压实适当,表面平整,找坡正确;板状保温材料,紧贴(靠)基层,铺平垫稳,拼缝严密,找坡正确;整体现浇保温层,拌和均匀,分层铺设,压实适当,表面平整,找坡正确。检验方法:观察检查。

保温层厚度的允许偏差:松散保温材料和整体现浇保温层分别为 +10%,-5%;板状保温材料为 ±5%,且不得大于 4 mm。检验方法:用钢针插入和尺量检查。

当倒置式屋面保护层采用卵石铺压时,卵石应分布均匀,卵石的质(重)量应符合设计要求。检验方法:观察检查和按堆积密度计算其质(重)量。

3. 卷材防水层

适用于防水等级为 Ⅰ~Ⅳ 级的屋面防水。

(1)卷材防水层应采用高聚物改性沥青防水卷材、合成高分子防水卷材或沥青防水卷材,所选用的基层处理剂、接缝胶粘剂、密封材料等配套材料应与铺贴的卷材材性相容。

(2)在坡度大于 25% 的屋面上采用卷材做防水层时,应采取固定措施。固定点应密封严密。

(3)铺设屋面隔汽层和防水层前,基层必须干净、干燥。干燥程度的简易检验方法,是

将 $1\ m^2$ 卷材平坦地干铺在找平层上,静置 $3\sim4\ h$ 后掀开检查,找平层覆盖部位与卷材上未见水印即可铺设。

(4) 卷材铺贴方向应符合下列规定:屋面坡度小于 3％时,卷材宜平行于屋脊铺贴;屋面坡度为 3％～15％时,卷材可平行或垂直于屋脊铺贴;屋面坡度大于 15％或屋面受振动时,沥青防水卷材应垂直于屋脊铺贴。高聚物改性沥青防水卷材和合成高分子防水卷材可平行或垂直于屋脊铺贴;上下层卷材不得相互垂直铺贴。

(5) 卷材厚度选用应符合表 8-7 的规定。

表 8-7　卷材厚度选用表

屋面防水等级	设防道数	合成高分子防水卷材	高聚物改性沥青防水卷材	沥青防水卷材
Ⅰ	三道或三道以上设防	不应小于 1.5 mm	不应小于 3 mm	—
Ⅱ	二道设防	不应小于 1.2 mm	不应小于 3 mm	—
Ⅲ	一道设防	不应小于 1.2 mm	不应小于 4 mm	三毡四油
Ⅳ	一道设防	—	—	二毡三油

(6) 铺贴卷材采用搭接法时,上下层及相邻两幅卷材的搭缝应错开。各种卷材搭接宽度应符合表 8-8 的要求。

表 8-8　卷材搭接宽度　　　　　　　　单位:mm

铺贴方法		短边搭接		长边搭接	
		满粘法	空铺、点粘、条粘法	满粘法	空铺、点粘、条粘法
沥青防水卷材		100	150	70	100
高聚物改性沥青防水卷材		80	100	80	100
合成高分子防水卷材	胶粘剂	80	100	80	100
	胶粘带	50	60	50	60
	单缝焊	60,有效焊接宽度不小于 25			
	双缝焊	80,有效焊接宽度为 $10\times2+$空腔宽			

(7) 冷粘法铺贴卷材应符合下列规定:胶粘剂涂刷应均匀,不露底、不堆积;根据胶粘剂的性能,应控制胶粘剂涂刷与卷材铺贴的间隔时间;铺贴的卷材下面的空气应排尽,并辊压粘结牢固;铺贴卷材应平整顺直,搭接尺寸准确不得扭曲、皱折;接缝口应用密封材料封严,宽度不应小于 10 mm。

(8) 热熔法铺贴卷材应符合下列规定:火焰加热器加热卷材应均匀,不得过分加热或烧穿卷材;厚度小于 3 mm 的高聚物改性沥青防水卷材严禁采用热熔法施工;卷材表面热熔后应立即滚铺卷材,卷材下面的空气应排尽,并辊压粘结牢固,不得空鼓;卷材接缝部位必须溢出热熔的改性沥青胶;铺贴的卷材应平整顺直,搭接尺寸准确,不得扭曲、皱折。

(9) 自粘法铺贴卷材应符合下列规定:铺贴卷材前基层表面应均匀涂刷基层处理剂,干燥后应及时铺贴卷材;贴卷材时,应将自粘胶底面的隔离纸全部撕净;卷材下面的空气应排尽,并辊压粘结牢固;铺贴的卷材应平整顺直,搭接尺寸准确,不得扭曲、皱折。搭接部位宜采用热风加热,随即粘贴牢固;接缝口应用密封材料封严,宽度不应小于 10 mm。

（10）卷材热风焊接施工应符合下列规定:焊接前卷材的铺设应平整顺直,搭接尺寸准确,不得扭曲、皱折;卷材的焊接面应清扫干净,无水滴、油污及附着物;焊接时应先焊长边搭接缝,后焊短边搭接缝;控制热风加热温度和时间,焊接处不得有漏焊、跳焊、焊焦或焊接不牢现象;焊接时不得损害非焊接部位的卷材。

（11）天沟、檐沟、檐口、泛水和立面卷材收头的端部应裁齐,塞入预留凹槽内,用金属压条钉压固定,最大钉距不应大于 900 mm,并用密封材料嵌填封严。

（12）卷材防水层完工并经验收合格后,应做好成品保护。保护层的施工应符合下列规定:绿豆砂应清洁、预热、铺撒均匀,并使用与沥青玛蹄脂粘结牢固,不得残留未粘结的绿豆砂;云母或蛭石保护层不得有粉料,撒铺应均匀,不得露底,多余的云母或蛭石应清除;水泥砂浆保护层的表面应抹平压光,并设表面分格缝,分格面积宜为 1 m²;块体材料保护层应留设分格缝,分格面积不宜大于 100 m²,分格缝宽度不宜小于 20 mm;细石混凝土保护层,混凝土应密实,表面抹平压光,并留设分格缝,分格面积不大于 36 m²;浅色涂料保护层应与卷材粘结牢固,厚薄均匀,不得漏涂;水泥砂浆、块材或细石混凝土保护层与防水层之间应设置隔离层;刚性保护层与女儿墙、山墙之间预留宽度为 30 mm 的缝隙,并用密封材料嵌填严密。

（13）主控项目:卷材防水层所用卷材及其配套材料,必须符合设计要求,检验方法:检查出厂合格证、质量检验报告和现场抽样复验报告;卷材防水层不得有渗漏或积水现象,检验方法:雨后或淋水、蓄水检验;卷材防水层在天沟、檐沟、檐口、水落口、泛水、变形缝和伸出屋面管道的防水构造,必须符合设计要求,检验方法:观察检查和检查隐蔽工程验收记录。

（14）一般项目:卷材防水层的搭接缝应粘（焊）结牢固,密封严密,不得有皱折、翘边和鼓泡等缺陷,防水层的收头应与基层粘结并固定牢固,缝口封严,不得翘边,检验方法:观察检查;卷材防水层上的撒布材料和浅色涂料保护层应铺撒或涂刷均匀,粘结牢固,水泥砂浆、块材或细石混凝土保护层与卷材防水层间应设置隔离层,刚性保护层的分格缝留置应符合设计要求,检验方法:观察检查;排气屋面的排气道应纵横贯通,不得堵塞,排气管应安装牢固,位置正确,封闭严密,检验方法:观察检查;卷材的铺贴方向应正确,卷材搭接宽度的允许偏差为 −10 mm,检验方法:观察和尺量检查。

四、涂膜防水屋面工程

涂膜防水层适用于防水等级为 I ~ Ⅳ 级的屋面防水。

（1）防水涂料应采用高聚物改性沥青防水涂料、合成高分子防水涂料。

（2）防水涂膜施工应符合下列规定:膜应根据防水涂料的品种分遍涂布,不得一次涂成;应待先涂的涂层干燥成膜后,方可涂后一遍涂料;须铺设胎体增强材料时,当屋面坡度小于 15% 时,可平行于屋脊铺设,当屋面坡度大于 15% 时,应垂直于屋脊铺设;胎体长边搭接宽度不应小于 50 mm,短边搭接宽度不应小于 70 mm;采用二层胎体增强材料时,上下层不得在相互垂直处铺设,搭接缝应错开,其间距不应小于幅宽的 1/3。

（3）涂膜厚度选用应符合表8-9的规定。

表 8-9　涂膜厚度选用表

屋面防水等级	设防道数	高聚物改性沥青防水涂料	合成高分子防水涂料
Ⅰ级	三道或三道以上设防	—	不应小于 1.5 mm
Ⅱ级	二道设防	不应小于 3 mm	不应小于 1.5 mm
Ⅲ级	一道设防	不应小于 3 mm	不应小于 2 mm
Ⅳ级	一道设防	不应小于 2 mm	—

（4）屋面基层的干燥程度应视所用涂料特性确定。当采用溶剂型涂料时,屋面基层应干燥。

（5）多组分涂料应按配合比准确计量,搅拌均匀。

（6）天沟、檐沟、檐口、泛水和立面涂膜防水层的收头,应用防水涂料多遍涂刷或用密封材料封严。

（7）涂膜防水层完工并经验收合格后,应做好成品保护。保护层的施工应符合规范规定。

（8）主控项目:防水涂料和胎体增强材料必须符合设计要求,检验方法:检查出厂合格证、质量检验报告和现场抽样复验报告;涂膜防水层不得有渗漏或积水现象,检验方法:雨后或淋水、蓄水检验;涂膜防水层在天沟、檐沟、檐口、水落口、泛水、变形缝和伸出屋面管道的防水构造,必须符合设计要求,检验方法:观察和检查隐蔽工程验收记录。

（9）一般项目:涂膜防水层的平均厚度应符合设计要求,最小厚度不应小于设计厚度的80%,检验方法:针测法或取样量测;涂膜防水层与基层应粘结牢固,表面平整,涂刷均匀,无流淌、皱折、鼓泡、露胎体和翘边等缺陷,检验方法:观察检查;涂膜防水层上的撒布材料或浅色涂料保护层应铺撒或涂刷均匀,粘结牢固,水泥砂浆、块材或细石混凝土保护层与涂料防水层间应设置隔离层,刚性保护层的分格缝留置应符合设计要求,检验方法:观察检查。

五、刚性防水屋面工程

1. 细石混凝土防水层

细石混凝土防水层适用于防水等级为Ⅰ～Ⅲ级的屋面防水,不适用于设有松散材料保温层的屋面,受较大振动或冲击的屋面,以及坡度大于15%的建筑屋面。

（1）细石混凝土不得使用火山灰质水泥;当采用矿渣硅酸盐水泥时,应采用减少泌水性的措施。粗骨料含泥量不应大于1%,细骨料含泥量不应大于2%。混凝土水灰比不应大于0.55;每立方米混凝土水泥用量不得小于330 kg;含砂率宜为35%～40%;灰砂比宜为1∶2～1∶2.5;混凝土强度等级不应低于C20。

（2）混凝土中掺加膨胀剂、减水剂、防水剂等外加剂时,应按配合比准确计量,投料顺序得当,并应用机械搅拌,机械振捣。

（3）细石混凝土防水层的分格缝,应设在屋面板的支承端、屋面转折处、防水层与突出屋面结构的交接处,其纵横间距不宜大于6 m。分格缝内应嵌填密封材料。

（4）细石混凝土防水层的厚度不应小于 40 mm，并应配置双向钢筋网片。钢筋网片在分格缝处应断开，其保护层厚度不应小于 10 mm。

（5）细石混凝土防水层与立墙及突出屋面结构等交接处，均应做柔性密封处理；细石混凝土防水层与基层间宜设置隔离层。

（6）主控项目：细石混凝土的原材料及配合比必须符合设计要求，检验方法：检查出厂合格证、质量检验报告、计量措施和现场抽样复验报告；细石混凝土防水层不得有渗漏或积水现象，检验方法：雨后或淋水、蓄水检验；细石混凝土防水层在天沟、檐沟、檐口、水落口、泛水、变形缝和伸出屋面管道的防水构造，必须符合设计要求，检验方法：观察和检查隐蔽工程验收记录。

（7）一般项目：细石混凝土防水层应表面平整，压实抹光，不得有裂缝、起壳、起砂等缺陷，检验方法：观察检查；细石混凝土防水层的厚度和钢筋位置应符合设计要求，检验方法：观察和尺量检查；细石混凝土分格缝的位置和间距应符合设计要求，检验方法：观察和尺量检查；细石混凝土防水层表面平整度的允许偏差为 5 mm，检验方法：用 2 m 靠尺和楔形塞尺检查。

2. 密封材料嵌缝

密封材料嵌缝适用于刚性防水屋面分格缝以及天沟、檐沟、泛水、变形缝等细部构造的密封处理。

（1）密封防水部位的基层质量应符合下列要求：基层应牢固，表面应平整、密实，不得有蜂窝、麻面、起皮和起砂现象；嵌填密封材料的基层应干净、干燥。

（2）密封防水处理连接部位的基层，应涂刷与密封材料相配套的基层处理剂。基层处理剂应配比准确，搅拌均匀。采用多组分基层处理剂时，应根据有效时间确定使用量。

（3）接缝处的密封材料底部应填放背衬材料，外露的密封材料上应设置保护层，其宽度不应小于 200 mm。

（4）密封材料嵌填完成后不得碰损及污染，固化前不得踩踏。

（5）主控项目：密封材料的质量必须符合设计要求，检验方法：检查产品出厂合格证、配合比和现场抽样复验报告；密封材料嵌填必须密实、连续、饱满，粘结牢固，无气泡、开裂、脱落等缺陷，检验方法：观察检查。

（6）一般项目：嵌填密封材料的基层应牢固、干净、干燥，表面应平整、密实，检验方法：观察检查；密封防水接缝宽度的允许偏差为 ±10%，接缝深度为宽度的 0.5～0.7 倍，检验方法：尺量检查；嵌填的密封材料表面应平滑，缝边应顺直，无凹凸不平现象，检验方法：观察检查。

六、细部构造

细部构造适用于屋面的天沟、檐沟、檐口、泛水、小落口、变形缝、伸出屋面管道等防水构造。

（1）用于细部构造处理的防水卷材、防水涂料和密封材料的质量，均应符合规范有关规定的要求。

（2）卷材或涂膜防水层在开沟、檐沟与屋面交接处、泛水、阴阳角等部位，应增加卷材或涂膜附加层。

（3）天沟、檐沟的防水构造应符合下列要求：沟内附加层在天沟、檐沟与屋面交接处加空铺，空铺的宽度不应小于 200 mm；卷材防水层应由沟底翻上至沟外檐顶部，卷材收头应用水泥钉固定，并用密封材料封严；涂膜收头应用防水涂料多遍涂刷或用密封材料封严；在天沟、檐沟与细石混凝土防水层的交接处，应留凹槽并用密封材料嵌填严密。

（4）檐口的防水构造应符合下列要求：铺贴檐口 800 mm 范围内的卷材应采取满粘法；卷材收头应压入凹槽，采用金属压条钉压，并用密封材料封口；涂膜收头应用防水涂料多遍涂刷或用密封材料封严；檐口下端应抹出鹰嘴和滴水槽。

（5）女儿墙泛水的防水构造应符合下列要求：铺贴泛水处的卷材应采取满粘法；砖墙上的卷材收头可直接铺压在女儿墙压顶下，压顶应做防水处理，也可压入砖墙凹槽内固定密封，凹槽距屋面找平层不应小于 250 mm，凹槽上部的墙体应做防水处理；涂膜防水层应直接涂刷至女儿墙的压顶下，收头处理应用防水涂料多遍涂刷封严，压顶应做防水处理；混凝土墙上的卷材收头应采用金属压条钉压，并用密封材料封严。

（6）水落口的防水构造应符合下列要求：水落口杯上口的标高应设置在沟底的最低处；防水层贴入水落口杯内不应小于 50 mm；水落口周围直径 500 mm 范围内的坡度不应小于 5%，并采用防水涂料或密封材料涂封，其厚度不应小于 2 mm；水落口杯与基层接触处应留宽 20 mm、深 20 mm 的凹槽，并嵌填密封材料。

（7）变形缝的防水构造应符合下列要求：变形缝的泛水高度不应小于 250 mm；防水层应铺贴到变形缝两侧砌体的上部；变形缝内应填充聚苯乙烯泡沫塑料，上部填放衬垫材料，并用卷材封盖；变形缝顶部应加扣混凝土或金属盖板，混凝土盖板的接缝应用密封材料嵌填。

（8）伸出屋面管道的防水构造应符合下列要求：管道根部直径 500 mm 范围内，找平层应抹出高度不小于 30 mm 的圆台；管道周围与找平层或细石混凝土防水层之间，应预留 20 mm×20 mm 的凹槽，并用密封材料嵌填严密；管道根部四周应增设附加层，宽度和高度均不应小于 300 mm；管道上的防水层收头处应用金属箍坚固，并用密封材料封严。

（9）主控项目：天沟、檐沟的排水坡度，必须符合设计要求，检验方法：用水平仪（水平尺）、拉线和尺量检查；天沟、檐沟、檐口、水落口、泛水、变形缝和伸出屋面管道的防水构造，必须符合设计要求，检验方法：观察和检查隐蔽工程验收记录。

七、分部工程验收

（1）屋面工程施工应按工序或分项工程进行验收，构成分项工程的各检验批应符合相应质量标准的规定。

（2）屋面工程验收的文件和记录应按表 8-10 的要求执行。

表 8-10 屋面工程的文件和记录

序号	项目	文件和记录
1	防水设计	设计图纸及会审记录、设计变更通知单和材料代用核定单
2	施工方案	施工方法、技术措施、质量保证措施
3	技术交底记录	施工操作要求及注意事项

(续表)

序号	项目	文件和记录
4	材料质量证明文件	出厂合格证、质量检验报告和试验报告
5	中间检查记录	分项工程质量验收记录、隐蔽工程验收记录、施工检验记录、淋水或蓄水检验记录
6	施工日志	逐日施工情况
7	工程检验记录	抽样质量检验及观察检查
8	其他技术资料	事故处理报告、技术总结

(3)屋面工种隐蔽验收记录应包括以下主要内容:卷材、涂膜防水层的基层;密封防水处理部位;天沟、檐沟、泛水和变形缝等细部做法;卷材、涂膜防水层的搭接宽度和附加层;刚性保护层与卷材、涂膜防水层之间设置的隔离层。

(4)屋面工程质量应符合下列要求:防水层不得有渗漏或积水现象;使用的材料应符合设计要求和质量标准的规定;找平层表面应平整,不得有酥松、起砂、起皮现象;保温层的厚度、含水量和表观密度应符合设计要求;天沟、檐沟、泛水和变形缝等构造,应符合设计要求;卷材铺贴方法和搭接顺序应符合设计要求,搭接宽度正确,接缝严密,不得有皱折、鼓泡和翘边现象;涂膜防水层的厚度应符合设计要求,涂层无裂纹、皱褶、流淌、鼓泡和露胎体现象;刚性防水层表面应平整、压光,不起砂,不起皮,不开裂。分格缝应平直,位置正确;嵌缝密封材料应与两侧基层粘牢,密封部位光滑、平直,不得有开裂、鼓泡、下坍现象;平瓦屋面的基层应平整、牢固,瓦片排列整齐、平直,搭接合理,接缝严密,不得有残缺瓦片。

(5)检查屋面有无渗漏、积水和排水系统是否通畅,应在雨后或持续淋雨 2 h 后进行,有可能作蓄水检验的屋面,其蓄水时间不应小于 24 h。

(6)屋面工程验收后,应填写分部工程质量验收记录,交建设单位和施工单位存档。

八、建筑防水工程材料现场抽样复验

建筑防水工程材料现场抽样复验应符合表 8-11 的规定。

表 8-11　建筑防水工程材料现场抽样复验项目

序号	材料名称	现场抽样数量	外观质量检验	物理性能检验
1	沥青防水卷材	大于 1 000 卷抽 5 卷,每 500～1 000 卷抽 4 卷,100～499 卷抽 3 卷,100 卷以下抽 2 卷,进行规格尺寸和外观质量检验。在外观质量检验合格的卷材中,任取一卷做物理性能检验	孔洞、硌伤、露胎、涂盖不匀,折纹、皱褶、裂纹、裂口、缺边,每卷卷材的接头	纵向拉力,耐热度,柔度,不透水性
2	高聚物改性沥青防水卷材	同 1	孔洞、缺边、裂口,边缘不整齐,胎体露白、未浸透,撒布材料粒度、颜色,每卷卷材的接头	拉力,最大拉力时延伸率,耐热度,低温柔度,不透水性

（续表）

序号	材料名称	现场抽样数量	外观质量检验	物理性能检验
3	合成高分子防水卷材	同 1	折痕、杂质、胶块、凹痕，每卷卷材的接头	断裂拉伸强度，扯断伸长率，低温弯折，不透水性
4	石油沥青	同一批至少抽一次	—	针入度，延度，软化点
5	沥青玛蹄脂	每工作班至少抽一次	—	耐热度，柔韧性，粘结力
6	高聚物改性沥青防水涂料	每 10 t 为一批，不足 10 t 按一批抽样	包装完好无损，且标明涂料名称、生产日期、生产厂名、产品有效期；无沉淀、凝胶、分层	固体含量，耐热度，柔性，不透水性，延伸
7	合成高分子防水涂料	同 6	包装完好无损，且标明涂料名称、生产日期、生产厂名、产品有效期	固体含量，拉伸强度，断裂延伸率，柔性，不透水性
8	胎体增强材料	每 3 000 m² 为一批，不足 3 000 m² 按一批抽样	均匀，无团状，平整，无折皱	拉力，延伸率
9	改性石油沥青密封材料	每 2 t 为一批，不足 2 t 按一批抽样	黑色均匀膏状，无结块和未浸透的填料	耐热度，低温柔性，拉伸粘结性，施工度
10	合成高分子密封材料	每 1 t 为一批，不足 1 t 按一批抽样	均匀膏状物，无结皮、凝胶或不易分散的固体团状	拉伸粘结性，柔性
11	平瓦	同一批至少抽一次	边缘整齐，表面光滑，不得有分层、裂纹、露砂	—
12	油毡瓦	同一批至少抽一次	边缘整齐，切槽清晰，厚薄均匀，表面无孔洞、硌伤、裂纹、折皱及起泡	耐热度，柔度
13	金属板材	同一批至少抽一次	边缘整齐，表面光滑，色泽均匀，外形规则，不得有扭翘、脱膜、锈蚀	—

本章小结

本章主要介绍了屋面防水工程的各种原材料、材料特性、施工工艺、细部构造和具体的施工方法,屋面防水工程质量要求,它是确保屋面防水工程质量的基本保证。着重介绍了卷材防水屋面、涂膜防水屋面和刚性防水屋面。

复习思考题

一、填空题

1. 卷材防水屋面适用于防水等级为（　　）级的屋面防水。

2. 卷材有传统的（　　）、（　　）和（　　）三大类若干品种。

3. 卷材铺设完毕,经检查合格后,应立即进行（　　）的施工,及时保护防水层免受损伤,从而延长卷材防水层的使用年限。

4. 涂膜防水屋面是在屋面基层上涂刷（　　）,经固化后形成一层有一定（　　）和（　　）的整体涂膜,从而达到防水目的的一种防水屋面形式。

5. 刚性防水屋面是指使用（　　）做防水层的屋面,主要有（　　）、（　　）、（　　）、（　　）等。

二、选择题

1. 粘贴高聚物改性沥青防水卷材,使用最多的是（　　）。

A. 热粘结剂法　　　　　　　　　　　　B. 热熔法

C. 冷粘法　　　　　　　　　　　　　　D. 自粘法

2. 当屋面坡度大于（　　）时,应采取防止沥青卷材下滑的固定措施。

A. 3%　　　　　　　　　　　　　　　　B. 10%

C. 15%　　　　　　　　　　　　　　　D. 25%

3. 在涂膜防水屋面施工的工艺流程中,基层处理剂干燥后的第一项工作是（　　）。

A. 基层清理　　　　　　　　　　　　　B. 节点部位增强处理

C. 涂布大面防水涂料　　　　　　　　　D. 铺贴大面胎体增强材料

4. 找平层应留分格缝,缝宽宜为（　　）,缝内应嵌填密封材料。

A. 10 mm　　　　　　　　　　　　　　B. 25 mm

C. 20 mm　　　　　　　　　　　　　　D. 30 mm

5. 刚性材料保护层与涂膜防水层间应设（　　）。

A. 防水垫层　　　　　　　　　　　　　B. 防潮层

C. 隔离层　　　　　　　　　　　　　　D. 附加层

三、简答题

1. 简述热熔法施工工艺。

2. 简述自粘法施工工艺。

3. 涂膜防水的施工要点是什么?

4. 刚性防水的优点与缺点是什么?

5. 卷材防水工程常见的质量问题有哪些?

第九章 防水及保温工程

熟悉地下结构的防水方案,掌握防水混凝土结构施工和卷材防水层施工;了解卫生间、细部的防水构造,掌握卫生间、细部的施工方法。

了解聚苯乙烯泡沫塑料板薄抹灰外墙外保温工程、胶粉聚苯颗粒外墙外保温工程的施工准备,掌握聚苯乙烯泡沫塑料板薄抹灰外墙外保温工程与胶粉聚苯颗粒外墙外保温工程的施工要点。

能够根据不同的分项工程,制定墙体保温工程施工方案,组织地下防水及卫生间防水施工;能够编制防水工程施工方案,现场指导施工生产工作。

第一节 地下防水工程

一、地下结构的防水方案

地下工程的防水方案,应遵循"防、排、截、堵相结合,刚柔相济、因地制宜、综合治理"的原则,根据使用要求、自然环境条件及结构形式等因素确定。地下工程的防水,应采用经过试验、检测和鉴定并经实践检验质量可靠的新材料,行之有效的新技术、新工艺。常用的防水方案有以下三类。

1. 结构自防水

结构自防水是依靠防水混凝土本身的抗渗性和密实性来进行防水。结构本身既是承重维护结构,又是防水层。因此,它具有施工方便、工期较短、改善劳动条件和节省工程造价等优点,是解决地下防水的有效途径,因而被广泛采用。

2. 设置防水层

设置防水层就是在结构的外侧按设计要求设置防水层,以达到防水的目的。常用的防水层有水泥砂浆防水层、卷材防水层、沥青胶结料防水层和金属防水层,可根据不同的工程对象、防水要求、设计要求及施工条件选用不同的防水层。

3. 渗排水防水

利用盲沟、渗排水层等排除附近的水源,以达到防水的目的;适用于形状复杂、受高温影响大、地下水为上层滞水且防水要求较高的地下建筑。

二、防水混凝土结构施工

1. 地下工程防水混凝土的设计要求

防水混凝土又称抗渗混凝土,是以改进混凝土配合比、掺加外加剂或采用特种水泥等手段提高混凝土的密实性、憎水性和抗渗性,使其满足抗渗等级大于或等于 P6(抗渗压强为 0.6 MPa)要求的不透水性混凝土。

(1)防水混凝土抗渗等级的选择。防水混凝土的设计抗渗等级应符合表 9-1 的规定。

由于建筑地下防水工程配筋较多,不允许渗漏,其防水要求一般高于水工混凝土,故防水混凝土抗渗等级最低定为 P6,一般多采用 P8。水池的防水混凝土抗渗等级不应低于 P6,重要工程的防水混凝土的抗渗等级宜定为 P8~P20。

表 9-1　防水混凝土的设计抗渗等级

工程埋置深度 H/m	设计抗渗等级
$H<10$	P6
$10{\leqslant}H<20$	P8
$20{\leqslant}H<30$	P10
$H{\geqslant}30$	P12

注:(1)本表适用于Ⅰ、Ⅱ、Ⅲ类围岩(土层及软弱围岩)。(2)山岭隧道防水混凝土的抗渗等级可按国家现行相关标准执行。

(2)防水混凝土的最小抗压强度和结构厚度。

① 地下工程防水混凝土结构的混凝土垫层,其抗压强度等级不应低于 C15,厚度不应小于 100 mm。

② 在满足抗渗等级要求的同时,其抗压强度等级一般可控制在 C20~C30 范围内。

③ 防水混凝土的结构厚度须根据计算确定,但其最小厚度应根据部位、配筋情况及施工是否方便等因素确定,具体按表 9-2 选定。

表 9-2　防水混凝土的结构厚度

结构类型	最小厚度/mm	结构类型		最小厚度/mm
无筋混凝土结构	>150	钢筋混凝土立墙:单排配筋		>200
钢筋混凝土底板	>150	双排配筋		>250

2. 防水混凝土的搅拌

(1)准确计算、称量用料量。严格按选定的施工配合比准确计算并称量每种用料。外加剂的掺加方法应遵从所选外加剂的使用要求。水泥、水、外加剂掺合料计量允许偏差不应大于±1%;砂、石计量允许偏差不应大于 2%。

(2)控制搅拌时间。防水混凝土应采用机械搅拌,搅拌时间一般不少于 2 min,若掺入引气型外加剂,则搅拌时间为 2~3 min,若掺入其他外加剂,则应根据相应的技术要求确定搅拌时间。掺 UEA 膨胀剂的防水混凝土搅拌的最短时间,按表 9-3 选定。

表 9-3　防水混凝土搅拌的最短时间

混凝土坍落度/mm	搅拌机机型	搅拌机出料量/L		
		<250	250～500	>500
≤30	强制式	90	120	150
	自落式	150	180	210
>30	强制式	90	90	120
	自落式	150	150	180

注：(1)混凝土搅拌的最短时间是指自全部材料装入搅拌筒中起,到开始卸料止的时间。(2)当掺有外加剂时,搅拌时间应适当延长(表中的搅拌时间为已延长的搅拌时间)。(3)全轻混凝土宜采用强制式搅拌机搅拌,砂轻混凝土可采用自落式搅拌机搅拌,但搅拌时间应延长 60～90 s。(4)采用强制式搅拌机搅拌轻集料混凝土的加料顺序是:当轻集料在搅拌前预湿时,先加粗、细集料和水泥搅拌 30 s,再加水继续搅拌;当轻集料在搅拌前未预湿时,先加 1/2 的总用水量和粗、细集料搅拌 60 s,再加水泥和剩余用水量继续搅拌。(5)当采用其他形式的搅拌设备时,搅拌的最短时间应按设备说明书的规定或经试验确定。

3. 防水混凝土的浇筑

防水混凝土在浇筑前,应将模板内部清理干净,并用水湿润模板。浇筑时,若入模自由高度超过 1.5 m,则必须用串筒、溜槽或溜管等辅助工具将混凝土送入,以防离析或造成石子滚落堆积而影响质量。

在防水混凝土结构中有密集管群穿过处、预埋件或钢筋稠密处,浇筑混凝土有困难时,应采用相同抗渗等级的细石混凝土浇筑;预埋大管径的套管或面积较大的金属板时,应在其底部开设浇筑振捣孔,以利于排气、浇筑和振捣,如图 9-1 所示。

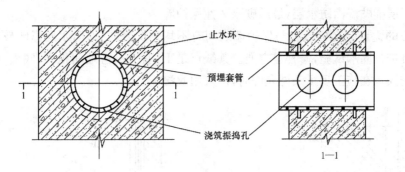

图 9-1　浇筑振捣孔示意图

随着混凝土龄期的延长,水泥继续水化,内部可冻结水大量减少,同时水中溶解盐的浓度增加,因此,冰点也会随龄期的增加而降低,使抗渗性能逐渐提高。为了保证早期免遭冻害,不宜在冬期施工,而应选择在气温为 15 ℃以上的环境中施工。因为气温在 4 ℃时,其强度增长速度仅为 15 ℃时的 50%;而混凝土表面温度降到 -4 ℃时,水泥水化作用停止,强度也停止增长。如果此时混凝土强度低于设计强度的 50%,冻胀使内部结构遭到破坏,造成强度、抗渗性急剧下降。为防止混凝土早期受冻,北方地区对于施工季节的选择安排十分重要。

三、卷材防水层施工

卷材防水层属柔性防水层,具有较好的韧性和延伸性,防水效果较好;其基本要求与屋面卷材防水层相同。

1. 材料要求

(1) 宜采用耐腐蚀油毡。油毡选用要求与防水屋面工程施工相同。

(2) 沥青胶粘材料和冷底子油的选用、配制方法与石油沥青油毡防水屋面工程施工基本相同。沥青的软化点应比基层及防水层周围介质可能达到的最高温度高出 20~25 ℃,且不低于 40 ℃。

2. 卷材防水层铺贴

将卷材防水层铺贴在地下结构的外侧(迎水面)称为外防水,外防水卷材防水层的铺贴方法,按其与地下结构施工的先后顺序分为外防外贴法(简称外贴法)和外防内贴法(简称内贴法)两种。

(1) 外贴法。外贴法是在垫层上铺好底层防水层后,先进行底板和墙体结构的施工,再把底面防水卷材延伸铺贴在墙体结构的外侧表面上,最后砌筑保护墙,如图 9-2 所示。外贴法的施工顺序如下:首先在垫层四周砌筑永久性保护墙,高度为 300~500 mm,其下部为永久性的[高度≥B+(200~500)mm,B 为底板厚],上部为临时性的[高度为 $150(n+1)$ mm,n 为卷材层数],并在保护墙下部干铺油毡条一层;其次铺设混凝土底板垫层上的卷材防水层,并留出墙身的接头;然后在墙上抹石灰砂浆找平层并将接头贴于墙上,进行底板和墙身施工,在做墙身防水层前,拆临时保护墙,在墙面上抹找平层、刷基层处理剂,将接头清理干净后逐层铺贴墙面防水层;最后砌永久性保护墙。

外贴法的优点是在构筑物与保护墙之间有不均匀沉降时,对防水层影响较小;防水层做好后即可进行漏水试验,修补也方便。其缺点是工期较长,占地面积大;底板与墙身接头处卷材易受损。在施工现场条件允许时,多采用此法施工。

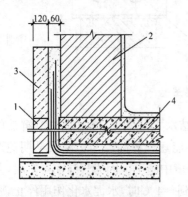

1—永久性保护墙;2—基础外墙;
3—临时保护墙;4—混凝土底板

图 9-2　外贴法施工示意图

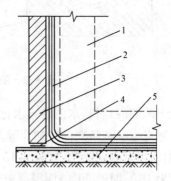

1—尚未施工的地下室墙;2—卷材防水层;
3—永久性保护墙;4—干铺油毡一层;5—混凝土垫层

图 9-3　内贴法施工示意图

(2) 内贴法。内贴法是在墙体未做好之前,在垫层边缘先砌筑保护墙,然后将卷材防水层铺贴在保护墙上,再进行底板和墙体施工,如图 9-3 所示。施工顺序如下:首先在垫层四周砌永久性保护墙,然后在垫层和保护墙上抹找平层,干燥后涂刷基层处理剂,最后铺贴卷材防水层。铺贴原则:先贴立面,后贴水平面,先贴转角,后贴大面,铺贴完毕后做好保护层(砂或散麻丝加 10~20 mm 厚 1:3 水泥砂浆),最后进行构筑物底板和墙体施工。

内贴法的优点是防水层的施工比较方便,不必留接头,且施工占地面积小。其缺点是构筑物与保护墙发生不均匀沉降时,对防水层影响较大;保护墙稳定性差;竣工后如发现漏水较难修补。这种方法只有当施工场地受限制、无法采用外贴法时才会采用。

第二节 室内其他部位防水工程

一、卫生间防水施工

1. 卫生间的防水构造
卫生间的防水构造如图 9-4 所示。

2. 卫生间施工准备
(1)材料准备。

① 进场材料复验。供货时必须有生产厂家提供的材料质量检验合格证。材料进场后,使用单位应对进场材料的外观进行检查,并做好记录。材料进场一批,应抽样复验一批。复验项目包括拉伸强度、断裂伸长率、不透水性、低温柔性、耐热度。各地也可根据本地区主管部门的有关规定,适当增减复验项目。各项材料指标复验合格后,该材料方可用于工程施工。

② 防水材料储存。材料进场后,设专人保管和发放。材料不能露天放置,必须分类存放在干燥通风的室内,并远离火

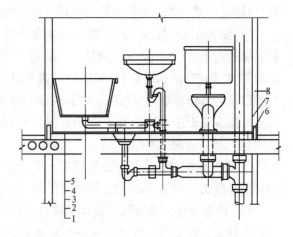

1—结构层;2—垫层;3—找平层;4—防水层;
5—面层;6—混凝土防水台高出地面 100 mm;
7—防水层(与混凝土防水台同高);8—轻质隔墙板

图 9-4 卫生间防水构造剖面图

源,严禁烟火。水溶性涂料在 0 ℃以上储存,受冻后的材料不能用于工程。

(2)机具准备。一般应备有配料用的电动搅拌器、拌料桶、磅秤,涂刷涂料用的短把棕刷、油漆毛刷、滚动刷,油漆小桶、油漆嵌刀、塑料或橡皮刮板,铺贴胎体增强材料用的剪刀、压碾辊等。

3. 卫生间聚氨酯防水施工
(1)材料要求。聚氨酯涂膜防水材料是双组分化学反应固化型的高弹性防水涂料,多以甲、乙双组分形式使用。主要材料有聚氨酯涂膜防水材料甲组分、聚氨酯涂膜防水材料乙组分和无机铝盐防水剂等。施工用辅助材料应备有二甲苯、醋酸乙酯、磷酸等。

（2）基层处理。卫生间的防水基层必须用 1：3 的水泥砂浆找平层，要求抹平压光无空鼓，表面要坚实，不应有起砂、掉灰现象。在抹找平层时，在管道根部的周围，应使其略高于地面；在地漏的周围，应做成略低于地面的洼坑。找平层的坡度以 1%～2% 为宜，坡向地漏。凡遇到阴阳角处，要抹成半径不小于 10 mm 的小圆弧。

与找平层相连接的管件、卫生洁具、排水口等必须安装牢固，收头圆滑，按设计要求用密封膏嵌固。基层必须基本干燥，一般在基层表面均匀泛白无明显水印时，才能进行涂膜防水层施工。施工前要把基层表面的尘土杂物彻底清扫干净。

（3）施工工艺要点。

① 清理基层。须做防水处理的基层表面，必须彻底清扫干净。

② 涂布底胶。将聚氨酯甲、乙双组分和二甲苯按 1：1.5：2 的比例（重量比，以产品说明为准）配合搅拌均匀，再用小滚刷或油漆刷均匀涂布在基层表面上。涂刷量一般为 0.15～0.21 kg/m²，涂刷后应干燥固化 4 h 以上，才能进行下道工序的施工。

③ 配制聚氨酯涂膜防水涂料。将聚氨酯甲、乙双组分和二甲苯按 1：1.5：0.3 的比例配合，用电动搅拌器强力搅拌均匀备用。应随配随用，一般在 2 h 内用完。

④ 涂膜防水层施工。用小滚刷或油漆刷将已配好的防水涂料均匀涂布在底胶已干固的基层表面上。涂完第一遍涂膜后，一般须固化 5 h 以上，在基本不粘手时，再按上述方法涂布第二、第三、第四遍涂膜，并使后一遍与前一遍的涂布方向相垂直。对管子根部、地漏周围以及墙转角部位，必须认真涂刷，涂刷厚度不应小于 2 mm。在涂刷最后一遍涂膜固化前及时撒少许干净的粒径为 2～3 mm 的小豆石，使其与涂膜防水层粘结牢固，作为与水泥砂浆保护层粘结的过渡层。

⑤ 做好保护层。当聚氨酯涂膜防水层完全固化和通过蓄水试验并检验合格后，即可铺设一层厚度为 15～25 mm 的水泥砂浆保护层，然后按设计要求铺设饰面层。

（4）质量要求。聚氨酯涂膜防水材料的技术性能应符合设计要求或材料标准规定，并应附有质量证明文件和现场取样进行检测的试验报告以及其他有关质量证明的文件。聚氨酯的甲、乙料必须密封存放，甲料开盖后，吸收空气中的水分会起反应而固化，如在施工中混有水分，则聚氨酯固化后内部会有水泡，影响防水能力。涂膜厚度应均匀一致，总厚度不应小于 1.5 mm。涂膜防水层必须均匀固化，不应有明显的凹坑、气泡和渗漏水的现象。

4. 卫生间氯丁胶乳沥青防水涂料施工

（1）材料要求。氯丁胶乳沥青防水涂料是以氯丁橡胶和沥青为基料，经加工合成的一种水乳型防水涂料。它兼有橡胶和沥青的双重优点，具有防水、抗渗、耐老化、不易燃、无毒、抗基层变形能力强等优点。

（2）基层处理。氯丁胶乳沥青防水涂料与聚氨酯涂膜防水施工要求相同。

（3）施工工艺及要点。二布六油防水层的工艺流程：基层找平处理→满刮一遍氯丁胶乳沥青水泥腻子→满刮第一遍涂料→做细部构造加强层→铺贴玻璃布，同时刷第二遍涂料→刷第三遍涂料→铺贴玻纤网格布，同时刷第四遍涂料→涂刷第五遍涂料→涂刷第六遍涂料并及时撒砂粒→蓄水试验→按设计要求做保护层和面层→防水层二次蓄水试验，验收。

在清理干净的基层上满刮一遍氯丁胶乳沥青水泥腻子，管根和转角处要厚刮并抹平整,腻子的配制方法是将氯丁胶乳沥青防水涂料倒入水泥中,边倒边搅拌至稠浆状即可刮涂于基层,腻子厚度为 2~3 mm,待腻子干燥后,满刷一遍防水涂料,但涂刷不能过厚,不得漏刷,表面均匀不流淌,不堆积,立面刷至设计标高。在细部构造部位,如阴阳角、管道根部、地漏、大便器蹲坑等分别附加一布二涂附加层。附加层干燥后,大面铺贴玻纤网格布,同时涂刷第二遍防水涂料,使防水涂料浸透布纹渗入下层,玻纤网格布搭接宽度不应小于100 mm,立面贴至设计高度,顺水接槎,收口处贴牢。

上述涂料实干后(约 24 h),满刷第三遍涂料,表干后(约 4 h)铺贴第二层玻纤网格布,同时满刷第四遍防水涂料。第二层玻纤布与第一层玻纤布接槎要错开,涂刷防水涂料时应均匀,将布展平无折皱。上述涂层实干后,满刷第五、第六遍防水涂料,整个防水层实干后,可进行第一次蓄水试验,蓄水时间不少于 24 h,无渗漏才合格,然后做保护层和饰面层。工程交付使用前应进行第二次蓄水试验。

(4) 质量要求。水泥砂浆找平层做完后,应对其平整度、强度、坡度和干燥度进行预检验收。防水涂料应有产品质量证明书以及现场取样的复检报告。施工完成的氯丁胶乳沥青涂膜防水层,不得有起鼓、裂纹、孔洞缺陷。末端收头部位应粘贴牢固,封闭严密,成为一个整体的防水层。做完防水层的卫生间,须经 24 h 以上的蓄水检验,无渗漏水现象方为合格。要提供检查验收记录,连同材料质量证明文件等技术资料一并归档备查。

5. 卫生间的渗漏与堵漏技术

卫生间用水频繁,防水处理不当就会发生渗漏,主要表现为楼板管道滴漏水、地面积水、墙壁潮湿渗水、下层顶板和墙壁出现滴水等。治理卫生间的渗漏,必须先查找渗漏的部位和原因,然后采取有效的针对性措施。

(1) 板面及墙面渗水。

① 原因:混凝土、砂浆施工的质量不良,存在微孔渗漏;板面、隔墙出现轻微裂缝;防水涂层施工质量不好或被损坏。

② 堵漏措施:

a. 拆除卫生间渗漏部位饰面材料,涂刷防水涂料。

b. 如有开裂现象,则应对裂缝先进行增强防水处理,再刷防水涂料。增强处理一般采用贴缝法、填缝法和填缝加贴缝法。贴缝法主要适用于微小的裂缝,可刷防水涂料并加贴纤维材料或布条做防水处理。填缝法主要用于较显著的裂缝,施工时要先进行扩缝处理,将缝扩展成 15 mm×15 mm 左右的 V 形槽,清理干净后刮填嵌缝材料。填缝加贴缝法除采用填缝处理外,须在缝表面再涂刷防水涂料,并粘纤维材料处理。

当渗漏不严重、饰面拆除困难时,也可直接在其表面刮涂透明或彩色聚氨酯防水涂料。

(2) 卫生洁具及穿楼板管道、排水管口等部位渗漏。

① 原因:细部处理方法欠妥,卫生洁具及管口周边填塞不严;管口连接件老化;由于振动及砂浆、混凝土收缩等原因出现裂隙;卫生洁具及管口周边未用弹性材料处理,或施工时嵌缝材料及防水涂料粘结不牢;嵌缝材料及防水涂层被拉裂或拉离粘结面。

② 堵漏措施:

a. 将漏水部位彻底清理,刮填弹性嵌缝材料。

b. 在渗漏部位涂刷防水涂料,并粘贴纤维材料。

c. 更换老化管口连接件。

二、细部防水施工

1. 檐口

在卷材防水屋面檐口 800 mm 范围内的卷材应满粘,卷材收头应采用金属压条钉压,并应用密封材料封严,檐口下端应做鹰嘴和滴水槽,如图 9-5 所示。涂膜防水屋面檐口的涂膜收头,应用防水涂料多边涂刷,檐口下端应做鹰嘴和滴水槽,如图 9-6 所示。

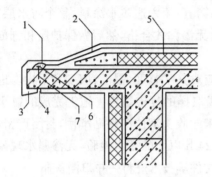

1—密封材料;2—卷材防水层;3—鹰嘴;
4—滴水槽;5—保温层;6—金属压条;7—水泥钉

图 9-5 卷材防水屋面檐口示意图

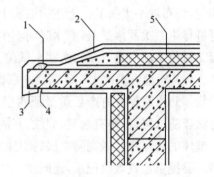

1—涂料多遍涂刷;2—涂膜防水层;
3—鹰嘴;4—滴水槽;5—保温层

图 9-6 涂膜防水屋面檐口示意图

2. 天沟、檐沟

卷材或涂膜防水屋面檐沟和天沟的构造如图 9-7 所示,应符合下列规定:

(1)檐沟和天沟的防水层下应增设附加层,附加层伸入屋面的宽度不应小于 250 mm。

(2)檐沟防水层和附加层应由沟底翻上至外侧顶部,卷材收头应采用金属压条钉压。

(3)檐沟外侧下端应做鹰嘴和滴水槽。

(4)檐沟外侧高于屋面结构板时,应设置溢水口。

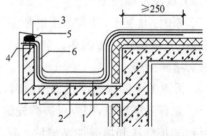

1—防水层;2—附加层;3—密封材料;
4—水泥钉;5—金属条;6—保护层

图 9-7 卷材、涂膜防水屋面檐沟和天沟示意图

天沟、檐沟必须按设计要求找坡,转角处应抹成规定的圆角。天沟或檐沟铺贴卷材应从沟底开始,顺着天沟从水落口向分水岭方向铺贴,并应用密封材料封严。

3. 变形缝

变形缝防水构造应符合下列规定:

(1)变形缝泛水处的防水层下应增设附加层,附加层在平面和立面的宽度均不应小于 250 mm;防水层应铺贴或涂刷至泛水墙的顶部。

(2)变形缝内应预填不燃保温材料,上部应采用防水卷材封盖,并放置衬垫材料,再在其上干铺一层卷材。

（3）等高变形缝顶部宜加扣混凝土或金属盖板,如图9-8所示。

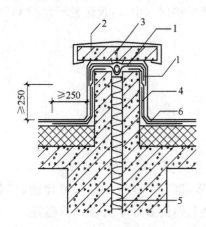

1—卷材封盖;2—混凝土盖板;3—衬垫材料;
4—附加层;5—不燃保温材料;6—防水层

图9-8 等高变形缝

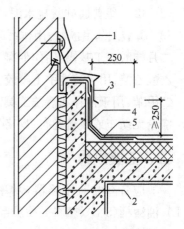

1—卷材封盖;2—不燃保温材料;
3—金属盖板;4—附加层;5—防水层

图9-9 高低跨变形缝

（4）高低跨变形缝在立墙泛水处应采用有足够变形能力的材料和构造做密封处理,如图9-9所示。

第三节 厨卫间防水施工

厨卫间因管道多而多采用涂膜防水。以下介绍厨卫间聚氨酯涂膜防水层冷作业做法。

一、材料要求

（1）聚氨酯涂膜防水材料（双组分）,应有出厂合格证。甲组分是以聚氨酯和二异氰酸酯等为原料,经过聚合反应制成的含有端异氰酸酯基的聚氨基甲酸酯预聚物,外观为浅黄黏稠状,桶装,每桶20 kg。乙组分是由固化剂、促进剂、增韧剂、防霉剂、填充剂和稀释剂等混合加工制成的,外观为红、黑、白、黄及咖啡色等膏状物,桶装,每桶40 kg。甲组分储存在室内通风干燥处,储期不超过6个月。乙组分储存在室内,储期不超过12个月。两组材料应分别保管,严禁混存一室;动用后剩余的材料,应将容器的封盖盖紧,防止材料失效。

主要技术性能:

含固量:$\geqslant 93\%$;

拉伸强度:$\geqslant 0.7$ MPa;

断裂伸长率:$300\% \sim 400\%$;

耐热度:$80\ ℃$,不流淌;

低温柔度:$-20\ ℃$绕$\phi 20$ mm圆棒,无裂纹;

不透水性:> 0.3 N/mm²。

防水卷材不透水性测试仪器测试原理:在一定的温度下,使试样的两侧形成一特定的湿度差,水蒸气透过试样进入干燥的一侧,通过测定透湿杯重量随时间的变化量,从而求出试样的水蒸气透过率等参数。

(2) 32.5 级普通硅酸盐水泥,用于配制水泥砂浆保护层。中砂:含泥量不大于 3%。

(3) 磷酸或苯磺酰氯:用作缓凝剂。

二月桂酸二丁基锡:用作促凝剂。

乙酸乙酯:用于清洗手上凝胶。

二甲苯:用于稀释和清洗工具。

涤纶无纺布或玻璃丝布:规格为 60 g/m²。

二、主要机具

一般应备有电动搅拌器(功率为 0.3～0.5 kW,200～500 r/min)、搅拌桶(容积为 10 L)、油漆桶(3 L)、塑料或橡胶刮板、滚动刷、油漆刷、弹簧测力计、干粉灭火器等。

三、作业条件

(1) 涂刷防水层的基层表面,必须将尘土、杂物等清扫干净,表面残留的灰浆硬块和凸出部分应铲平、扫净、压光,阴阳角处应抹成圆弧或钝角。

(2) 涂刷防水层的基层表面应保持干燥,并要平整、牢固,不得有空鼓、开裂及起砂等缺陷。

(3) 在找平层连接处的地漏、管根、出水口、卫生洁具根部(边沿),要收头圆滑。坡度符合设计要求,部件必须安装牢固,嵌封严密。

(4) 凸出地面的管根、地漏、排水口、阴阳角等细部,应先做好附加层墙补处理,刷完聚氨酯底胶后,经检查并办完隐蔽工程验收。

(5) 防水层所用的各类材料、基层处理剂、二甲苯等均属易燃物品,储存和保管要远离火源,施工操作时,应严禁烟火。

(6) 防水层施工不得在雨天、大风天进行,冬期施工的环境温度应不低于 5 ℃。

四、操作工艺

工艺流程为:清理基层表面→细部处理→配制底胶→涂刷底胶(相当于冷底子油)→细部附加层施工→第一遍涂膜→第二遍涂膜→第三遍涂膜→防水层施工→防水层一次试水→保护层、饰面层施工→防水层二次试水→防水层验收。

操作要点如下:

(1) 防水层施工前,应将基层表面的尘土、杂物等清除干净,并用干净的湿布擦一遍。

(2) 涂刷防水层的基层表面,不得有凸凹不平、松动、空鼓、起砂、开裂等缺陷。含水量一般不大于 9%,基层表面均匀泛白,无明显水印。

(3) 涂刷底胶(相当于冷底子油)。

① 配制底胶。先将聚氨酯甲料、乙料加入甲苯,按 1:1.5:2(质量比)的配合比搅拌均匀,配制量应视具体情况定,不宜过多。

② 涂刷底胶。将按上法配制好的底胶混合料,用长把滚刷均匀涂刷在基层表面,涂后常温季节 4 h 以后,手感不粘时,即可做下道工序。

(4) 涂膜防水层施工。

① 材料配制。

聚氨酯防水材料为聚氨酯甲料、聚氨酯乙料和二甲苯,配合比为 1∶1.5∶3(质量比);在施工中涂膜防水材料,其配合比计量要准确,并必须用电动搅拌机进行强力搅拌。

② 细部做附加层。

突出地面的地漏、管根、出水口、卫生洁具等根部(边沿),阴阳角等薄弱部位,应在大面积涂刷前,先做一布二油防水附加层,底胶表干后将纤维布裁成与地漏、管根等尺寸、形状相同并将周围加宽 20 cm 的布套在管根等细部,并涂刷涂膜防水材料,常温 4 h 表干后,再刷第二道涂膜防水材料,24 h 实干后,即可进行大面积涂膜防水层施工。

③ 涂膜防水层。第一道涂膜防水层:将已配好的聚氨酯涂膜防水材料,用塑料或橡皮刮板均匀涂刮在已涂好底胶的基层表面,用量为 1.5 kg/m²,厚度为 1.3~1.5 mm,不得有漏刷和鼓泡等缺陷,24 h 固化后,可进行第二道涂层。

第二道涂层:在已固化的涂层上,采用与第一道涂层相互垂直的方向均匀涂刷在涂层表面,涂量略少于第一道,用量为 1 kg/m²,厚度为 0.7~1 mm,不得有漏刷和鼓泡等缺陷,24 h 固化后,进行第一次试水,遇有渗漏,应进行补修,至不出现渗漏为止。

除上述涂刷方法外,可采用长把滚刷分层在相互垂直的方向分四次涂刷,每次涂量为 0.6 kg/m²;如条件允许,也可采用喷涂的方法,但要掌握好厚度和均匀度。细部不易喷涂的部位,应在实干后进行补刷。

④ 在涂膜防水层施工前,应按照工艺标准,组织有关人员认真进行技术和使用材料的交底,防水层施工完成后,经过 24 h 以上的蓄水试验,未发现渗水、漏水为合格,然后进行隐蔽工程检查验收,交下道施工。

(5) 在施工过程中遇到问题应做如下处理:

① 当发现涂料黏度过大不易涂刷时,可加入少量二甲苯稀释,其加入量应不大于乙料的 10%。

② 当发现涂料固化太快影响施工时,可加入少量磷酸或苯磺酰氯等缓凝剂,其加入量应不大于甲料的 0.5%。

③ 当发现涂料固化太慢影响施工时,可加入少量二月桂酸二丁基锡作促凝剂,其加入量应不大于甲料的 0.3%。

④ 涂膜防水层涂刷 24 h 未固化仍有发黏现象、涂刷第二道涂料有困难时,可先涂一层滑石粉,再上人操作时,可不粘脚,且不会影响涂膜质量。

如发现乙料有沉淀现象时,应搅拌均匀后再与甲料配制,否则会影响涂膜的质量。

五、成品保护

(1) 已涂刷好的聚氨酯涂膜防水层,应及时采取保护措施,在未做好保护层以前,不得穿带钉鞋出入室内,以免破坏防水层。

（2）凸出地面的管根、地漏、排水口、卫生洁具等处的周边防水层不得碰损,部件不得变位。

（3）地漏、排水口等处应保持畅通,施工中要防止杂物掉入,试水后应进行认真清理。

（4）聚氨酯涂膜防水层施工过程中,未固化前不得上人走动,以免破坏防水层,造成渗漏的隐患。

（5）聚氨酯涂防水层施工过程中,应注意保护门口、墙面等部位,防止污染成品。

六、应注意的质量问题

1. 空鼓

防水层空鼓一般发生在找平层与涂膜防水层之间和接缝处,原因是基层含水量过大,使涂膜空鼓,形成气泡,施工中应控制含水量,并认真操作。

2. 渗漏

防水层渗漏水多发生在穿过楼板的管根、地漏、卫生洁具及阴阳角等部位,主要是管根、地漏等部件松动、粘结不牢、涂刷不严密或防水层局部损坏,产生空隙,部件接槎封口处搭接长度不够所造成的。在涂膜防水层施工前,应认真检查并加以修补。

第四节 防水工程安全注意事项

（1）卷材屋面防水施工,时有被沥青胶烫伤、坠落等事故。

（2）有皮肤病、眼病、刺激过敏等的人,不宜操作。施工中如发生恶心、头晕、过敏等情况时,应立即停止操作。

（3）沥青操作人员不得赤脚、穿短裤和短袖衣服,裤脚袖口应扎紧,并戴手套和护脚。

（4）防止下风向人员中毒或烫伤。

（5）存放卷材和粘结剂的仓库或现场要严禁烟火;如用明火,必须有防火措施,且设置一定数量的灭火器材和砂袋。

（6）高处作业人员不得过分集中,必要时系安全带。

（7）屋面周围应设防护栏杆;屋面上的孔洞应盖严或在孔洞周边设防护栏杆,并设水平安全网。

（8）刮大风时停止作业。

（9）熬油锅灶应在下风向,上方不得有电线,地下 5 m 不得有电缆。锅内沥青不得超过锅容量的 2/3,并防止外溢。熬油人员应随时注意温度变化,沥青脱完水后应慢火升温。锅内的白烟变为浓的红黄烟,是着火的前兆,应立即停火。配制冷底子油时要严格掌握沥青温度,严禁用铁棒搅拌;如发现冒出大量蓝烟应立即停止加入稀释剂。配制、贮存、涂刷冷底子油的地点严禁烟火,并不得在附近电焊、气焊。

（10）运油的铁桶、油壶要咬口接头,严禁锡焊。桶宜加盖,装油量不得超过桶高的 2/3,油桶应平放,不得两人抬运。屋面吊运油桶的操作平台应设置防护栏杆,提升时要拉牵绳,以防油桶摆动;油桶下方 10 m 半径范围内禁止站人。

（11）坡屋面操作应防滑，油桶下面应加垫保证油桶放置平稳。

（12）浇油者与贴卷材者应保持一定距离，并根据风向错位，以防热沥青飞溅伤人。浇油时檐口下方不得有人行走或停留，以防热沥青流下伤人。

（13）避免在高温烈日下施工。

第五节　墙体保温工程

一、聚苯乙烯泡沫塑料板薄抹灰外墙外保温工程

聚苯板外墙外保温工程薄抹灰系统采用聚苯板作保温隔热层，用胶粘剂与基层墙体粘贴辅以锚栓固定。当建筑物高度不超过 20 m 时，也可采用单一的粘结固定方式，一般由工程设计部门根据具体情况确定。聚苯板的防护层为嵌埋有耐碱玻璃纤维网格布增强的聚合物抗裂砂浆，属薄抹灰面层，普通型防护层厚度为 3～5 mm，加强型防护层厚度为 5～7 mm，饰面为涂料。挤塑聚苯板因其强度高，有利于抵抗各种外力作用，可用于建筑物的首层及二层等易受撞击的位置。

1. 施工条件

结构已验收，屋面防水层已施工完毕；外墙和外墙门窗施工完毕并验收合格；伸出外墙面的消防楼梯、水落管、各种进户管线等预埋件连接件应安装完毕，并留有保温厚度的间隙。

施工现场应具备通电、通水条件，并保持清洁、文明的施工环境；施工现场的环境温度和基层墙体的表面温度不应低于 5 ℃。夏季应避免阳光暴晒。在 5 级以上大风天气和雨天不得施工。如雨天施工应采取有效措施，防止雨水冲刷墙面；在施工过程中，墙体应采用必要的保护措施，防止施工墙面受到污染，待建筑泛水、密封膏等构造细部按设计要求施工完毕后，方可拆除保护物。

2. 施工准备

（1）材料的包装、运输和储存。聚苯板应采用塑料袋包装，在捆扎角处应衬垫硬质材料。胶粘剂、抹面胶浆可采用编织袋或桶装，但应密封，防止外泄或受潮。耐碱网格布应成卷并用防水防潮材料包装。锚栓可以用纸箱包装。

运输聚苯板应侧立搬运，侧立装车，用麻绳等与运输车辆固定牢固，不得重压猛摔或与锋利物品碰撞。胶粘剂、耐碱网格布、锚栓在运输过程中应避免挤压、碰撞、日晒和雨淋。

储存所有组成材料应防止与腐蚀性介质接触，远离火源，防止长期暴晒，应放在仓库内且干燥、通风、防冻的地方。储存材料期限不得超过保质期，应按规格、型号分别储存。

（2）施工机具准备。主要施工工具有抹子、槽抹子、搓抹子、角抹子、专用锯齿抹子、手锯、靠尺、电动搅拌机（700～800 r/min）、刷子、多用刀、灰浆托板、拉槽、开槽器、皮尺等。

3. 聚苯板的施工工艺流程和施工要点

聚苯板的施工工艺流程：材料、工具准备→基层墙体处理→弹线、配制粘结胶泥→粘结聚苯板→缝隙处理→聚苯板打磨、找平→装饰件安装→特殊部位处理→抹底胶泥→铺设网

格布、配抹面胶泥→抹面胶泥→找平修补、配面层涂料涂面层涂料→竣工验收。

（1）基层墙体处理。基层墙体必须清理干净,保证墙面无油、灰尘、污垢、风化物、涂料、蜡、防水剂、潮气、霜、泥土等污染物或其他有碍粘结的物质,并应剔除墙面的凸出物。基层墙中松动或风化的部分应清除,并用水泥砂浆填充找平。基层墙体的表面平整度不符合要求时,可用 1∶3 的水泥砂浆找平。

（2）粘结聚苯板。根据设计图样的要求,在经过平整处理的外墙上沿散水标高用墨线弹出散水及勒脚水平线,当需设系统变形缝时,应在墙面相应位置弹出变形缝及宽度线,标出聚苯板的粘结位置。

粘贴聚苯板时,将胶粘剂涂在板的背面,一般可采用点框法,如图 9-10 所示。沿聚苯板的周围用不锈钢抹子涂抹配制的粘结胶,胶泥带宽度为 20 mm,厚度为 15 mm。每点直径为 50 mm,厚度为 15 mm,中心距为 200 mm。板抹完胶泥后,应立即将板平贴在基层墙体上滑动就位,应随时用 2 m 长的靠尺进行整平操作。

聚苯板应从建筑物的外墙勒脚部位开始,自上而下粘结。上下板排列互相错缝,上下排板之间竖向接缝应为垂直交错连接,以保证转角处板材安装的垂直度,如图 9-11 所示。窗口带造型的应在墙面聚苯板粘结后另外贴造型的聚苯板,以保证板不产生裂缝。

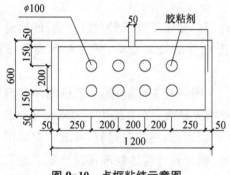

图 9-10　点框粘结示意图

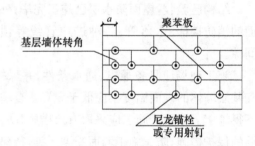

图 9-11　聚苯板排列及锚固点布置图

粘结上墙后的聚苯板应用粗砂纸磨平,然后再将整个聚苯板打磨一遍。操作工人应戴防护面具。打磨墙面的动作应是轻柔的圆周运动,不得沿与聚苯板接缝平行的方向打磨。打磨时间应在聚苯板施工完毕后,至少静置 24 h,以防聚苯板移动,减弱板材与基层墙体的粘结强度。

（3）网格布的铺设。涂抹面胶前,应先检查聚苯板是否干燥,表面是否平整,并去除板面的有害物质、杂质或表面变质部分。

标准网格布的铺设方法为二道抹面胶浆法。用不锈钢抹子在聚苯板表面均匀涂抹一层面积略大于一块网格布的抹面胶浆,厚度约为 1.6 mm。立即将网格布压入湿的抹面胶浆中,待胶浆稍干硬至可以碰触时,再用抹子涂抹第二道抹面胶浆,直至网格布全部被覆盖。此时,网格布均在两道抹面胶的中间。

网格布的铺设应自上而下沿外墙进行。当遇到门窗洞口时,应在洞口四角处沿 45°方向补贴一块标准网格布,以防开裂。标准网格布之间应相互搭接至少 150 mm,但加强网格布之间须对接,其对接边缘应紧密。翻网处网格布宽不少于 100 mm。窗口翻网处及起始第一层起始边处侧面打水泥胶,面网用靠尺归方找平,胶泥压实。翻网处网格布须将胶泥压出。外墙阴阳角直接搭接 200 mm。铺设网格布时,网格布的弯曲面应朝向墙,并从中央向四周用抹子抹,直至网格布完全埋入抹面胶浆内,目测无任何可分辨的网格布纹路。如有裸露的网格布,应再抹适量的抹面胶浆进行修补。

全部抹面胶浆和网格布铺设完毕后,静置养护 24 h,方可进行下一道工序的施工。在潮湿的气候条件下,应延长养护时间,保护已完工的成品,避免雨水的渗透和冲刷。

(4)面层涂料的施工。面层涂料施工前,应首先检查胶浆上是否有抹子刻痕,网格布是否完全埋入抹面胶浆内,然后修补抹面浆的缺陷或凹凸不平处,并用专用细砂纸打磨一遍,必要时可批腻子。

面层涂料用滚涂法施工,应从墙的上端开始,自上而下进行施工。涂层干燥前,墙面不得沾水以免导致颜色变化。

二、胶粉聚苯颗粒外墙外保温工程

胶粉颗粒保温浆料外墙外保温系统采用胶粉聚苯颗粒保温浆料保温隔热材料,抹在基层墙体表面,保温浆料的防护层为嵌埋有耐碱玻璃纤维网格布增强的聚合物抗裂砂浆,属薄抹灰面层,如图 9-12 和图 9-13 所示。

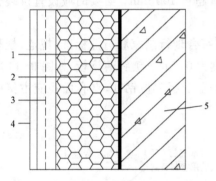

1—界面砂浆;2—胶粉聚苯颗粒保温层;
3—抗裂砂浆耐碱网格布+弹性底涂料;
4—柔性耐水腻子涂料;5—基层墙体

图 9-12　涂料饰面胶粉聚苯颗粒外保温构造图

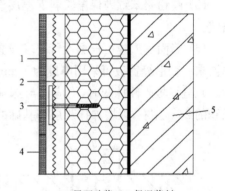

1—界面砂浆;2—保温浆料;
3—第一遍抗裂砂浆+热镀锌电焊网+第二遍抗裂砂浆;
4—粘结砂浆+面砖+勾缝材料;5—基层墙体

图 9-13　面砖饰面胶粉聚苯颗粒外保温构造图

1. 施工准备

(1)材料准备。所用材料品种、质量、性能、做法及厚度必须符合设计及节能标准要求,并有检测报告。

(2)机具准备。强制式砂浆搅拌机、垂直运输设备、外墙施工脚手架、手推车、水桶抹灰工具及抹灰专用检测工具、经纬仪及放线工具、壁纸刀、滚刷等。

2. 施工条件

与"聚苯乙烯泡沫塑料板薄抹灰外墙保温工程的施工条件"相同。

3. 胶粉聚苯颗粒施工工艺流程和施工要点

施工工艺流程:基层墙体处理→涂刷界面剂→吊垂、套方、弹控制线→贴饼、冲筋、做口

→抹第一遍聚苯颗粒保温浆料→(24 h 后)抹第二遍聚苯颗粒保温浆料→(晾干后)划分格线、开分格槽、粘贴分格条、滴水槽→抹抗裂砂浆→铺压玻纤网格布→抗裂砂浆找平、压光→涂刷防水弹性底漆→刮柔性耐水腻→验收。

(1) 基层墙体表面应清理干净,无油渍、浮尘,大于 10 mm 的凸起部分应铲平。经过处理符合要求的基层墙体表面,均应涂刷界面砂浆,如为砖或砌块可浇水淋湿。

(2) 保温隔热层的厚度不得出现偏差。保温浆料每遍抹灰厚度不宜超过 25 mm,须分多遍抹灰时,施工的时间间隔应在 24 h 以上。抗裂砂浆防护层施工,应在保温浆料干燥固化后进行。

(3) 抗裂砂浆中铺设的耐碱玻璃纤维网格布,其搭接长度不小于 100 mm,采用加强网格布时,只对接,不搭接(包括阴阳墙角部分)。网格布铺贴应平整、无褶皱。砂浆饱满度 100%,严禁干搭接。饰面若为面砖,则应在保温层表面铺设一层与基层墙体拉牢的四角镀锌钢丝网(丝径为 1.2 mm,孔径为 20 mm×20 mm),网边搭接 40 mm,用双股 φ7 镀锌钢丝绑扎,再抹抗裂砂浆作为防护层,面砖用胶粘剂粘贴在防护层上。

(4) 涂料饰面时,保温层分为一般型和加强型。加强型用于建筑物高度大于 30 m,而且保温层厚度大于 60 mm 的情况。加强型的做法是在保温层中距外表面 20 mm 处,铺设一层六角镀锌钢丝网(丝径为 0.8 mm,孔径为 25 mm×25 mm)与基层墙体拉牢。

(5) 胶粉聚苯颗粒保温浆料保温层设计厚度不宜超过 100 mm。必要时应设置抗裂分格缝。

(6) 墙面变形缝可根据设计要求设置,施工时应符合现行国家和行业标准、规范、规程的要求。变形缝盖板可采用厚度为 1 mm 铝板或厚度为 0.7 mm 镀锌薄钢板,如图 9-14 所示。凡盖缝板外侧抹灰时,均应在与抹灰层相接触的盖缝板部位钻孔,钻孔面积应占接触面积的 25% 左右,以增加抹灰层与基础的咬合作用。

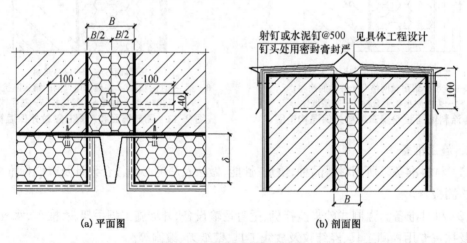

(a) 平面图　　　　　　　(b) 剖面图

图 9-14　墙身变形缝构造图

(7) 高层建筑如采用粘贴面砖时,每平方米面砖质量≤20 kg,且每块面砖面积≤1 000 mm²。涂料饰面层涂抹前,应先在抗裂砂浆抹面层上涂刷高分子乳液弹性底涂层,再刮抗裂柔性耐水腻子。现场应取样检查胶粉聚苯颗粒保温浆料的干密度,但必须在保温层硬化后达到设计要求的厚度;其干密度不应大于 250 kg/m³,并且不应小于 180 kg/m³。现场检查保温层厚度应符合设计要求,不得有负偏差。

(8)抹灰、抹保温浆料及涂料的环境温度应大于 5 ℃,严禁在雨中施工,遇雨或雨季施工应有可靠的保护措施,抹灰、抹保温浆料应避免阳光暴晒和在 5 级以上大风天气施工。施工人员应经过培训且考核合格。施工完毕后,应做好成品保护工作,防止施工污染;拆卸脚手架或升降外挂架时,应保护墙面免受碰撞;严禁踩踏窗台、线脚;损坏部位的墙面应及时修补。

(9)其他细部要求如图 9-15~图 9-17 所示。

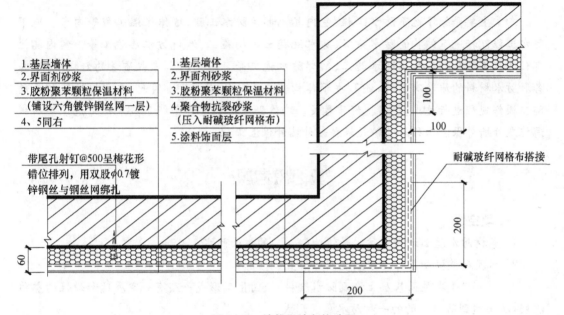

图 9-15　墙体及墙角构造图

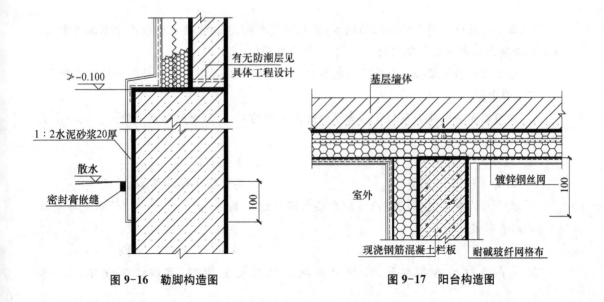

图 9-16　勒脚构造图　　　　　　　　图 9-17　阳台构造图

（10）分格线、滴水槽、门窗框、管道及槽盒上残存的砂浆,应及时清理干净。翻拆架子应防止破坏已抹好的墙面、门窗洞口、边、角、垛,其他工种作业时不得污染或损坏墙面,严禁踩踏窗口。各构造层在凝结前应防止水冲、撞击、振动。

脚手架搭设须经安全检查验收,方可上架施工。架上不得超重堆放材料,金属挂架每跨最多不得超过两人同时作业。在脚手架上施工时,工具、材料应分散摆放稳妥,防止坠落,注意操作安全。

本章小结

本章主要介绍了地下防水工程、室内其他部位防水工程、墙体保温工程等内容。地下防水工程包括地下结构的防水方案、防水混凝土结构施工、卷材防水层施工等。室内其他部位防水工程包括卫生间防水施工、细部防水施工等。各种防水工程质量的好坏,除了与各种防水材料的质量有关外,还取决于各构造层次的施工质量。因此,要严格按照相关的施工操作规程进行施工,严格把好质量关。墙体保温工程主要介绍了聚苯乙烯泡沫塑料板薄抹灰外墙外保温工程与胶粉聚苯颗粒外墙外保温工程。

复习思考题

一、填空题

1. 卷材防水屋面适用于防水等级为（　　　）的屋面防水。

2. 水泥砂浆保护层与防水层之间应设置（　　　）。

3. （　　　）是在屋面基层上涂刷防水涂料,经固化后形成一层有一定厚度和弹性的整体涂膜,从而达到防水目的的一种防水屋面形式。

4. 高聚物改性沥青防水涂料,在屋面防水等级为Ⅱ级时防水层的厚度不应小于（　　　）mm。

5. 由于建筑地下防水工程配筋较多,不允许有渗漏,其防水要求一般高于水工混凝土,故防水混凝土抗渗等级最低定为（　　　）,一般多采用（　　　）。

6. 卷材防水层铺贴按其与地下结构施工的先后顺序分为（　　　）和外防内贴法两种。

二、单选题

1. 常用的基层处理剂有用于沥青卷材防水屋面的（　　　）,它的作用是使沥青胶与水泥砂浆找平层更好地粘结。

　　A. 胶粘剂　　　　　　　　　　　　B. 冷底子油

　　C. 沥青卷材　　　　　　　　　　　D. 高聚物改性沥青卷材

2. 找平层为基层（或保温层）与防水层之间的过渡层,一般采用（　　　）的水泥砂浆或1∶8的沥青砂浆。

　　A. 1∶1　　　　　　B. 1∶2　　　　　　C. 1∶3　　　　　　D. 1∶4

3. 沟内卷材附加层在天沟、檐口与屋面交接处宜空铺,空铺的宽度不应小于

( )mm。

    A. 200   B. 300   C. 400   D. 500

    4. 保护层涂料一般在现场配置,常用的有铝基沥青悬浮液、丙烯酸浅色涂料或在涂料中掺入铝粉的反射涂料,这种施工方式称为( )。

    A. 绿豆砂保护层   B. 细砂保护层   C. 涂料保护层   D. 云母保护层

三、简答题

    1. 卷材防水屋面有什么特点?

    2. 卷材分为哪几类?

    3. 卷材铺贴包括哪些内容?

    4. 卷材铺贴有哪些方法?

    5. 涂膜防水屋面的防水涂料有哪些特点?

第十章 地面工程

了解整体面层地面工程与板块面层工程的施工准备,掌握整体面层地面工程与板块面层工程的施工要点。

能够根据不同的分项工程、楼地面工程施工方案,现场指导施工生产工作。

第一节 施工布置及要求

楼地面是房屋建筑底层地坪和楼层地坪的总称,由面层、垫层和基层等部分构成。面层材料有:土、灰土、三合土、菱苦土、水泥砂浆、混凝土、水磨石、马赛克、木、砖和塑料地面等。面层结构有:整体地面(如水泥砂浆、混凝土、现浇水磨石等)、块材地面(如马赛克、石材等)、卷材地面(如地毯、软质塑料等)和木地面。

一、基层施工

(1)抄平弹线,统一标高。检测各个房间的地坪标高,并将同一水平标高线弹在各房间四壁上,离地面 500 mm 处。

(2)楼面的基层是楼板,应做好楼板板缝灌浆、堵塞工作和板面清理工作。

地面下的基土经夯实后的表面应平整,用 2 m 靠尺检查,要求基土表面凹凸不大于 10 mm,标高应符合设计要求,水平偏差不大于 20 mm。

二、垫层施工

(1)刚性垫层。刚性垫层指的是水泥混凝土、碎砖混凝土、水泥炉渣混凝土等各种低强度等级的混凝土垫层。

(2)半刚性垫层。半刚性垫层一般有灰土垫层和碎砖三合土垫层两种。

(3)柔性垫层。柔性垫层包括用土、砂、石、炉渣等散状材料经压实的垫层。砂垫层厚度不小于 60 mm,适于用平板振动器振实;砂石垫层的厚度不小于 100 mm,要求粗细颗粒混合摊铺均匀,浇水使砂石表面湿润,碾压或夯实不少于三遍至不松动为止。

三、面层施工

1. 水泥砂浆地面

水泥砂浆地面面层厚 15～20 mm,一般用强度等级不低于 42.5 级的硅酸盐水泥与中砂或粗砂配制,配合比为(1∶2)～(1∶2.5)(体积比),砂浆应是干硬性的,以手捏成团稍出浆为准。

操作前先按设计测定地坪面层标高,同时将垫层清扫干净、洒水湿润后,刷一道含 4%～5% 的建筑胶素水泥浆,紧接着铺水泥砂浆,用刮尺赶平并用木抹子压实,待砂浆初凝后终凝前,用铁抹子反复压光,不允许撒干灰砂收水抹压。压光一般分三遍成活,第一道压光应在面层收水后,用铁抹子压光,这一遍要压得轻些,尽量抹得浅一些;第二遍压光应在水泥砂浆初凝后,干凝前进行,一般以手指按压不陷为宜,这一遍要求不漏压,把砂眼、孔坑压平;第三遍压光时间以手指按压无明显指痕为宜。当砂浆终凝后(一般 12 h)覆盖草袋或锯末,浇水养护不少于 7 d。

2. 细石混凝土地面

细石混凝土地面的厚度一般为 4 cm,坍落度 1～3 cm,砂为中砂或粗砂,石子粒径不大于 15 mm,且不大于面层厚度的 2/3。

混凝土铺设时,应预先在地面四周弹出面层厚度控制线。楼板应用水冲刷干净,待无明水时,先刷一层水泥砂浆,刷浆要注意适时适量,随刷随铺混凝土,用刮尺赶平,用表面振动器振捣密实或采用滚筒交叉来回滚压 3～5 遍,至表面泛浆为止,然后进行抹平和压光。混凝土面层应在初凝前完成抹平工作,终凝前完成压光工作,最后进行浇水养护。

3. 水磨石地面

水磨石地面面层应在完成顶棚和墙面抹灰后再开始施工。其施工工艺流程如下:

基层清理→浇水冲洗湿润→设置标筋→做水泥砂浆找平层→养护→镶嵌玻璃条(或金属条)→铺抹水泥石子浆面层→养护、试磨→第一遍磨平浆面并养护→第二遍磨平磨光浆面并养护→第三遍磨光并养护→酸洗打蜡。

铺抹水泥砂浆找平层并养护 2～3 d 后,即可进行嵌条分格工作。

嵌条时,用木条顺线找平,将嵌条紧靠在木条边上,用素水泥浆涂抹嵌条的一边,先稳好一面,然后拿开木条,在嵌条的另一边涂抹水泥浆。分格条下的水泥浆形成八字角,素水泥浆涂抹高度应比分格条低 3 mm,俗称“粘七露三”。嵌条后,应浇水养护,待素水泥浆硬化后,铺面层水泥石子浆。

面层水泥石子浆的配比为水泥∶大八厘石粒为 1∶2,水泥∶大中八厘石粒为 1∶2.5。计量应准确,宜先用水泥和颜料干拌过筛,再掺入石渣,拌和均匀后,加水搅拌,水泥石子浆稠度宜为 3～5 cm。

铺设水泥石子浆前,应刷素水泥浆一道,并随即浇筑石子浆,铺设厚度要高于分格条 1～2 mm。先铺分格条两侧,并用抹子将两侧约 10 cm 内的水泥石子浆轻轻拍压平实,然后铺分格块中间石子浆,以防滚压时挤压分格条。铺设水泥石子浆后,用滚筒第一次压实,滚压时要及时扫去粘在滚筒上的石渣,缺石处要补齐;2 h 左右,用滚筒第二次压实,直至将水泥砂浆全部压出为止,再用木抹子或铁抹子抹平,次日开始养护。

水磨石开磨前应先试磨,表面石粒不松动方可开磨。水磨石面层应使用磨石机分次磨光,头遍用 60~90 号粗金刚石磨,边磨边加水,要求磨匀磨平,使全部分格条外露。磨后将泥浆冲洗干净,干燥后,用同色水泥浆涂抹,以填补面层所呈现的细小孔隙和凹痕,洒水养护 2~3 d 再磨。二遍用 90~120 号金刚石磨,要求磨到表面光滑为止,其他同头遍。三遍用 180~200 号金刚石磨,磨至表面石子颗粒显露、平整光滑、无砂眼细孔为止,用水冲洗后,涂抹溶化冷却的草酸溶液(热水∶草酸＝1∶0.35)一遍。四遍用 240~300 号油石磨,研磨至砂浆表面光滑为止,用水冲洗晾干。普通水磨石面层,磨光遍数不应少于三遍,高级水磨石面层适当增加磨光遍数。

上蜡时先将蜡洒在地面上,待干后再用钉有细帆布(或麻布)的木块代替油石,装在磨石机的磨盘上进行研磨,直至光滑洁亮为止,上蜡后铺锯末进行养护。

4. 陶瓷马赛克地面

(1) 操作程序:

基层处理→贴灰饼、冲筋→做找平层→抹结合层→粘贴陶瓷马赛克→洒水、揭纸→拔缝→擦缝→清洁→养护。

(2) 施工要点。

楼面基底应清理干净,不应有砂浆块,更不应有白灰砂浆,混凝土垫层不得疏松起砂。然后弹好地面水平标高线,并沿墙四周做灰饼,以地漏处为最低处、门口处为最高处,冲好标筋(间距为 1.5~2 m)。接着做 1∶3 干硬性水泥砂浆结合层(20 mm 厚),其干硬度以手捏成团,落地即散为准,用机械拌和均匀。铺浆前,先将基层浇水湿润,均匀刷水泥砂浆一道,随即铺砂浆并用刮尺刮平,木抹子接槎抹平。铺贴马赛克一般从房间中间或门口开始铺。铺贴前,先在准备铺贴马赛克的范围内撒素水泥浆(掺 10%~20%的建筑胶),一定要撒匀,并洒水湿润,同时用排笔蘸水将待铺的马赛克砖面刷湿,随即按控制线顺序铺贴马赛克,铺贴时还应用方尺控制方正,当铺贴快到尽头时应提前量尺预排。铺贴一定面积后,用橡胶锤和拍板依次拍平压实,拍至素水泥浆挤满缝隙为止。铺贴完毕,用喷壶洒水至纸面完全浸湿后 15~30 min 可以揭纸,揭纸时应手扯纸边沿与地面平行的方向揭。揭纸后应用开刀将不顺直、不齐的缝隙拔直,然后用白水泥嵌缝、灌缝、擦缝,并及时将马赛克表面水泥砂浆擦净,铺完 24 h 后应进行养护,养护 3~5 d 后方可上人。

5. 地砖地面

(1) 操作程序:

基层处理→铺抹结合层→弹线、定位→铺贴。

(2) 施工要点。

地面砖铺贴前,应先挂线检查并掌握楼地面垫层的平整度,做到心中有数,然后清扫基层并用水冲刷干净,如为光滑的混凝土楼面应凿毛,楼、地面的基层表面应提前一天浇水。在刷干净的地面上,摊铺一层 1∶3.5 的水泥砂浆结合层(10 mm)。根据设计要求再确定地面标高线和平面位置线。可以用尼龙线或棉线在墙面标高点上拉出地面标高线,以及垂直交叉的定位线,据此进行铺贴。

① 按定位线的位置铺贴地砖。先将 1∶2 的水泥砂浆摊在地砖背面上,再将地砖铺贴在地面上,并用橡皮锤敲击砖面,使其与地面压实,并且高度与地面标高线吻合。铺贴数块后应用水平尺检查平整度,高的部分用橡皮锤敲击调整,低的部分应起出后用水泥浆垫高。对于小房间来说(面积小于 40 m²),通常做 T 字形标准高度面。当房间面积较大时,通常在房间中心按十字形或 X 形做出标准高度面,这样便于多人同时施工。

② 铺贴大面。铺贴大面施工是指以铺好的标准高度面为标基,铺贴时紧靠已铺好的标准高度面施工,并用拉出的对缝平直线来控制地砖对缝的平直。铺贴时,砂浆应饱满地抹于地砖背面,并用橡皮锤敲实,以防止出现空鼓现象,并应边铺边用水平尺检查校正;还须即刻擦去表面水泥砂浆。

对于卫生间、洗手间地面,应注意铺贴时做出 1∶5 000 的排水坡度。

整幅地面铺贴完毕后,养护 2 d 再进行抹缝施工。抹缝时,将白水泥调成干性团,在缝隙上擦抹,使地砖的对缝内填满白水泥,再将地砖表面擦干净。

6. 地毯地面

地毯的材质有:纯毛地毯(即羊毛地毯)、混纺地毯、化纤地毯、塑料地毯。地毯的铺设方法分为固定式与不固定式两种;铺设范围分为满铺与局部铺设两种。

不固定式是指将地毯裁边,粘结接缝成一整片,直接摊铺在地上,不与地面粘结,四周沿墙脚修齐即可。固定式是将地毯裁边,粘结接缝成一整片,四周与房间地面加以固定,一般在木条上钉倒刺钉固定,其施工方法如下。

(1)基层表面处理。平整的表面只需打扫干净,若有油污等物,须用丙酮或松节油擦揩干净,高低不平处须用水泥砂填嵌平整。

(2)在室内四周装倒刺木条。木条宽 20～25 mm,厚 7～8 mm,具体数据根据衬垫材料而定,在木条上预先钉好倒刺钉,钉子长 40～50 mm,钉尖突出木条 3～4 mm,在离墙 5～7 mm 处,将倒刺木条用胶或膨胀螺栓固定在水泥地面上,倒刺钉要略倒向墙一侧,与水平面成 60°～75°。

(3)将地毯平铺在宽阔平整之处,按房间净面积放线裁剪。应注意地毯的伸长率,在裁剪时要扣除伸长量,裁好的地毯卷起来备用。

(4)地毯不够大时可拼装,拼缝用尼龙线缝合,在背面抹接缝胶并贴麻布接缝条。

(5)用泡沫塑料或橡胶作衬垫材料。将衬垫铺在倒刺木条之内,其尺寸为木条之间的净尺寸,不够长时可以拼接。将木条内的地面清扫干净,用胶结料将衬垫材料平摊、粘牢。

(6)从房间一边开始,将裁好的地毯卷向另一边展开,注意不要使衬垫起皱移位。用撑平器双向撑开地毯。在墙边用木锤打,使木条上的倒刺钉尖刺入地毯。四周钉好后,将地毯边掖入木条与墙的间隙内,使地毯不致卷曲翘条。

(7)门口处地毯的敞边处装上门口压条,拆去暂时固定的螺丝。门口压条是厚度为 2 mm 左右的铝合金材料,使用时将 18 mm 的一面轻轻敲下,紧压住地毯面层,其 21 mm 的一面应压在地毯之下,并与地面用螺丝加以固定。

(8)清扫地毯。用吸尘器清洁地毯上的灰尘。

7. 实木地面

实木地面与基层的固定方法有两种:钉固,胶粘。

1) 钉固地面

面层有单层和双层两种。单层木板面层是指在木搁栅上直接钉直条企口板;双层木板面层是指在搁栅上钉毛地板(实木板条或木工板、密度板)。木搁栅有空铺和实铺两种形式,空铺式是指将搁栅两头搁于墙内的垫木上,木搁栅之间加设剪刀撑;实铺式是指将木搁栅铺于钢筋混凝土楼板上或混凝土垫层上。

(1) 材料要求。木搁栅要求采用含水量在 15％ 以内且变形小的木材,常用红松和白松等,呈梯形,上面要刨平,规格和间距按设计图纸规定(一般截面宽×高＝30 mm×50 mm、间距为 300 mm),要涂刷防腐剂(通常采用刷 1°～2°水柏油)。毛地板常用红松、白松和杉木等,宽 100～150 mm,厚 15～20 mm,侧边有企口,底面要涂刷防腐剂。硬木地板常用水曲柳、樱桃、柚木等。木条须经干燥处理,使其含水量不大于 12％。木条板厚 18～25 mm,宽40～50 mm,长度除直条地板为长料外,其余均为短料。侧边也有企口,要求板条的厚度、宽度、企口尺寸和颜色相同。

(2) 施工工艺。

① 安装木搁栅。在混凝土基层上弹出木搁栅中心位置线,并弹出标高控制线,将木搁栅逐根就位,接头要顶头接。用预埋的 φ4 钢筋或 8 号铁丝将木搁栅固定牢。要严格做到整间木搁栅面标高一致,用 2 m 直尺检查,空隙不大于 3 mm。木搁栅与墙间应留出不小于 30 mm 的缝隙。

② 固定木搁栅。木搁栅下用混凝土或干硬性砂浆填实,并用炉渣填平木搁栅之间空隙以隔音,要拍平拍实,空铺时钉以剪刀撑固定。

③ 钉毛地板。毛地板条与木搁栅成 30°或 45°斜角铺钉,板间缝隙不大于 3 mm,板长不应小于两档木搁栅,接头要错开,要在毛地板企口凸榫处斜着钉暗钉,钉子钉入木搁栅内的长度为板厚的 2.5 倍,钉头送入板中 2 mm 左右,每块板不少于 2 个钉,毛地板与墙之间应留 10～20 mm 的缝隙。

④ 铺钉硬木地板。铺钉硬木地板先由中央向两边进行,后铺镶边,直条硬木地板相邻接头要错开 200 mm 以上,钉子长度为板厚的 2.5 倍,相邻两块地板边缘高差不应大于 1.0 mm,木板与墙之间应留 10～20 mm 的缝隙,并用踢脚板封盖。

⑤ 刨平、刨光、磨光硬木地板。硬木地板铺钉完后,即可用刨地板机先斜着木纹,后顺着木纹将表面刨光、刨平,再用木工细刨刨光,直到无刨刀痕迹为止,然后用磨砂皮机将地板表面磨光。

⑥ 刷涂料、打蜡。一般做清漆罩面,涂刷完毕后养护 3～5 d 后打蜡,蜡要涂揩得薄而匀,用打蜡机擦亮,隔 1 d 后就可上人使用。

2) 胶粘地面

将加工好的硬木条以胶粘剂直接粘结于水泥砂浆或混凝土的基层上。

(1) 材料要求。条板的规格有:150 mm×30 mm×9 mm,150 mm×30 mm×10 mm,150 mm×30 mm×12 mm 等;其含水量应在 12％ 以内,同间地板料的几何尺寸和颜色要相

同,接缝的形式有平头接缝、企口接缝两种。

胶粘剂有沥青胶结料,"PAA"粘结剂,"SN""801""8311"及其他成品胶粘剂。PAA：
填料＝1：0.5,水泥：石英砂：SN-2型胶粘剂＝1：0.5：0.5。

(2)基层要求。基层地面应平整、光洁,无起砂、起壳、开裂。凡遇凹陷部位应用砂浆
找平。

(3)施工要点。

① 胶粘剂按配合比拌制好备用,配料的数量应根据需要随拌随用,成品胶粘剂按使用
说明使用。

② 刮抹胶粘剂。胶粘剂要成糨糊状,"PAA""801""8311"用锯齿形钢皮或塑料刮板
涂刮成3mm厚楞状,SN-2型胶粘剂用抹子刮抹。

③ 粘贴地板。随刮胶粘剂随铺地板,人员随铺随往后退,要用力推紧、压平,并随即用
砂袋等物压6～24h,对于板缝中挤出的胶粘剂要及时揩除。PAA胶粘剂可用95％浓度的
酒精擦去,SN-2型胶粘剂可用揩布揩净。操作人员要穿软底鞋。

④ 养护。地板粘贴后自然养护3～5d。

四、楼地面施工常用质量标准

1. 整体楼、地面

(1)整体楼、地面面层厚度应符合设计要求。

(2)水泥砼面层表面不应有裂纹、脱皮、麻面、起砂等缺陷。

(3)水磨石面层表面应光滑,石粒密实,显露均匀,颜色图案一致;不混色;分格条牢固、
顺直和清晰。

(4)整体楼、地面工程质量验收标准见表10-1。

表 10-1 整体楼、地面工程质量验收标准

单位:mm

项次	项目	允许偏差						检验方法
		水泥混凝土面层	水泥砂浆面层	普通水磨石面层	高级水磨石面层	水泥钢(铁)屑面层	防油渗混凝土和不发火(防爆的)面层	
1	表面平度	±5	±4	±3	±2	±4	±5	用2m靠尺和楔形塞尺检查
2	踢脚线上口平直	±4	±4	±3	±3	±4	±4	拉5m线和用钢尺检查
3	缝格平直	±3	±3	±3	±2	±3	±3	

2. 块材楼、地面

(1)面层所用的板块品种、质量必须符合设计要求。

(2)面层与下一层的结合(粒结)应牢固,无气鼓。

（3）块材楼、地面工程质量验收标准见表 10-2。

表 10-2　块材楼、地面工程质量验收标准　　　　　　单位：mm

项次	项目	允许偏差											检验方法
		陶瓷锦砖面层、高级水磨石板、陶瓷地砖面层	红砖面层	水泥花砖面层	水磨石板块面层	大理石面层、花岗石面层	塑料板面层	水泥混凝土板块面层	碎拼大理石、碎拼花岗石面层	活动地板面层	条石面层	块石面层	
1	表面平整度	±2.0	±4.0	±3.0	±3.0	±1.0	±2.0	±4.0	±3.0	±2.0	±10.0	±10.0	用 2 m 靠尺和楔形塞尺检查
2	缝格平直	±3.0	±3.0	±3.0	±3.0	±3.0	±2.0	±3.0	—	±2.5	±8.0	±8.0	拉 5 m 线和用钢尺检查
3	接缝高低差	±0.5	±1.5	±0.5	±1.0	±0.5	±0.5	±1.5	—	±0.4	±2.0	—	用钢尺和楔形塞尺检查
4	踢脚线上口平直	±3.0	±4.0	—	±4.0	±1.0	±2.0	±4.0	±1.0	—	—	—	拉 5 m 线和用钢尺检查
5	板块间隙宽度	±2.0	±2.0	±2.0	±2.0	±1.0	—	±6.0	—	±0.3	±5.0	—	用钢尺检查

3. 卷材楼、地面

（1）塑料卷材的品种、规格、颜色、等级应符合设计要求及现行国家标准的规定。面层与下一层的粘结应牢固，不翘边、不脱胶、无溢胶。

（2）地毡的品种、规格、颜色、花色、胶料和辅料及其材质必须符合设计要求和国家现行地质产品标准的规定。

（3）地毯表面不应起鼓、起皱、翘边、卷边、显拼缝、露线和有毛边，绒面毛顺光一致，顺直干净，无污染和损伤。

4. 木质楼、地面

（1）材质合格率必须符合设计要求。木搁栅、垫木等必须做防腐、防蛀处理。

（2）面层铺设应牢固，粘结无空鼓。

（3）木质楼、地面工程质量验收标准见表 10-3。

表 10-3　木质楼、地面工程质量验收标准　　　　　　单位：mm

项次	项目	允许偏差			实木复合地板、中密度（强化）复合地板面层、竹地板面层	检验方法
		实木地板面层				
		松木地板	硬木地板	拼花地板		
1	板面缝隙宽度	±1.0	±0.5	±0.2	±0.5	用钢尺检查

（续表）

项次	项目	允许偏差				检验方法
		实木地板面层			实木复合地板、中密度（强化）复合地板面层、竹地板面层	
		松木地板	硬木地板	拼花地板		
2	表面平整度	±3.0	±2.0	±2.0	±2.0	用2 m靠尺和楔形塞尺检查
3	踢脚线上口平齐	±3.0	±3.0	±3.0	±3.0	拉5 m通线,不足5 m拉通线和用钢尺检查
4	板面拼缝平直	±3.0	±3.0	±3.0	±3.0	
5	相邻板材高差	±0.5	±0.5	±0.5	±0.5	用钢尺和楔形塞尺检查
6	踢脚线与面层的接缝	±1.0				用楔形塞尺检查

五、楼地面工程安全注意事项

（1）木地面板材备料时要求操作人员必须熟练掌握切割机具的操作方法,成品料、原材料以及废弃木料都应合理分别堆放,严禁接近火源、电源。

（2）塑料地面材料应储存在干燥洁净的仓库内,防止变形,距热源3 m以外,温度一般不超过32 ℃;在使用过程中不应使烟火、开水壶、炉子等与地面直接接触,以防出现火灾。

（3）采用倒刺固定法固定地毯时,要注意倒刺伤人。

（4）在木地板粘贴以及水磨石地面酸洗打蜡等施工中,因为会产生一定的有毒气体,所以操作人员施工时应注意通风;必要时要穿工作服、戴口罩以及防酸护具,如防酸手套、防酸靴等。

第二节　楼地面工程

一、整体面层地面施工

现浇整体地面一般包括水泥砂浆地面和水磨石地面,现以水泥砂浆地面为例,简述整体地面施工方法。

1. 施工准备

（1）材料。水泥:优先采用硅酸盐水泥、普通硅酸盐水泥,强度等级不低于42.5级,严禁不同品种、不同强度等级的水泥混用。砂:采用中砂、粗砂,含泥量不应大于7%,过8 mm孔径筛子;如采用细砂,砂浆强度偏低,易产生裂缝;采用石屑代砂,粒径宜为67 mm,含泥量不大于7%,可拌制成水泥石屑浆。

（2）地面垫层中各种预埋管线已完成,穿过楼面的方管已安装完毕,管洞已落实,有地漏的房间已找好泛水。

（3）施工前应在四周墙身弹好 50 cm 的水平墨线。

（4）门框已立好，再一次核查找正，对于有室内外高差的门口位，如果是安装有下槛的铁门，还应顾及室内、室外能各在下槛两侧收口。

（5）墙、顶抹灰已完成，屋面防水已做好。

2. 施工方法

（1）基层处理。将水泥砂浆面层铺抹在楼面、地面的混凝土、水泥炉渣、碎砖三合土等垫层上，垫层处理是防止水泥砂浆面层空鼓、裂纹、起砂等质量通病的关键工序。因此，要求垫层应具有粗糙、洁净和潮湿的表面，一切浮灰、油渍、杂质必须分别清除，否则会形成一层隔离层，使面层结合不牢。基层处理方法：将基层上的灰尘扫掉，用钢丝刷和錾子刷净，剔掉灰浆皮和灰渣层，用 10% 的火碱水溶液刷掉基层上的油污，并用清水及时将碱液冲净。表面比较光滑的基层，应进行凿毛，并用清水冲洗干净。冲洗后的基层，最好不要上人。

（2）抹灰饼和标筋（或称冲筋）。根据水平基准线再把楼地面面层上皮的水平基准线弹出。

面积不大的房间，可根据水平基准线直接用长木杠标筋，施工中进行几次复尺即可。面积较大的房间，应根据水平基准线，在四周墙角处每隔 1.5~2.0 m 用 1：2 的水泥砂浆抹标志块，标志块大小一般是 8~10 cm 见方。待标志块硬结后，再以标志块的高度做出纵、横方向通长的标筋以控制面层的厚度。标筋用 1：2 的水泥砂浆，宽度一般为 8~10 cm。做标筋时，要注意控制面层厚度，面层的厚度应与门框的锯口线相吻合。

（3）设置分格条。为防止水泥砂浆在凝结硬化时体积收缩产生裂缝，应根据设计要求设置分格缝。首先根据设计要求在找平层上弹线确定分格缝位置，完成后在分格线位置上粘贴分格条，分格条应粘结牢固。若无设计要求，可在室内与走道邻接的门扇下设置；当开间较大时，在结构易变形处设置。分格缝顶面应与水泥砂浆面层顶面相平。

（4）铺设砂浆。水泥砂浆的强度等级不应小于 M15，水泥与砂的体积比宜为 1：2，其稠度不宜大于 35 mm，并应根据取样要求留设试块。

水泥砂浆铺设前，应提前一天浇水湿润。铺设时，在湿润的基层上涂刷一道水胶比为 0.4~0.5 的水泥素浆作为加强粘结，随即铺设水泥砂浆。水泥砂浆的标高应略高于标筋，以便刮平。凝结到六七成干时，用木刮杠沿标筋刮平，并用靠尺检查平整度。

（5）面层压光。

① 第一遍压光。砂浆收水后，即可用铁抹子进行第一遍压光，直至出浆。如砂浆局部过干，可在其上洒水湿润后再进行压光；如局部砂浆过稀，可在其上均匀撒一层体积比为 1：2 的干水泥砂吸水。

② 第二遍压光。砂浆初凝后，当人站上去有脚印但不下陷时，即可进行第二遍压光，用铁抹子边抹边压，使表面平整，要求不漏压，平面出光。

③ 第三遍压光。砂浆终凝前，即人踩上去稍有脚印，用抹子压光无抹痕时，即可进行第三遍压光。抹压时用力要大且均匀，将整个面层全部压实、压光，使表面密实光滑。

（6）养护。水泥砂浆面层抹压后，应在常温湿润条件下养护。养护要适时，浇水过早易起皮,浇水过晚则会使面层强度降低而加剧其干缩和开裂倾向。一般夏季应在 24 h 后养护,春秋季节应在 48 h 后养护,养护一般不少于 7 d。最好是在铺上锯末屑(或以草垫覆盖)后再浇水养护,浇水时宜用喷壶喷洒,使锯末屑(或草垫等)保持湿润即可。如采用矿渣水泥时,养护时间应延长到 14 d。

在水泥砂浆面层强度达不到 5 MPa 之前,不准在上面行走或进行其他作业,以免损坏地面。

二、板块面层铺设施工

1. 材料要求

(1) 水泥。强度等级不低于 42.5 级的普通硅酸盐水泥或矿渣硅酸盐水泥。

(2) 砂。粗砂或中砂,含泥量不得大于 3%。

(3) 陶瓷地砖。品种、规格、等级、颜色及质量应符合设计要求。

2. 板块面层铺设施工工艺流程和施工要点

施工工艺流程:基层处理→弹线→预铺→铺贴→勾缝→清理→成品保护→分项验收。

(1) 基层处理。将楼地面上的砂浆污物、浮灰、落地灰等清理干净,以达到施工条件的要求,为了装饰层与基层结合更加牢固,在正式施工前用少许清水湿润地面,用素水泥浆做一道结合层。

(2) 弹线。施工前在墙体四周弹出标高控制线(依据墙上的 1.0 m 控制线),在地面弹出十字线,以控制地砖分隔尺寸。找出面层的标高控制点,注意与各相关部位的标高控制一致。

(3) 预铺。首先应在图样设计要求的基础上,对地砖的色彩、纹理、表面平整等进行严格的挑选,依据现场弹出的控制线和图样要求进行预铺。对预铺中可能出现的尺寸、色彩、纹理误差等进行调整、交换,直至达到最佳效果,按铺贴顺序堆放整齐备用,一般要求不能出现破坏或者小于半块砖,尽量将半砖排到非正视面。

(4) 铺贴。地砖铺设采用 1:4 或 1:3 的干硬性水泥砂浆粘贴(砂浆的干硬程度以手捏成团不松散为宜,砂浆厚度控制在 25~30 mm),在干硬性水泥砂浆上撒素水泥,并洒适量清水将地砖按照要求放在水泥砂浆上,用橡皮锤轻轻敲击地砖饰面直至密实平整达到要求;根据水平线用铝合金水平尺找平,铺完第一块后向两侧或后退方向顺序镶铺。砖缝无设计要求时一般为 1.5~2 mm,铺装时要保证砖缝宽窄一致,纵、横在一条线上。

(5) 勾缝。地砖铺完 24 h 后进行勾缝,采用 1:1 的水泥砂浆勾缝。

(6) 清理。当水泥浆凝固后再用棉纱等物对砖表面进行清理(一般宜在 12 h 后)。清理完毕后用锯末养护 2~3 d,当交叉作业较多时采用三合板或纸板保护。

本章小结

本章主要介绍了楼地面中面层、垫层和基层的材料、施工工艺。着重介绍了整体面层地面工程与板块面层工程的施工准备与施工要点。简述了整体地面施工技术的方法。

复习思考题

一、填空题

1. 楼地面是房屋建筑(　　)和(　　)的总称。
2. 楼地面由(　　)、(　　)和(　　)等部分构成。
3. 刚性垫层指的是(　　)、(　　)、(　　)等各种低强度等级的混凝土垫层。
4. 半刚性垫层一般有(　　)和(　　)两种。
5. 现浇整体地面一般包括(　　)地面和(　　)地面。

二、选择题

1. 防止水泥砂浆面层空鼓、裂纹、起砂等质量通病的关键工序是(　　)。

A. 垫层处理　　　　　　　　　　B. 抹灰饼和标筋

C. 设置分格条　　　　　　　　　D. 铺设砂浆

2. 现浇水磨石地面常嵌固分格条(玻璃条、铜条等),其目的是(　　)。

A. 防止面层开裂　　　　　　　　B. 便于磨光

C. 面层不起灰　　　　　　　　　D. 增添美观

3. 楼板层的隔声构造措施不正确的是(　　)。

A. 楼面上铺设地毯　　　　　　　B. 设置矿棉毡垫层

C. 做楼板吊顶处理　　　　　　　D. 设置混凝土垫层

4. 水磨石地面一般适用于(　　)房间。

A. 居住建筑中的室、起居室　　　B. 宿舍

C. 公共建筑中的门厅、休息厅　　D. 宾馆客户

三、简答题

1. 简述楼地面基层施工工艺。
2. 简述刚性垫层、半刚性垫层、柔性垫层的特点。
3. 水磨石地面的施工工艺流程是什么?
4. 地砖地面的施工要点是什么?
5. 楼地面工程安全注意事项有哪些?

第十一章 装饰工程

了解一般抹灰工程与装饰抹灰工程的分类,掌握一般抹灰工程与装饰抹灰工程的施工要点;了解饰面板与饰面砖的组成,掌握饰面板与饰面砖的施工要点;掌握吊顶与隔墙工程的施工要点;了解涂饰、裱糊工程的材料要求,掌握涂饰、裱糊工程的施工要点;了解木门窗与塑钢门窗工程的施工准备工作,掌握木门窗与塑钢门窗工程的安装要点。

能够根据不同的分项工程,制定抹灰、饰面、吊顶和隔墙、涂料及刷浆工程施工方案,现场指导施工生产工作。

第一节 抹 灰 工 程

一、一般抹灰施工

1. 一般抹灰的种类

一般抹灰的种类包括石灰砂浆、水泥砂浆、水泥混合砂浆、聚合物水泥砂浆和麻刀石灰、纸筋石灰、石膏灰等。一般抹灰按质量要求分为普通抹灰和高级抹灰两个等级。当设计无要求时,则按普通抹灰验收。普通抹灰由一层底层和一层面层或一层底层、一层中层和一层面层组成,要求表面光滑、洁净,接槎平整,分格缝清晰。高级抹灰由一层底层、数层中层和一层面层组成,要求表面光滑、洁净,颜色均匀无抹纹,分格缝和灰线应清晰美观。

2. 一般抹灰的施工材料要求

(1)水泥。水泥强度等级为不小于 32.5 级且颜色一致、同一批号、同一品种、同一强度等级、同一生产厂家的普通硅酸盐水泥、矿渣硅酸盐水泥。

(2)石灰膏和磨细生石灰粉。块状生石灰须经熟化成石灰膏后使用;将块状生石灰碾碎磨细后即为磨细生石灰粉。

(3)砂。抹灰用砂最好是中砂。

(4)纤维材料。麻刀、纸筋、稻草、玻璃纤维在抹灰层中起拉结和骨架作用,可提高抹灰层的抗拉强度,增加抹灰层的弹性和耐久性,使抹灰层不易裂缝脱落。

(5)颜料和胶粘剂。为了加强装饰效果,往往在砂浆中掺入适量的颜料,要求抹灰用的颜料必须为耐碱、耐光的矿物颜料。加入适量的胶粘剂,如 108 胶可提高抹灰层的粘结力,改善抹灰性能,提高抹灰质量。

3. 基层处理

抹灰前应对基层进行必要的处理,凹凸不平的部位应剔平、补齐,填平孔洞沟槽;表面太光滑的要凿毛,或用1:1的水泥浆掺10%环保胶薄抹一层,使之易于挂灰。不同材料交接处应铺设金属网,搭缝宽度从缝边起每边不得小于100 mm,如图11-1所示。

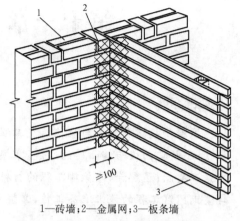

1—砖墙;2—金属网;3—板条墙

图 11-1　不同材料交接处铺设金属网

4. 一般抹灰施工工艺流程

一般顺序:应按先外墙后内墙,先上后下,先顶棚、墙面后地面的顺序施工。

(1)外墙抹灰施工工艺流程。基层处理→润湿墙面→设置标筋(做灰饼、冲筋)→阴阳角找方→做护角→抹墙面底层灰→抹墙面中层灰→弹线粘贴分格条→抹墙面面层灰,表面压光并修整,起分格条→抹滴水线→养护。

(2)施工要点。

① 吊垂直、套方、找规矩、做灰饼、冲筋。根据建筑高度确定放线方法,高层建筑可利用墙大角、门窗口两边,用经纬仪打直线找垂直。多层建筑可从顶层用线坠吊垂直,绷铁丝找规矩,横向水平线可以楼层标高或施工+50 cm线为水平基准线进行交圈控制,然后按抹灰操作层抹灰饼,每层抹灰时则以灰饼为基准冲筋,使其保证横平竖直。操作时应先抹上灰饼,再抹下灰饼。抹灰饼时应根据室内抹灰要求确定灰饼的正确位置,如图11-2所示,再用靠尺板找好垂直与平整,如图11-3所示。灰饼宜用1:3的水泥砂浆抹成5 cm见方形状。当灰饼砂浆达到七八成干时,即可用与抹灰层相同的砂浆冲筋。冲筋根数应根据房间的宽度和高度确定,一般冲筋宽度为5 cm,两筋间距不应大于1.5 m。

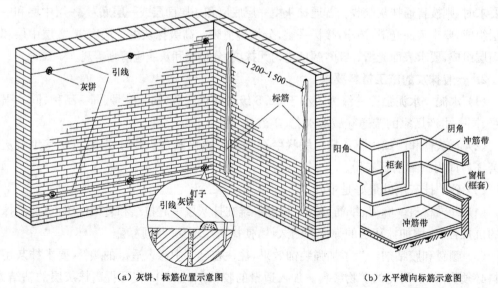

(a)灰饼、标筋位置示意图　　　　　　(b)水平横向标筋示意图

图 11-2　挂线做标准灰饼及冲筋

② 抹底层灰、中层灰。根据不同的基体,抹底层灰前可刷一道掺 108 胶的水泥浆,然后抹 1:3 的水泥砂浆(加气混凝土墙应抹 1:1:6 的混合砂浆),每层厚度控制在 5~7 mm 为宜。分层抹灰,用木杠刮平找直,木抹子搓毛,每层抹灰不宜跟得太紧,以防收缩影响质量。

③ 弹线、嵌分格条。根据图样要求弹线分格、粘分格条。分格条宜采用红松制作,也可以采用塑料制作,木分格条粘前应甩水充分浸透。粘分格条时,在分格条两侧用素水泥浆抹成 45°的"八"字坡形,注意竖条应粘在弹线的同一侧,防止左右乱粘,出现分格

图 11-3　用托线板挂垂直做标志

不均匀。竖条粘好后,待底层灰呈七八成干后可抹面层灰。

④ 抹面层灰、起分格条。待底层灰呈七八成干时开始抹面层灰,将底层灰墙面浇水均匀湿润,先刮一层薄薄的素水泥浆,随即抹罩面灰与分格条平,并用木杠横竖刮平,木抹子搓毛,铁抹子溜光,压实。待其表面无明水时,用软毛刷蘸水垂直于地面向同一方向轻刷一遍,以保证面层灰颜色一致,避免出现收缩裂缝,随后将分格条起出(如果采用塑料分格条,则不再起出来),待灰层干后,用素水泥膏将缝勾好。难起的分格条不要硬起,防止棱角损坏,等灰层干透后补起,并补勾缝。

⑤ 抹滴水线。在抹檐口、窗台、窗眉、阳台、雨篷、压顶和凸出墙面的腰线以及装饰凸线时,应将其上面做成向外的流水坡度,严禁出现倒坡。下面做滴水线(槽)。流水坡度及滴水线(槽)距外表面不应小于 4 cm,滴水线深度和宽度一般不小于 10 mm,并应保证其流水坡度方向正确。

⑥ 养护。常温下水泥砂浆抹灰 24 h 后应喷水养护,冬期施工要有保温措施。

二、装饰抹灰施工

1. 装饰抹灰的种类

装饰抹灰除具有与一般抹灰相同的功能外,主要使装饰艺术效果更加鲜明。装饰抹灰的底层和中层的做法与一般抹灰基本相同,只是面层的材料和做法有所不同。主要材料包括水刷石、干粘石、斩假石、假面砖。

2. 水刷石施工

(1) 主要材料要求。

① 水泥。宜采用普通硅酸盐水泥或硅酸盐水泥,也可采用矿渣水泥、火山灰质水泥、粉煤灰水泥及复合水泥,彩色抹灰宜采用白色硅酸盐水泥。水泥宜采用同一厂家生产的强度等级为 32.5 级、颜色一致、同一批号、同一品种的产品。

② 砂子。宜采用中砂,要求颗粒坚硬、洁净,含泥量小于 3%,使用前应过筛,除去杂质和泥块等。

③ 石渣。要求颗粒坚实、整齐、均匀、颜色一致,不含黏土及有机、有害物质。所使用的

石渣规格和级配应符合规范和设计的要求。一般中八厘为 6 mm,小八厘为 4 mm,使用前应用清水洗净,按不同规格和颜色分堆晾干后堆放。施工采用彩色石渣时,要求采用同一品种、同一产地的产品,宜一次进货备足。

④ 颜料。应采用耐碱性和耐光性较好的矿物质颜料,使用时应采用同一配合比与水泥干拌均匀,装袋备用。

⑤ 胶粘剂。应符合国家规范标准要求,掺加量应通过试验确定。

(2) 水刷石的施工工艺流程。基层处理→润湿墙面→设置标筋→抹墙面底、中层灰→弹线和粘贴分格条→抹水泥石子浆→洗刷→检查质量→养护。

① 施工要点。待底面灰六七成干时,首先将墙面润湿并涂一层胶粘性素水泥浆,然后开始用钢抹子抹面层水泥石子浆。自下往上分两遍与分格条抹平,有坑凹处及时填补,边抹边拍打揉平。将抹在分格块内的石子浆面层拍平压实,再用铁抹子溜光压实,反复 3~4 遍。然后开始刷洗面层水泥浆,喷刷分两遍进行,喷刷要均匀,使石子露出表面 1~2 mm 为宜。最后用水壶从上而下将石渣表面冲洗干净,冲洗时不宜过快,在最后喷刷时,可用草酸稀释液冲洗一遍,再用清水洗一遍,墙面更显洁净、美观。

② 养护。待面层达到一定强度后,可喷水养护防止脱水和收缩造成的空鼓、开裂。

3. 干粘石施工

(1) 干粘石的施工工艺流程:基层处理→润湿墙面→设置标筋→抹墙面底、中层灰→弹线和粘贴分格条→抹面层砂浆→撒石子→修整拍平。

(2) 施工要点。

① 当抹完粘结层后,紧跟其后一手拿装石子的托盘,一手用木拍板向粘结层甩粘石子。要求甩严、甩均匀,并用托盘接住掉下来的石粒,甩完后随即用钢抹子将石子均匀地拍入粘结层,石子嵌入砂浆的深度应不小于粒径的 1/2,并应拍实、拍严。操作时要先甩两边,后甩中间,从上至下快速、均匀地进行,甩出的动作要快,用力均匀,不使石子下溜,并应保证左右搭接紧密,石粒均匀。

② 拍平、修整、处理黑边。拍平、修整要在水泥初凝前进行,先拍压边缘,再拍压中间,拍压要轻重结合、均匀一致。拍压完成后,应对已粘石面层进行检查,发现阴阳角不顺挺直、表面不平整、黑边等问题,应及时处理。

③ 喷水养护。常温下粘石面层完成 24 h 后喷水养护,养护期应不少于 2~3 d。

4. 斩假石

斩假石又称剁斧石,是仿制天然石料的一种建筑饰面,但由于其造价高、工效低,一般用于小面积的外装饰工程。

施工时底层与中层表面应划毛,涂抹面层砂浆前,要认真浇水湿润中层抹灰,并满刮水胶比为 0.37~0.40 的纯水泥浆一道,按设计要求弹线分格、粘分格条。罩面时一般分两次进行,先薄抹一层砂浆,稍收水后再抹一遍砂浆,用刮尺与分格条赶平,待收水后再用木抹子打磨压实。面层抹灰完成后,不得受烈日暴晒或遭冰冻,常温下养护 2~3 d,其强度应控制在 5 MPa 以内。然后开始试斩,以石子不脱落为准。斩剁前,应先弹顺线,相距约 100 mm,按线操作,以免剁纹跑斜。斩剁时应由上而下进行,先仔细剁好四周边缘和棱角,再斩中间墙面。在墙角、柱子等处,宜横向剁出边条或留出 15～20 mm 宽的窄小条不剁。斩假石装饰抹灰要求剁纹均匀顺直、深浅一致、质感典雅。阳角处横剁或留出不剁的边条,应宽窄一致,棱角不得有损坏。

第二节 饰 面 工 程

一、饰面板安装

饰面板工程是将天然石材、人造石材、金属饰面板等安装到基层上,以形成装饰面的一种施工方法。建筑装饰用的天然石材主要有大理石和花岗石两大类,人造石材一般有人造大理石(花岗石)和预制水磨石饰面板。金属饰面板主要有铝合金板、塑铝板、彩色涂层钢板、彩色不锈钢板、镜面不锈钢面板等。饰面板的安装工艺有传统湿作业法、干挂法和直接粘贴法。

1. 饰面板湿作业法施工

大理石、花岗石、预制水磨石板等安装工艺基本相同,以大理石为例,其湿作业安装工艺流程:材料准备与验收→基层处理→弹线定位→饰面板固定→灌浆→清理→嵌缝→打蜡。

(1)材料准备。饰面板材安装前,应分选检验并试拼,使板材的色调、花纹基本一致,试拼后按部位编号,以便施工时对号安装。对已选好的饰面板材进行钻孔剔槽,以系固铜丝或不锈钢丝。每块板材的上、下边钻孔数各不得少于 2 个,孔位宜在板宽两端 1/4～1/3 处,直孔应钻在板厚度的中心位置。

(2)基层处理,挂钢筋网。把墙面清扫干净,剔除预埋件或预埋筋,也可在墙面钻孔固定金属膨胀螺栓。对于加气混凝土或陶粒混凝土等轻型砌块砌体,应在预埋件固定部位加砌黏土砖或局部用细石混凝土填实,然后把直径为 6 mm 的等级为 HPB300 的钢筋沿纵、横两个方向绑扎成网片,再与预埋件焊牢。纵向钢筋间距为 500～1 000 m。横向钢筋间距视板面尺寸而定,第一道钢筋应高于第一层板下口的 100 mm,以后各道均应在每层板材的上口以下 10～20 mm 处设置。

(3)弹线定位。弹线分为板面外轮廓线和分块线。外轮廓线弹在地面,距墙面 50 mm(即板内面距墙 30 mm),分块线弹在墙面上,由水平线和垂直线构成,是每块板材的定位线。

(4)饰面板固定。根据预排编号的饰面板材,对号入座进行安装。第一皮饰面板材先在墙面两端以外皮弹线为准固定两块板材,找平找直,然后挂上横线,再从中间或一端开始安装。安装时先穿好钢丝,将板材就位,上口略向后仰,将下口钢丝绑扎于横筋上(不宜过紧),将上口钢丝扎紧,并用木楔垫稳,随后用水平尺检查水平度,用靠尺检查平整度,用线锤或托线板检查板面垂直度,调整好垂直、平整、方正后,在板材表面横竖接缝处每隔 100～150 mm 用石膏浆板材碎块固定。为防止板材背面灌浆时板面移位,根据具体情况可加临时支撑,将板面撑牢。

（5）灌浆。灌注砂浆一般采用1∶2.5的水泥砂浆，稠度为80～150 mm。灌浆应分层灌入。第一层浇灌高度≤150 mm，并应不大于1/3板高。浇灌时，应随灌随插捣密实，并注意不得漏灌，板材不得外移。当块材为浅色大理石或其他浅色板材时，应采用白水泥、白石屑浆，以防透底而影响饰面效果。

（6）清理、嵌缝、打蜡。一层面板灌浆完毕待砂浆凝固后，清理上口余浆，隔日拔除上口木楔和有碍上层安装板材的石膏饼，然后按上述方法安装上一层板材，直至安装完毕。全部板材安装完毕后，洁净表面。室内光面、镜面饰面板接缝应干接，接缝处用与板材同颜色的水泥浆嵌擦接缝，缝隙嵌浆应密实，颜色要一致。室外光面或镜面饰面板接缝可干接或在水平缝中垫硬塑料板条，待灌浆砂浆硬化后将板条剔出，用水泥细砂浆勾缝。干接应用与光面板相同的彩色水泥浆嵌缝，最后打蜡。

2. 饰面板干挂法施工

（1）干挂法是指直接在饰面板厚度面和反面开槽或打孔，然后用不锈钢连接件与安装在钢筋混凝土墙体内的膨胀金属螺栓或钢骨架相连接。饰面板背面与墙面间形成80～100 mm的空腔。板缝之间加泡沫塑料阻水条、外用防水密封胶做嵌缝处理。该种方法多用于30 m以下的建筑外墙饰面。饰面板的传统湿作业法工序多，操作较复杂，而且易造成粘结不牢、空鼓、表面接槎不平等弊病，同时仅适用于多、高层建筑外墙的首层或内墙面装饰，墙面高度不大于10 m。干挂法是应用较为广泛的一种，其一般适用于钢筋混凝土外墙或有钢骨架的外墙

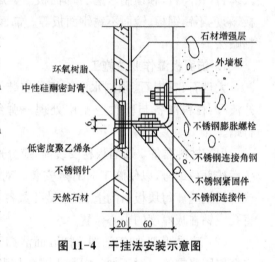

图 11-4　干挂法安装示意图

饰面，不能用于砖墙或加气混凝土墙饰面。图 11-4 是干挂法安装示意图。

（2）大理石饰面板干挂法施工工艺流程。墙面修整、弹线、打孔→固定连接件→安装板块→调整、固定→嵌缝→清理。

① 石材准备。根据设计图纸要求在现场进行板材切割并磨边，要求板块边角挺直、光滑。然后在石材侧面钻孔，用于穿插不锈钢销钉连接固定相邻板块。在板材背面涂刷防水材料，以增强其防水性能。

② 基体处理。清理结构表面，弹出安装石材的水平线和垂直控制线。

③ 固定锚固体。在结构上定位钻孔，埋置膨胀螺栓；支底层饰面板托架，安装连接件。

④ 安装固定石材。先安装底层石板，把连接件上的不锈钢针插入板材的预留接孔中调整面板，当确定位置准确无误后，即可紧固螺栓，然后用环氧树脂或密封膏堵塞连接孔。底层石板安装完毕并经过检查合格后，可依次循环安装上层面板，每层应注意上口水平、板面垂直。

⑤ 嵌缝。嵌缝前，先在缝隙内嵌入泡沫塑料条，然后用胶枪注入密封胶。为防止污染板面，注胶前应沿面板边缘贴胶纸带覆盖缝两边板面，注胶后将胶带揭去。

3. 饰面板直接粘贴法施工

直接粘贴法适用于厚度在 10~12 mm 以下的石材薄板和碎大理石板的铺设。胶粘剂可采用不低于 32.5 级的普通硅酸盐水泥砂浆或白水泥浆，也可采用专用的石材胶粘剂。对于薄型石材的水泥砂浆粘贴施工，主要应注意在粘贴第一皮时应沿水平基准线放一长板作为托底板，防止石板粘贴后下滑。粘贴顺序为由下至上逐层粘贴。粘贴初步定位后，应用橡皮锤轻敲表面，以取得板面的平整和与水泥砂浆接合的牢固。每层用水平尺靠平，每贴三层均应在垂直方向用靠尺靠平。使用胶粘剂粘贴饰面板时，要特别注意检查板材的厚度是否一致，如厚度不一致，应在施工前分类，粘贴时不同墙面贴不同厚度的板材。

二、饰面砖镶贴

饰面砖粘贴工程适用于内墙饰面砖粘贴工程和高度不大于 100 m、抗震设防烈度不大于 8 度、采用满粘法施工的外墙饰面砖粘贴工程的质量验收。

1. 内墙釉面砖安装施工

内墙釉面砖安装施工工艺流程：弹线分格→选砖浸砖→贴灰饼→镶贴（顺序自下而上，从阳角开始，用整砖镶贴，非整砖留在阴角处）→擦缝。

（1）内墙釉面砖镶贴前，应在水泥砂浆基层上弹线分格，弹出水平线和垂直控制线。在同一墙面上的横、竖排列中，不宜有一行以上的非整砖，非整砖行应安排在次要部位或阴角处。在镶贴釉面砖的基层上用废面砖按镶贴厚度上下左右做灰饼，并上下用托线板校正垂直，横向用线绳拉平。阳角处做灰饼的面砖正面和侧边均应吊垂直，即所谓的双面挂直。镶贴应由下往上进行。

（2）镶贴用砂浆宜采用 1∶2 的水泥砂浆，砂浆厚度为 6~10 mm。釉面砖的镶贴也可采用专用胶粘剂或聚合物水泥浆。

（3）釉面砖镶贴前应先湿润基层，然后以弹好的地面水平线为基准，从阳角开始逐一镶贴。镶贴时用铲刀在砖背面刮满粘贴砂浆，四边抹出坡口，再准确置于墙面，用铲刀木柄轻击面砖表面，使其落实贴牢，随即将挤出的砂浆刮净。

（4）镶贴过程中，随时用靠尺以灰饼为准检查平整度和垂直度。如发现高出标准砖面，应立即压挤面砖；如低于标准砖面，应揭下重贴，严禁从砖侧边挤塞砂浆。

（5）接缝宽度应控制在 1~1.5 mm 的范围内，并保持宽窄一致。镶贴完毕后，应用棉纱净水及时擦净表面余浆，并用薄铁皮刮缝，然后用同色水泥浆嵌缝。

（6）当镶贴釉面砖的基层表面遇到凸出的管线、灯具、卫生设备的支承等时，应用整砖套割吻合，不得用非整砖拼凑镶贴。同时，在墙裙、浴盆、水池的上口和阴阳角处应使用配件砖，以便过渡圆滑、美观，同时不易碰损。

2. 外墙面砖安装施工

基层为混凝土墙的外墙面砖安装施工工艺流程：吊垂直、找方、找规矩、贴灰饼→抹底层砂浆→弹线分格→排砖→浸砖→镶贴面砖→面砖勾缝与擦缝。

（1）吊垂直、找方、找规矩、贴灰饼。若建筑物为高层，则应在四大角和门窗口用经纬仪打垂直线找直；如果建筑物为多层，则可从顶层开始用特制的大线坠绷铁丝吊垂直，然后根据面砖的规格尺寸分层设点、做灰饼。横线以楼层为水平基线交圈控制,竖向则以四周大角和通天柱、垛子为基线控制,应全部是整砖。每层打底时,则以此灰饼作为基准点进行冲筋,使其底层灰做到横平竖直。同时,要注意找好凸出檐口、腰线、窗台、雨篷等饰面的流水坡度。

(2) 抹底层砂浆。先刷一遍水泥素浆,紧接着分遍抹底层砂浆(常温时采用配合比为1:0.5:4 的水泥白灰膏混合砂浆,也可用 1:3 的水泥砂浆)。第一遍厚度宜为 5 mm,抹后用扫帚扫毛;待第一遍六七成干时,即可抹第二遍,厚度为 8~12 mm,随即用木杠刮平,木抹搓毛,终凝后浇水养护。

(3) 弹线分格。待基层灰六七成干时,即可按图纸要求进行分格弹线,同时进行面层贴标准点的工作,以控制面层出墙尺寸及墙面垂直、平整。

(4) 排砖。根据大样图及墙面尺寸进行横竖排砖,以保证面砖缝隙均匀,符合设计图纸要求,注意大面、通天柱和垛子排整砖以及在同一墙面上的横竖排列,均不得有一行以上的非整砖。非整砖行应排在次要部位,如窗间墙或阴角处等,但也要注意一致和对称。如遇凸出的卡件,应用整砖套割吻合,不得用非整砖拼凑镶贴。

(5) 浸砖。外墙面砖镶贴前,首先要将面砖清扫干净,放入净水中浸泡 2 h 以上,取出待表面晾干或擦干净后方可使用。

(6) 镶贴面砖。在每一分段或分块内的面砖,均为自下向上镶贴。从最下一层砖下皮的位置线先稳好靠尺,以此托住第一皮面砖。在面砖外皮上口拉水平通线,作为镶贴的标准。在面砖背面宜采用 1:2 的水泥砂浆或水泥:白灰膏:砂=1:0.2:2 的混合砂浆镶贴。砂浆厚度宜为 6~10 mm,贴上后用灰铲柄轻轻敲打,使之附线,再用钢片开刀调整竖缝,并用小杠通过标准点调整平面垂直度。另一种做法:用 1:1 的水泥砂浆加含水量为20% 的胶粘剂,在砖背面抹 3~4 mm 厚粘贴即可。但此种做法基层灰必须抹得平整,而且砂子必须过筛后使用。

(7) 面砖勾缝与擦缝。宽缝一般在 8 mm 以上,用 1:1 的水泥砂浆勾缝,先勾水平缝再勾竖缝,勾好后要求凹进面砖外表面 2~3 mm。若横竖缝为干挤缝,或小于 3 mm,应用白水泥配颜料进行擦缝处理。面砖缝勾完后用布或棉丝蘸稀盐酸擦洗干净。

第三节　吊顶和隔墙工程

一、吊顶工程

1. 木龙骨吊顶施工

木龙骨吊顶施工工艺流程:弹水平线→主龙骨的安装→罩面板的铺钉。

(1) 弹水平线。首先将楼地面基准线弹在墙上,并以此为起点,弹出吊顶高度水平线。

(2) 主龙骨的安装。主龙骨与屋顶结构或楼板结构连接主要有三种方式:用屋面结构或楼板内预埋铁件固定吊杆;用射钉将角铁等固定在楼底面固定吊杆上;用金属膨胀螺栓固定铁件,再与吊杆连接。主龙骨安装后,沿吊顶标高线固定沿墙木龙骨,木龙骨的底边与吊顶标高线齐平。一般是用冲击电钻在标高线以上 10 mm 处的墙面上打孔,孔内塞入木楔,将沿墙龙骨钉固于墙内木楔上。然后将拼接组合好的木龙骨架托到吊顶标高位置,整片调正调平后,将其与沿墙龙骨和吊杆连接。

(3)罩面板的铺钉。罩面板多采用人造板,应按设计要求切成方形、长方形等。板材安装前,按分块尺寸弹线;安装时由中间向四周呈对称排列,顶棚的接缝与墙面交圈应保持一致。面板应安装牢固且不得出现折裂、翘曲、缺棱掉角和脱层等缺陷。

2. 轻钢龙骨吊顶施工

轻钢龙骨吊顶施工工艺流程:弹线→安装吊点紧固件→承载龙骨安装→承载龙骨架的调平→安装覆面次龙骨→罩面板安装→嵌缝处理。

(1)弹线。根据设计要求在顶棚及四周墙面上弹出顶棚标高线、造型位置线、吊挂点位置、灯位线等。如采用单层吊顶龙骨骨架,吊点间距为 800～1 500 mm;如采用双层吊顶龙骨骨架,吊点间距≤1 200 mm。

(2)安装吊点紧固件。按照设计要求,将吊杆与顶棚之上的预埋铁件进行连接。连接应稳固,并使其安装龙骨的标高一致,如图 11-5 和图 11-6 所示。

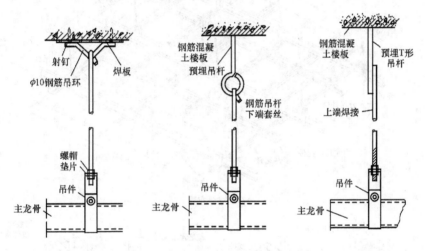

图 11-5　吊点紧固件(可上人)安装详图

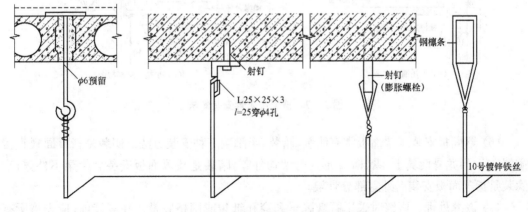

图 11-6　吊点紧固件(不上人)安装详图

（3）承载龙骨安装。将承载龙骨与吊杆通过垂直吊挂件连接。上人吊顶的悬挂,用一个吊环将承载龙骨箍住,并拧紧螺钉固定;不上人吊顶的悬挂,用挂件卡在承载龙骨的槽中。当遇到大面积吊顶时,须每隔 12 m 在大龙骨上部焊接一道横卧大龙骨,以增强大龙骨的侧面稳定性及吊顶的整体性。

（4）承载龙骨架的调平。在承载龙骨与吊件及吊杆安装就位之后,以一个房间为单位进行调平。调平方法为用 600 mm×600 mm 的方木按主龙骨间距钉圆钉,将主龙骨卡住,临时固定。调平度一般不小于房间短向跨度的 1/300～1/200。

（5）安装覆面次龙骨。在次龙骨与承载龙骨的交叉布置点,使用其配套的龙骨挂件将两者连接固定,如果间距大于 800 mm,在中龙骨之间应增加小龙骨,小龙骨与中龙骨平行,用小吊挂件将其与大龙骨连接固定。边龙骨沿墙面或柱面标高线钉牢,固定时常用高强水泥钉,间距以 500 mm 为宜。边龙骨一般不承重,只起封口作用,如图 11-7 所示。

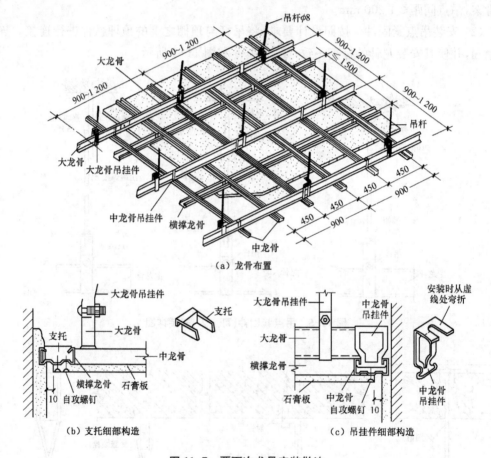

图 11-7　覆面次龙骨安装做法

（6）罩面板安装。罩面板常有明装、暗装、半隐装三种安装方法。明装是指罩面板直接搁置在 T 形龙骨两翼上,纵、横 T 形龙骨架均外露;暗装是指罩面板安装后骨架不外露;半隐装是指罩面板安装后外露部分骨架。

（7）嵌缝处理。嵌缝时采用石膏腻子和穿孔纸袋或网格胶带。在嵌缝前,应先将所有的自攻螺钉的钉头做防锈处理,然后用石膏腻子嵌平,待腻子完全干燥后(约 12 h),用 2 号纱布或砂纸将嵌缝石膏腻子打磨平滑,其中间部分可略微凸起,但要向两边平滑过渡。

二、隔墙工程

轻质隔墙工程主要有板式隔墙工程、木质隔墙工程和轻钢龙骨照面石膏板隔墙工程。以轻钢龙骨照面石膏板隔墙工程为例介绍施工工艺。

1. 材料要求

(1)轻钢龙骨。C50 系列主要用于高 3.5 m 以下的隔墙;C75 系列主要用于高 3.5~6.0 m 的隔墙;C100 系列主要用于高 6.0 m 以上的隔墙。龙骨及相应的配件应按设计要求选用,并应符合现行国家标准的规定。

(2)照面石膏板。照面石膏板主要有普通纸面石膏板,其板材特点是以建筑石膏为主要原料,掺入适量轻集料、纤维增强材料和外加剂构成芯材,并与护面纸牢固粘结而形成建筑板材;耐水纸面石膏板,其板材特点是以建筑石膏为主要原料,掺入适量纤维增强材料和耐水外加剂构成耐水芯材,并与耐水护面纸牢固粘结而形成吸水率较低的建筑板材;耐火纸面石膏板,其板材特点是以建筑石膏为主要原料,掺入适量轻集料、无机耐水纤维增强材料和外加剂构成芯材,并与护面纸牢固粘结而形成能够改善高温下芯材结合力的建筑板材。

(3)紧固材料。射钉、膨胀螺栓、沉头镀锌自攻螺钉、木螺钉等,应符合设计要求。

(4)接缝材料。接缝材料主要有接缝腻子、接缝带、水溶性胶粘剂。

(5)填充材料。填充材料主要有玻璃棉、矿棉板、岩棉板等。

2. 轻钢龙骨罩面石膏板隔墙施工

轻钢龙骨罩面石膏板隔墙施工工艺流程:弹线分挡→做踢脚座→龙骨安装→罩面板的安装→设置填充材料→接缝→护角处理。

(1)弹线分挡。先在隔墙与基体的上、下及两侧墙体的相交处,按龙骨的宽度弹线,然后按设计要求,并结合罩面板的尺寸分挡,以确定竖向龙骨、横向龙骨及附加龙骨的位置。

(2)做踢脚座。一般细石混凝土做踢脚座,其高度为 120~150 mm。当设计有具体要求时,按设计要求做踢脚座。

(3)龙骨安装。

① 固定沿顶龙骨、沿地龙骨。沿弹线位置用射钉或膨胀螺栓固定沿顶龙骨和沿地龙骨,龙骨对接应平直,龙骨中心线与上、下的弹线重合。一般固定点间距不大于 600 mm,当面材装修层较重时,固定点间距以不大于 420 mm 为宜。在龙骨与基层之间,应铺橡胶条或沥青泡沫塑料条,使其结合良好。沿地、沿墙龙骨与墙地固定如图 11-8 所示。

② 固定边框龙骨。按弹线位置固定边框龙骨,龙骨边线应与弹线重合。边框龙骨与墙用射钉或膨胀螺栓固定,射钉或膨胀螺栓入墙长度:砖墙为 30~50 mm,混凝土墙为 22~32 mm。固定点间距不大于 1 m,并在龙骨与基体之间按设计要求进行密封条的安装。

③ 安装竖向龙骨。应按弹线的分档位置所弹出的控制线,对竖向龙骨的位置和垂直度进行控制,其间距应按设计要求布置。当设计无具体要求时,可根据罩面板的宽度确定间

距。竖龙骨上设有方孔,是为了适应于墙内暗穿管线,所以要确定龙骨上、下两端的方向,尽量将方孔对齐。竖龙骨的长度应该比沿顶、沿地龙骨内侧的距离短一些,以便于竖龙骨在沿顶、沿地龙骨中滑动。竖向龙骨与沿地龙骨固定如图 11-9 所示。

　　④ 安装横向龙骨。一般可选用支撑卡系列龙骨进行安装。先将支撑卡安装在竖向龙骨的开口上,卡距为 400~600 mm,距龙骨两端的距离为 20~25 mm,再将横向龙骨安装在支撑卡之上。若采用贯通水平系列龙骨时,低于 3 m 的隔墙安装一道;3~5 m 的隔墙安装两道;5 m 以上的隔墙安装三道。构造形式如图 11-10 所示。

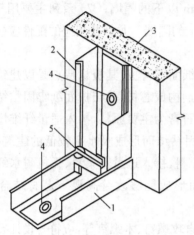

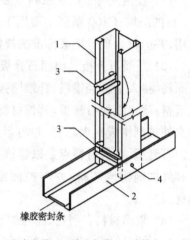

1—沿地龙骨;2—竖向龙骨;3—墙或柱;4—射钉及垫圈;5—支撑卡

1—竖向龙骨;2—沿地龙骨;3—支撑卡;4—铆眼

图 11-8　沿地、沿墙龙骨与墙地固定　　**图 11-9　竖向龙骨与沿地龙骨固定**

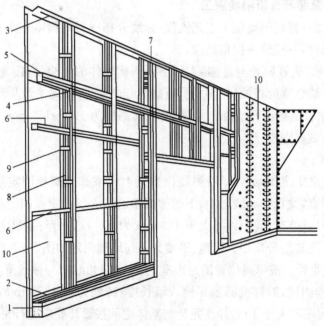

1—混凝土踢脚座;2—沿地龙骨;3—沿顶龙骨;4—竖向龙骨;5—横向龙骨;6—贯通横撑龙骨;
7—加强龙骨;8—贯通龙骨;9—支撑卡;10—石膏板

图 11-10　隔墙龙骨布置

（4）罩面板的安装。石膏板宜竖向铺设,长边接缝应落在竖向龙骨上。曲面墙所用龙骨宜横向铺设,安装时,先将石膏板的面纸和底纸湿润 1 h 后,再将曲面板的一端固定,然后轻轻地逐渐向板的另一端,向骨架方向推动,直到完成曲面墙。石膏板本身用自攻螺钉固定,沿石膏板周边螺钉的间距为 200～250 mm,中间部分的螺钉间距不应大于 300 mm,螺钉与板边缘的距离为 10～16 mm。安装时,应从板的中部向板的四周固定,钉头宜沉入板内,但不应损坏纸面,并在钉眼处做防锈处理。隔墙端部的石膏板与周围的墙体或柱子之间应留 3 mm 的槽口,以便进行接缝处理。

（5）设置填充材料。按设计要求选用填充材料,无设计要求时常采用玻璃棉、矿棉、岩棉等材料。填充时,应填满铺平,并与另一面罩面板的安装同时进行。

（6）接缝。纸面石膏板安装时,其接缝处应适当留缝,并做到坡口与坡口相连,将缝内浮土清理干净后,刷一道用水稀释后的胶粘剂溶液。同时将接缝腻子嵌入板缝,与坡口刮平。腻子终凝后,再在接缝处刮 1 mm 厚的腻子,然后粘结接缝带,同时沿用以方向压实刮平,使多余腻子从接缝带的网孔中挤出。待底层腻子凝固且尚处于潮湿时,用大开刀再刮一遍腻子,将接缝带埋入腻子层中,并将板缝填平。

（7）护角处理。阴角的接缝处理方法同平缝,但接缝带应拐过两边各 100 mm。阳角应粘贴两层接缝带,且两边均拐过 100 mm,粘贴方法与平缝相同,表面用腻子刮平。当设计要求做金属护角时,应按设计要求的部位和高度先刮一层腻子,然后固定金属护角条。

第四节　涂饰及裱糊工程

一、涂饰工程

1. 外墙装饰工程材料要求

外墙装饰工程直接暴露在大自然中,受到风、雨、日晒的侵袭,故要求建筑涂料具有耐水、保色、耐污染、耐老化及良好的附着力等特点,其外观给人以清新、典雅、明快之感,能获得建筑艺术的理想效果。根据涂料的形态可分为以下几种:

（1）乳液型外墙涂料。品种多、无污染、施工方便,但光泽度差,耐沾污性能较差,是通用型外墙涂料。

（2）溶剂型外墙涂料。生产简单、施工方便、涂料光泽度高,但对墙面的平整度有特别要求,否则在使用阶段易暴露不平整的地方,有溶剂污染,一般适用于工业厂房。

（3）复层外墙涂料。喷瓷型外观,光泽度高,具有一定的防水性,立体图案,美观性好,但施工过程比较复杂,价格较高,一般适用于建筑等级较高的外墙。

（4）砂壁状外墙涂料。仿石型外观,美观性好,但耐沾污性差,施工干燥期长,一般只适用于仿石型外墙。

（5）氟碳树脂涂料。比一般的涂料产品具有更好的耐久性、耐酸性、耐化学腐蚀性、耐热性、耐寒性、自熄性、不黏性、自润滑性和抗辐射性等优良特性,享有"涂料王"的盛誉。

2. 外墙装饰工程施工

外墙装饰工程施工工艺流程:基层处理→修补腻子→满刮腻子→涂料涂饰。

(1) 基层处理。如基层为混凝土墙面,应将墙面的浮土、疙瘩等清除干净,表面的隔离剂、油污应用10%的碱水(火碱:水=1:10)刷干净,然后用清水冲净;如基层为建筑物的抹灰面层,在涂饰涂料前应刷抗碱封闭底漆;如基层为旧墙面,应先清除酥散的旧装修层,并涂刷界面剂,干燥后用细砂纸轻磨磨平,并将粉尘扫净,达到表面光滑平整。

(2) 修补腻子。按照聚醋酸乙烯乳液:水泥:水=1:5:1(质量比)的配合比拌制成腻子,用该腻子将基层墙面的缝隙及不平处填实填平,并把多余的腻子收净。待腻子干燥后,用砂纸磨平,并将尘土扫净。如发现还有不平之处,再复抹一遍腻子。

(3) 满刮腻子。所采用腻子的配合比应为聚醋酸乙烯乳液:水泥:水=1:5:1(质量比),刮腻子时应横刮或竖刮,并注意接槎和收头时腻子应刮净,每遍腻子干燥后,应用砂纸将腻子磨平,并将浮尘清理干净。如面层涂刷带颜色的浆料时,腻子应掺入适量与面层带颜色相协调的颜料。满刮腻子干燥后,应对墙面上的麻点、坑洼、刮痕等用腻子重新复找刮平,干燥后用细砂纸轻磨磨平,达到表面光滑平整。

(4) 涂料涂饰。

① 刷涂。刷涂是人工使用一些特制的毛刷进行涂饰施工的一种方法;其具有工具简单、操作简单、施工条件要求低、适用性广等优点,除少数流平性差或干燥太快的涂料不宜采用刷涂外,大部分薄质涂料和后置涂料均可采用此法。但刷涂生产效率低、涂膜质量不宜控制,不宜用于面积很大的表面。

② 滚涂。滚涂主要采用软毛辊、花样辊进行施工。该种方法具有设备简单、操作方便、工效高、涂饰效果好等优点,要求涂膜厚薄均匀、平整光滑、不流挂、不露底、图案应完整清晰、颜色协调。

③ 喷涂。喷涂是利用喷枪将涂料喷于基层上的机械施工方法;其特点是外观质量好、工效高,适用于大面积施工,可通过调整涂料的黏度、喷嘴口径大小及喷涂压力获得平壁状、颗粒状或凹凸花纹状的涂层,要求喷涂时厚度均匀,平整光滑,不出现露底、皱纹、流挂、针孔、气泡和失光发花等缺陷。

④ 弹涂。弹涂是指借助专用的电动或手动弹涂器,将各颜色的涂料弹到饰面基层上,形成直径为2~8 mm、大小近似、颜色不同、互相交错的圆粒状色点或深浅色点相同的彩色涂层。需要压平或扎花的,可待色点两成干后轧压,然后进行罩面处理。

二、裱糊工程

裱糊工程主要是指在室内平整光洁的墙面、顶棚面、柱面和室内其他构件表面,用壁纸、墙布等材料裱糊的装饰工程。

1. 材料要求

(1) 壁纸。

① 纸面纸基壁纸。在纸面上有各种印花或压花花纹图案,价格便宜,透气性好,但因不耐水、不耐擦洗、不耐久、易破碎和不宜施工,故使用较少。

② 天然材料壁纸。用草、树叶、草席、芦苇、木材等制成的墙纸。

③ 金属壁纸。在基层上涂金属膜制成的壁纸,具有不锈钢面与黄铜面的质感与光泽,

给人一种金碧辉煌的感觉,适用于大厅、大堂等气氛热烈的场所。

④ 无毒 PVC 壁纸。无毒 PVC 壁纸不同于传统塑料壁纸,不但无毒且款式新颖,图案美观,是目前使用最多的壁纸。

(2)墙布。

① 装饰墙布。用丝、毛、棉、麻等纤维编织而成的墙布,具有强度大、静电小、无毒、无光、无味、美观等优点,可用于室内高级饰面裱糊,但造价偏高。

② 无纺墙布。用棉、麻等天然纤维,经过无纺成型、上树脂、印制花纹而成的一种贴墙材料。它具有挺括、富有弹性、不宜折断、纤维不老化、对皮肤无刺激、美观、施工方便等优点。同时,它还具有一定的透气性和防潮性,可擦洗而不褪色,适用于各种建筑物的室内墙面装饰。

(3)胶粘剂。应按照壁纸和墙布的品种选配,具有粘结力强和防潮性、柔韧性、热伸缩性、防霉性、耐久性、水溶性等性能。常用的主要有 108 胶、聚醋酸乙烯胶粘剂、SG8104胶等。

(4)接缝带。常用的接缝带主要有玻璃网格布、丝绸条、绢条等。

(5)底层涂料。粘贴前,应在基层面上先刷一遍底层涂料,作为封闭处理。

2. 裱糊工程的施工

裱糊工程的施工工艺流程:基层处理→满刮腻子→弹线找规矩→计算用料、裁纸→润纸→刷胶、糊纸。

(1)基层处理。如基层为混凝土墙面,应将墙面的浮土、疙瘩等清除干净,表面的隔离剂、油污应用 10% 的碱水刷干净,然后用清水冲净;如基层为建筑物的抹灰面层,在涂饰涂料前应刷抗碱封闭底漆;如基层为旧墙面,应先清除酥散的旧装修层,并涂刷界面剂。基层表面平整度、立面垂直度及阴阳角方正,应达到高级抹灰的要求。

(2)满刮腻子。腻子的质量配合比:聚醋酸乙烯乳液:滑石粉或大白粉:2%羧甲基纤维素溶液=1:5:3.5。在清扫干净的混凝土墙面上刮 1~2 道腻子,干后用砂纸磨平磨光;抹灰墙面可满刮 1~2 道腻子找平、磨光,但不可磨破灰皮;石膏板墙先用嵌缝腻子将缝堵实堵严,再粘贴玻璃网格布或丝绸条、绢条等接缝带,然后局部刮腻子补平。基层腻子应平整、坚实、牢固,无粉化、起皮和裂缝现象;腻子的粘结强度应符合《建筑室内用腻子》(JG/T 298—2010)的规定。

(3)弹线找规矩。将顶棚的对称中心线通过套方、找规矩的办法弹出中心线,以便从中间向两边对称控制;并将房间四角的阴阳角通过吊垂直、套方、找规矩,并按照壁纸的尺寸进行分块弹线控制。

(4)计算用料、裁纸。根据设计要求决定壁纸的粘贴方向,然后计算用料、裁纸;应按所量尺寸每边留出 20~30 mm 余量,一般应在案子上裁割,将裁好的纸用湿温毛巾擦后,折好待用。

(5)润纸。壁纸裱糊前,应先在壁纸背面刷清水一遍,随即刷胶;或将壁纸浸入水中 3~5 min 后取出将水擦净,静置 15 min 后再进行刷胶。如果在干纸上刷胶后立即上墙裱糊,纸虽被胶固定,但仍会继续吸湿膨胀。因此,墙面上的纸必然出现大量气泡、褶皱。如润纸后再铺贴到基层上,即使裱糊时有少量气泡,干后也会自动胀平。

(6)刷胶、糊纸。室内裱糊时,宜按照先裱糊顶棚后裱糊墙面的顺序进行。

① 顶棚裱糊。裱糊顶棚壁纸时,在纸的背面和顶棚的粘贴部位刷胶,应注意按壁纸宽度刷胶,不宜过宽。铺贴时,应从中间开始向两边铺贴。第一张应按已弹好的线找直粘结牢固,应注意纸的两边各甩出 10～20 mm 不压死,以满足第二张铺贴时的拼接压槎对缝的要求。然后用同样的方法铺贴第二张,两纸搭接 10～20 mm,用金属直尺比齐,用壁纸刀裁切,随即将搭槎处两张纸条撕去,用刮板带胶将缝隙刮实压牢,最后用湿温毛巾将接缝处辊压出的胶痕擦净,依次进行。

② 墙面裱糊。裱糊墙面壁纸时,应分别在纸上及墙上刷胶,其刷胶宽度应相吻合,墙面上刷胶一次不应过宽。裱糊应从墙的阴角开始铺贴第一张,按已画好的垂直线吊直,并从上向下用手铺平,刮板刮实,用小棍子将上、下阴角处压实。在墙面上遇到电门、插销盒时,应在其位置上破纸作为标记,并且在裱糊阳角时,不允许甩槎接缝,阴角处应裁纸搭缝,不允许整纸铺贴,避免产生空鼓与皱褶。

③ 拼接裱糊。如施工中遇壁纸须拼接时,应符合下列要求:

a. 壁纸的拼缝处花形应对接拼搭好。

b. 铺贴前应力求花形与壁纸的颜色保持一致。

c. 墙与顶壁纸的搭接应根据设计要求而定,一般有挂镜线的房间应以挂镜线为界,没有挂镜线的房间应以弹线为界。

d. 花形拼接如出现困难时,错槎应尽量甩到不显眼的阴角处,大面不允许出现错槎和花形混乱的现象。

壁纸粘贴完成后应认真检查,对墙纸的翘边、翘角、气泡、皱折及胶痕未处理等情况,应进行及时的处理和修正,保证裱糊质量。

第五节　门 窗 工 程

一、木门窗安装

1. 门窗工程的施工分类

门窗工程的施工可分为两大类:一类是在工厂预先加工拼装成型,在现场安装;另一类是在现场根据设计要求加工、制作,及时安装。

2. 木门窗安装

木门窗安装施工工艺流程:放线找规矩→洞口修复→门窗框安装→嵌缝处理→门窗扇安装。

(1)放线找规矩。以顶层门窗位置为准,从窗中心线向两侧量出边线,用垂线或经纬仪将顶层门窗控制线逐层引下,分别确定各层门窗安装位置;再根据室内墙面上已确定的"50线",确定门窗安装标高;然后根据墙身大样图及窗台板的宽度,确定门窗安装的平面位置,在侧面墙上弹出竖向控制线。

（2）洞口修复。门窗框安装前,应检查洞口尺寸大小、平面位置是否准确,如有缺陷应及时进行剔凿处理。预埋木砖的数量及固定方法应符合下列要求:

① 高 1.2 m 的洞口,每边预埋两块木砖;高 1.2~2 m 的洞口,每边预埋三块木砖;高 2~3 m 的洞口,每边预埋 4 块木砖。

② 当墙体为轻质隔墙和 120 mm 厚隔墙时,应采用预埋木砖的混凝土预制块,混凝土强度等级不应低于 C15。

（3）门窗框安装。门窗框安装时,应根据门窗扇的开启方向,确定门窗框安装的裁口方向;有窗台板的窗,应根据窗台板的宽度确定窗框位置;有贴脸的门窗,立框应与抹灰面齐平;中立的外窗以遮盖住砖墙立缝为宜。门窗框安装标高以室内"50线"为准,用木楔将框临时固定于门窗洞口内,并立即使用线锤检查,达到要求后塞紧固定。

（4）嵌缝处理。门窗框安装完经自检合格后,在抹灰前应进行塞缝处理,塞缝材料应符合设计要求,无特殊要求者用掺有纤维的水泥砂浆嵌实缝隙,经检验无漏嵌和空嵌现象后,方可进行抹灰作业。

（5）门窗扇安装。安装前,按图样要求确定门窗的开启方向及装锁位置,以及门窗口的尺寸是否正确。将门扇靠在框上,画出第一道修刨线,如扇小应在下口和装合页的一面绑粘木条,然后修刨合适。第一次修刨后的门窗扇,应以能塞入口内为宜。第二次修刨门扇,缝隙尺寸合适后,在框、扇上标出合页位置,定出合页安装边线。

二、塑钢门窗安装

1. 施工准备工作

（1）塑钢门窗安装前,应先认真熟悉图样,核实门窗洞口位置、洞口尺寸,检查门窗的型号、规格、质量是否符合设计要求,如图样对门窗框位置无明确规定,施工负责人应根据工程性质及使用具体情况,做统一交底,明确开向、标高及位置（墙中、里平或外平等）。

（2）安装门窗框时,上、下层窗框应吊齐、对正;在同一墙面上有几层窗框时,每层都要拉通线找平窗框的标高。

（3）门窗框安装前,应对+50 cm 线进行检查,并找好窗边垂直线及窗框下皮标高的控制线、拉通线,以保证门窗框高低一致。

（4）塑钢门窗安装工程应在主体结构分部工程验收合格后,方可进行施工。

（5）塑钢门窗及其配件、辅助材料应全部运到施工现场,数量、规格、质量应完全符合设计要求。

2. 塑钢门窗安装工艺流程

塑钢门窗安装工艺流程:轴线、标高复核→原材料、半成品进场检验→门窗框定位→安装门窗框（后塞口）→塑钢门窗扇安装→五金安装→嵌密封条→验收。

（1）立门窗框前要看清门窗框在施工图上的位置、标高、型号,门窗框规格、门扇开启方向以及门窗框是内平、外平还是立在墙中等,根据图样设计要求在洞口上弹出立口的安装线,照线立口。

（2）预先检查门窗洞口的尺寸、垂直度及预埋件数量。

（3）塑钢门窗框安装时用木楔临时固定，待检查立面垂直、左右间隙大小、上下位置一致，均符合要求后，再将镀锌锚固板固定在门窗洞口内。

（4）塑钢门窗与墙体洞口的连接要牢固可靠，门窗框的铁脚至框角的距离不应大于180 mm，铁脚间距应小于600 mm。

（5）塑钢门窗框上的锚固板与墙体的固定方法有预埋件连接、燕尾铁脚连接、金属膨胀螺栓连接、射钉连接等；当洞口为砖砌体时，不得采用射钉固定。

（6）塑钢门窗框与洞口的间隙，应采用矿棉条或玻璃棉毡条分层填塞，缝隙表面留5～8 mm深的槽口以嵌填密封材料。

（7）安装门窗扇时，扇与扇、扇与框之间要留适当的缝隙，一般情况下，留缝限值≤2 mm。无下框时，门扇与地面之间留缝4～8 mm。

（8）塑钢门窗交工之前，应将型材表面的塑料胶纸撕掉，如果塑料胶纸在型材表面留有胶痕，宜用香蕉水清洗干净。

本章小结

本章主要介绍了抹灰工程、饰面工程、吊顶和隔墙工程、涂饰及裱糊工程、门窗工程等。抹灰工程包括一般抹灰与装饰抹灰；饰面工程主要介绍了饰面板安装与饰面砖镶贴。本章内容繁多，重点介绍了装饰工程中的各种工程的施工工艺及施工要点。

复习思考题

一、填空题

1. 一般抹灰的种类包括（　　）、（　　）、水泥混合砂浆、聚合物水泥砂浆和麻刀石灰、纸筋石灰、石膏灰等。

2. 冲筋根数应根据房间的宽度和高度确定，一般冲筋宽度为（　　），两筋间距不应大于1.5 m。

3. 装饰抹灰除具有与一般抹灰相同的功能外，主要使（　　）更加鲜明。

4. 待底面灰六七成干时，首先将墙面润湿并涂一层（　　），然后开始用钢抹子抹面层水泥石子浆。

5. 饰面板的安装工艺有传统（　　）、干挂法和直接粘贴法。

二、单选题

1. 一般抹灰基层，不同材料交接处应铺设金属网，搭缝宽度从缝边起每边不得小于（　　）mm。

A. 50　　　　　　B. 100　　　　　　C. 150　　　　　　D. 200

2. 分格条宜采用红松制作，也可以采用（　　）制作，木分格条粘前应甩水充分浸透。

A. 塑料　　　　　B. 弹线　　　　　C. 钢筋　　　　　D. 钢材

3. （　　）又称剁斧石，是仿制天然石料的一种建筑饰面，但由于其造价高、工效低，一般适用于小面积的外装饰工程。

A. 干粘石　　　　　　B. 水刷石　　　　　　C. 斩假石　　　　　　D. 大理石

4. 饰面板湿作业法施工,灌注砂浆一般采用(　　　)的水泥砂浆,稠度为 80～150 mm。

A. 1∶2　　　　　　　B. 1∶2.5　　　　　　C. 1∶3　　　　　　　D. 1∶3.5

三、简答题

1. 外墙抹灰施工工艺包括哪些内容?

2. 干粘石施工要点包括哪些内容?

3. 大理石饰面板干挂法施工要点包括哪些内容?

4. 裱糊工程墙布分为哪几种?

参 考 文 献

［1］杜逸玲. 建筑装饰装修工程［M］. 太原:山西科学技术出版社,2006.

［2］冯超. 建筑工程施工技术［M］. 北京:清华大学出版社,2018.

［3］郭永伟. 建筑施工技术［M］. 武汉:武汉理工大学出版社,2018.

［4］《建筑施工手册》(第五版)编委会. 建筑施工手册［M］. 5 版. 北京:中国建筑工业出版
　　社,2012.

［5］李华锋,沈辉. 土木工程施工与管理［M］. 北京:中国建筑工业出版社,2010.

［6］陆飞虎,刘备. 装配整体式混凝土结构工程施工技术［M］. 合肥:合肥工业大学出版
　　社,2016.

［7］陆艳侠,宁培淋,张静. 建筑施工技术［M］. 北京:北京大学出版社,2018.

［8］王军强. 混凝土结构施工［M］. 3 版. 北京:中国建筑工业出版社,2018.

［9］王立新,李竞克. 基础工程施工［M］. 北京:高等教育出版社,2015.

［10］魏杰,李竞克. 建筑施工技术［M］. 北京:航空工业出版社,2012.

［11］魏翟霖,王春梅. 建筑施工技术［M］. 2 版. 北京:清华大学出版社,2017.

［12］吴瑞,冯环. 建筑施工技术［M］. 合肥:中国科学技术大学出版社,2014.

［13］吴志红. 建筑施工技术［M］. 南京:东南大学出版社,2010.

［14］吴志红,陈娟玲,张会. 建筑施工技术［M］. 2 版. 南京:东南大学出版社,2016.

［15］许炳权. 装饰装修施工技术［M］. 北京:中国建材工业出版社,2003.

［16］闫积刚. 建筑施工技术［M］. 上海:上海交通大学出版社,2014.

［17］杨波. 建筑工程施工手册［M］. 北京:化学工业出版社,2012.

［18］姚谨英. 建筑施工技术［M］. 6 版. 北京:中国建筑工业出版社,2017.

［19］于林平. 土木工程地质［M］. 北京:机械工业出版社,2013.

［20］仲景冰,余群舟. 土石方工程施工技术［M］. 北京:机械工业出版社,2003.